应用型大学计算机专业系列教材

计算机导论

黄玉妍　范晓莹　主　编
邵晶波　李　毅　副主编

清华大学出版社
北　京

内 容 简 介

本书根据计算机导论基本教学过程和规律编写，具体内容包括计算机系统概述、计算机基础、计算机硬件系统、计算机软件系统、数据库系统及其应用、计算机网络及其应用、计算机信息安全技术和人工智能等，并通过指导学生实训，加强应用能力的培养。

本书知识系统性强，概念清晰，突出实用性与应用性，既可以作为应用型大学及高职高专院校计算机基础教学课程的教材，也可以作为企业信息化的培训教材，并为广大 IT 创业者提供有益的学习指导。

图书在版编目(CIP)数据

计算机导论/黄玉妍，范晓莹主编. —北京：清华大学出版社，2020. 9
应用型大学计算机专业系列教材
ISBN 978-7-302-50216-6

Ⅰ. ①计… Ⅱ. ①黄… ②范… Ⅲ. ①电子计算机—高等学校—教材 Ⅳ. ①TP3

中国版本图书馆 CIP 数据核字(2018)第 114508 号

责任编辑：王剑乔
封面设计：常雪影
责任校对：李　梅
责任印制：宋　林

出版发行：清华大学出版社
　　网　　址：http://www. tup. com. cn，http://www. wqbook. com
　　地　　址：北京清华大学学研大厦 A 座　　**邮　　编**：100084
　　社 总 机：010-62770175　　**邮　　购**：010-62786544
　　投稿与读者服务：010-62776969，c-service@tup. tsinghua. edu. cn
　　质量反馈：010-62772015，zhiliang@tup. tsinghua. edu. cn
　　课件下载：http://www. tup. com. cn，010-83470410
印 装 者：北京嘉实印刷有限公司
经　　销：全国新华书店
开　　本：185mm×260mm　　**印　张**：13.5　　**字　　数**：308 千字
版　　次：2020 年 10 月第 1 版　　**印　　次**：2020 年 10 月第1 次印刷
定　　价：49.00 元

产品编号：079653-01

PREFACE

微电子技术、计算机技术、网络技术、通信技术、多媒体技术等高新科技的飞速发展和普及应用，不但促进了各国经济发展、加速了全球经济一体化的进程，而且推动了当今世界迅速跨入信息社会。以计算机为主导的计算机文化，正在深刻影响人类社会的经济发展与文明建设；以网络为基础的网络经济，正在全面改变传统的社会生活、工作方式和商务模式。当今社会，计算机应用水平、信息化发展速度与程度已经成为衡量一个国家经济发展和竞争力的重要指标。

目前，我国正处于经济快速发展与社会变革的重要时期，随着经济转型、产业结构调整、传统企业改造，涌现出了大批电子商务、新媒体、动漫、艺术设计等新型文化创意产业，而这一切都离不开计算机，都需要网络等现代化信息技术手段的支撑。处于网络时代、信息化社会，人们的工作实现了计算机化、网络化，当今更加强调计算机应用与行业、企业的结合，更注重计算机应用与本职工作、具体业务的紧密结合。当前，面对国际市场的激烈竞争和巨大的就业压力，无论是企业还是即将毕业的学生，掌握计算机应用技术已成为求生存、谋发展的关键技能。

针对我国应用型大学“计算机应用”等专业知识老化、教材陈旧、重理论轻实践、缺乏实际操作技能训练的问题，为了适应我国国民经济信息化发展对计算机应用人才的需要，为了全面贯彻教育部关于“加强职业教育”精神和“强化实践实训、突出技能培养”的要求，根据企业用人与就业岗位的真实需要，结合应用型大学“计算机应用”和“网络管理”等专业的教学计划及课程设置与调整的实际情况，我们组织北京联合大学、陕西理工大学、北方工业大学、华北科技学院、北京财贸职业学院、山东滨州职业学院、山西大学、首钢工学院、包头职业技术学院、北京科技大学、广东理工学院、北京城市学院、郑州大学、北京朝阳社区学院、哈尔滨师范大学、黑龙江工商大学、北京石景山社区学院、海南职业学院、北京西城经济科学大学等全国30多所高校及高职院校的计算机教师和具有丰富实践经验的企业人士共同撰写了本套教材。

本套教材包括《数据库技术应用教程(SQL Server 2012版)》《Web静态网页设计与排版》《ASP.NET动态网站设计与制作》《中小企业网站建设与管理》《计算机英语实用教程》《多媒体技术应用》《计算机网络管理与安全》《网络系统集成》《Access 2010数据库应用》《操作系统》《网页设计与制作》《计算机应用基础(Windows 8+Office 2013版)》《计算机导论》《软件过程与项目管理》等。在编写过程中，全体作者注重校企结合，贴近行业企业岗位实际，注重实用性技术与应用能力的训练培养，注重实践技能应用与工作背景紧密结合，同时也注重计算机、网络、通信、多媒体等现代化信息技术的新发展，使本套书具有集成性、系统性、针对性、实用性、易于实施教学等特点。

本套教材不仅适合应用型大学及高职高专院校计算机应用、网络、电子商务等专业学生的学历教育，同时也适合工商、外贸、流通等企事业单位从业人员的职业教育和在职培训，对于广大社会自学者也是有益的参考学习读物。

系列教材编委会

2020 年 5 月

前言

FOREWORD

“计算机导论”是计算机相关专业的一门专业必修课程，早期计算机专业人才培养强调“程序”设计，而现在对计算机专业人才的培养更注重“系统”设计。计算机导论能够使学生更深刻地理解计算机系统整体概念，更好地掌握计算机系统框架结构，熟练掌握计算机软/硬件协同设计和程序设计技术，起着为其他专业课程奠定基础的作用。

本书作为高等教育计算机专业的特色教材，坚持科学发展观，严格按照教育部关于“加强职业教育，突出实践技能和能力培养”的教学改革要求，注重实践能力和应用技能的培养。本书的出版不仅有力地配合了高等教育计算机应用教学创新和教材更新，也体现了应用型大学办学育人注重职业性、实践性、应用性的特色，既满足了社会需求，也起到了为国家经济建设服务的作用。

本书以学习者应用能力培养提高为主线，根据计算机导论基本教学过程和规律，结合知识要点循序渐进地进行讲解。全书共 8 章，具体内容包括计算机系统概述、计算机基础、计算机硬件系统、计算机软件系统、数据库系统及其应用、计算机网络及其应用、计算机信息安全技术和人工智能等，并通过指导学生实训，加强应用技能的培养。

由于本书融入了计算机导论较新的实践教学理念，力求严谨，注重与时俱进，具有知识系统、概念清晰、突出实用性与应用性等特点，因此本书既可以作为应用型大学本科及高职高专院校计算机基础教学课程的首选教材，也可以作为企业信息化的培训教材，并为广大 IT 创业者提供有益的学习指导。

本书由李大军统筹策划，并具体组织编写，黄玉妍和范晓莹任主编，黄玉妍统改稿，邵晶波、李毅任副主编，由刘晓晓教授主审。作者编写分工如下：牟惟仲编写序言；黄玉妍编写第 1 章、第 2 章及第 8 章 8.5、8.6 节；范晓莹编写第 3 章、第 4 章；李毅编写第 5 章、第 8 章 8.1～8.4 节；邵晶波编写第 6 章、第 7 章；李晓新负责文字修改、版式整理并制作教学课件。

在本书编写过程中，我们参阅借鉴了中外有关计算机导论的书刊、网站资料，并得到计算机行业协会及业界专家教授的具体指导，在此一并表示感谢！为方便教学，本书配有电子课件，读者可以从清华大学出版社网站(www. tup. com. cn)免费下载使用。

因作者水平有限，书中难免存在不足之处，恳请同行和读者批评指正。

编　者

2020 年 5 月

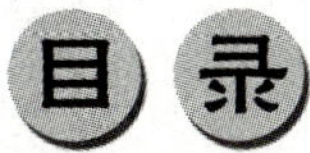

CONTENTS

第 1 章　计算机系统概述 …… 1

1.1　计算机的产生与发展 …… 1

1.1.1　计算机的产生 …… 1

1.1.2　计算机的发展 …… 3

1.2　计算机的特点 …… 6

1.3　计算机的应用领域和发展方向 …… 6

1.3.1　计算机的应用领域 …… 6

1.3.2　计算机的发展方向 …… 8

1.4　未来的计算机 …… 9

1.4.1　超导计算机 …… 10

1.4.2　纳米计算机 …… 10

1.4.3　光子计算机 …… 10

1.4.4　DNA 计算机 …… 11

1.4.5　量子计算机 …… 12

1.5　计算机的基本组成及工作原理 …… 14

1.5.1　计算机的硬件系统 …… 14

1.5.2　计算机的软件系统 …… 16

1.6　计算机的基本工作原理 …… 18

1.7　计算机程序的执行过程 …… 21

第 2 章　计算机基础 …… 26

2.1　信息在计算机中的表示 …… 26

2.1.1　数制 …… 26

2.1.2　数制的转换 …… 28

2.1.3　计算机中与数据相关的名词 …… 31

2.1.4　数值数据的编码与表示 …… 31

2.1.5　十进制数的二进制编码——BCD 码 …… 37

2.1.6　字符的表示 …… 42

2.1.7　汉字编码的表示 …… 42

2.1.8　音频信息的表示 …… 44

2.1.9　图像和图形信息的表示 …… 46

2.1.10 视频信息的表示 …… 48
2.1.11 图像中的数据冗余 …… 49
2.1.12 图像的压缩编码 …… 50
2.2 运算基础 …… 53
2.2.1 二进制数的四则运算 …… 53
2.2.2 补码加减运算 …… 54
2.2.3 移位运算 …… 56
2.2.4 逻辑运算 …… 56
第3章 计算机硬件系统 …… 59
3.1 中央处理器 …… 59
3.1.1 运算器 …… 59
3.1.2 控制器 …… 59
3.1.3 内部寄存器 …… 60
3.1.4 多CPU系统 …… 61
3.1.5 中国科学院计算所自主研发的通用CPU …… 62
3.2 存储器 …… 62
3.2.1 主存储器概述 …… 62
3.2.2 半导体存储器 …… 63
3.3 辅助存储器 …… 65
3.3.1 磁盘存储器 …… 65
3.3.2 光盘存储器 …… 68
3.3.3 可移动外存储器 …… 70
3.3.4 计算机的存储体系 …… 71
3.4 输入/输出系统 …… 72
3.4.1 输入设备 …… 72
3.4.2 输出设备 …… 77
3.4.3 输入/输出接口 …… 83
3.4.4 输入/输出控制方式 …… 84
3.5 计算机系统结构 …… 85
3.5.1 指令系统 …… 85
3.5.2 总线系统 …… 86
3.5.3 并行处理机系统 …… 86
3.5.4 精简指令系统计算机 …… 87
3.5.5 计算机的时标系统 …… 88
第4章 计算机软件系统 …… 90
4.1 计算机软件概述 …… 90
4.1.1 软件的概念 …… 90
4.1.2 软件的分类 …… 90

4.1.3 常用软件简介 …… 91
4.1.4 计算机软件系统的组成 …… 96
4.2 算法与数据结构 …… 103
4.2.1 学习算法与数据结构的必要性 …… 103
4.2.2 算法基础 …… 103
4.2.3 数据结构基础 …… 105
4.3 程序设计语言 …… 106
4.3.1 程序设计语言发展概述 …… 106
4.3.2 程序设计基础 …… 107
4.3.3 面向对象程序设计 …… 110
第5章 数据库系统及其应用 …… 114
5.1 数据管理技术的产生和发展 …… 114
5.1.1 数据管理技术的产生 …… 114
5.1.2 数据管理技术的发展 …… 115
5.1.3 数据库管理系统的功能 …… 117
5.2 数据库系统中的基本概念 …… 118
5.2.1 数据、信息与数据处理 …… 118
5.2.2 数据库 …… 118
5.2.3 数据库管理系统 …… 119
5.2.4 数据库系统 …… 120
5.3 数据库的体系结构 …… 121
5.3.1 单用户结构 …… 121
5.3.2 主从式结构 …… 122
5.3.3 分布式结构 …… 122
5.3.4 客户/服务器结构 …… 122
5.3.5 浏览器/服务器结构 …… 123
5.4 数据模型 …… 125
5.4.1 概念模型 …… 125
5.4.2 逻辑模型 …… 125
5.4.3 物理模型 …… 126
5.5 基本的SQL语句 …… 126
第6章 计算机网络及其应用 …… 134
6.1 计算机网络的概念及组成 …… 134
6.1.1 计算机网络概念 …… 134
6.1.2 计算机网络的组成 …… 135
6.2 计算机网络的功能 …… 135
6.2.1 资源共享 …… 135
6.2.2 网络通信 …… 136

6.2.3 分布处理…… 136
6.2.4 集中管理…… 136
6.2.5 均衡负荷…… 136
6.3 计算机网络的发展 …… 136
6.3.1 面向终端的计算机网络…… 136
6.3.2 共享主机的计算机网络…… 137
6.3.3 标准的计算机网络…… 137
6.3.4 国际计算机网络…… 137
6.4 计算机网络的类型 …… 138
6.4.1 按拓扑结构分类…… 138
6.4.2 按覆盖范围分类…… 140
6.4.3 按使用范围分类…… 140
6.5 计算机网络的基本原理 …… 140
6.5.1 网络的层次结构…… 140
6.5.2 计算机网络协议…… 142
6.5.3 计算机网络体系结构…… 143
6.6 计算机网络设备 …… 143
6.6.1 服务器…… 143
6.6.2 调制解调器…… 144
6.6.3 网卡…… 144
6.6.4 集线器…… 144
6.6.5 交换机…… 145
6.6.6 路由器…… 145
6.6.7 防火墙…… 145
6.7 局域网组建实例 …… 145
第7章 计算机信息安全技术…… 150
7.1 信息安全概述 …… 150
7.1.1 信息安全的定义…… 150
7.1.2 计算机信息安全的隐患…… 151
7.1.3 计算机信息安全的对策…… 151
7.2 密码技术 …… 153
7.2.1 概述…… 153
7.2.2 密码体制…… 153
7.3 防火墙技术 …… 154
7.3.1 防火墙的概念…… 154
7.3.2 防火墙的基本特征…… 154
7.3.3 防火墙的主要功能…… 155
7.3.4 防火墙的分类…… 155

7.4 计算机病毒防范技术 …… 157
7.4.1 计算机病毒 …… 157
7.4.2 计算机病毒的危害 …… 157
7.4.3 计算机病毒的防治 …… 158
7.5 信息隐藏技术 …… 158
7.5.1 信息隐藏概述 …… 158
7.5.2 数字水印 …… 160
7.6 入侵检测技术 …… 160
7.6.1 入侵检测技术概述 …… 160
7.6.2 入侵检测系统的组成 …… 161
7.6.3 入侵检测系统的类型 …… 162
第8章 人工智能 …… 166
8.1 人工智能概述 …… 166
8.2 人工智能的发展历史 …… 167
8.2.1 萌芽期 …… 167
8.2.2 形成期 …… 169
8.2.3 发展期 …… 170
8.3 人工智能的研究途径 …… 171
8.3.1 心理模拟——符号推演 …… 172
8.3.2 生理模拟——神经计算 …… 172
8.3.3 行为模拟——控制进化 …… 172
8.3.4 群体模拟——仿生计算 …… 173
8.3.5 博采广鉴——自然计算 …… 173
8.3.6 原理分析——数学建模 …… 173
8.4 人工智能的研究和应用领域 …… 173
8.4.1 人工神经网络 …… 173
8.4.2 机器人学 …… 174
8.4.3 模式识别 …… 174
8.4.4 机器视觉 …… 175
8.4.5 智能控制 …… 175
8.4.6 智能检索 …… 176
8.4.7 智能调度与指挥 …… 176
8.4.8 系统与语言工具 …… 177
8.5 人工智能的未来 …… 177
8.5.1 智能制造 …… 178
8.5.2 智能农业 …… 180
8.5.3 智能物流 …… 181
8.5.4 商业智能 …… 183

8.5.5 智能金融…………………………………………………………… 184
8.5.6 智能家居…………………………………………………………… 185
8.5.7 智能教育…………………………………………………………… 188
8.5.8 智能机器人………………………………………………………… 189
8.5.9 虚拟现实…………………………………………………………… 191
8.5.10 智能医疗 ………………………………………………………… 195
8.6 大数据与人工智能 ………………………………………………………… 198
8.6.1 认知计算与人工智能……………………………………………… 198
8.6.2 大数据的层次和核心……………………………………………… 199
8.6.3 大数据的范围与深度认知………………………………………… 199
8.6.4 大数据与人工智能、物联网的关系 ……………………………… 200
8.6.5 大数据的联动分析………………………………………………… 200
8.6.6 对大数据认知的升级……………………………………………… 201
参考文献………………………………………………………………………… 203

第1章 计算机系统概述

学习要求

- 了解计算机的产生和发展过程。
- 了解计算机发展的四个阶段及各阶段的特点。
- 了解计算机的应用领域及发展趋势。
- 掌握计算机的工作原理。

计算机是20世纪的一项伟大发明,它的出现掀起了一场新的工业革命,使人类社会进入了信息时代。计算机能自动、高速、精确地对信息进行存储、传送和加工处理,它的广泛应用推动了人类社会的发展与进步,深刻地影响了人们的生产、生活的各个领域。

计算机(Computer)俗称电脑,是一种用于高速计算的电子计算机器,它既可以进行数值计算,又可以进行逻辑计算,还具有存储记忆功能,是能够按照程序运行,自动、高速处理海量数据的现代化智能电子设备。它由硬件系统和软件系统组成,没有安装任何软件的计算机称为裸机。计算机可分为超级计算机、工业控制计算机、网络计算机、个人计算机和嵌入式计算机5类,较先进的计算机有生物计算机、光子计算机、量子计算机等。

计算机科学的成果应用于工程实践所派生的诸多技术性和经验性成果的总和称为计算机技术。

1.1 计算机的产生与发展

1.1.1 计算机的产生

计算机于1946年问世。人们普遍认为计算机产生的根本动力是为了创造更多的物质财富,是为了延伸人的大脑,让人的潜力得到更大的发展。正如汽车的发明延伸了人的双腿一样,计算机的发明事实上是对人脑智力的继承和延伸。近十几年来,计算机的应用日益深入社会的各个领域,如管理、办公自动化等。由于计算机日益向智能化方向发展,于是人们把微型计算机称为“电脑”。

计算机产生的动力是人们想发明一种能进行科学计算的机器，因此称为计算机。它一诞生就成为先进生产力的代表，揭开自工业革命后的又一场新的科学技术革命的序幕。要追溯计算机的发明，可以由中国古时开始说起，古时人类发明算盘去处理一些数据，利用拨弄算珠的方法，人们无须进行心算，通过固定的口诀就可以将答案计算出来。这种被称为“计算与逻辑运算”的运作概念传入西方后，被美国人发扬光大，直到16世纪，他们发明了一部可协助处理乘数等较为复杂数学算式的机械，被称为“棋盘计算器”，但这一时期只属于纯计算的阶段，直到19世纪才有快速的发展。

第二次世界大战期间，美国政府寻求开发计算机潜在的战略价值，这促进了计算机的研究与发展。1944年，霍华德·艾肯（1900—1973年）研制出全电子计算器，为美国海军绘制弹道图。这台简称Mark Ⅰ的机器有半个足球场大，内含500英里（mile，1mile≈1.6km）的电线，使用电磁信号来移动机械部件，速度很慢（3～5s一次计算），并且适应性很差，只能用于专门领域，但是它既可以执行基本算术运算，也可以运算复杂的等式。

1946年2月，标志着现代计算机诞生的ENIAC（Electronic Numerical Integrator And Computer）在美国费城公之于世。ENIAC代表了计算机发展史上的里程碑，它通过不同部分之间的重新接线编程，拥有并行计算能力。ENIAC由美国政府和宾夕法尼亚大学合作开发，使用了18 000多个电子管、70 000多个电阻器，有500万个焊接点，耗电约160kW，其运算速度比Mark Ⅰ快1000多倍，ENIAC是第一台普通用途计算机。

第一台计算机的特点为操作指令是为特定任务而编制的，每种机器有各自不同的机器语言，功能受到限制，速度也慢，使用真空电子管和磁鼓存储数据。虽然它还比不上今天最普通的一台微型计算机，但在当时它已是运算速度的绝对冠军，并且其运算的精确度和准确度也是史无前例的，如图1-1所示。

图1-1 世界上第一台电子计算机ENIAC

以圆周率（π）计算为例，中国古代科学家祖冲之利用算筹耗费15年心血，才把圆周率计算到小数点后7位数。1000多年后，英国人谢克斯以毕生精力计算圆周率，才计算到小数点后707位，而使用ENIAC进行计算，仅用了40s就达到了这个纪录，还发现谢克斯的计算中第528位是错误的。

ENIAC奠定了计算机的发展基础，在计算机发展史上具有划时代的意义，它的问世标志着计算机时代的到来。ENIAC诞生后,科学家冯·诺依曼提出了两点重大的改进理论：一是计算机应该以二进制为运算基础；二是计算机应该采用“存储程序”方式工作，并且进一步明确指出了整个计算机的结构应由5个部分组成,即运算器、控制器、存储器、输入装置和输出装置,冯·诺依曼这些理论的提出对后来计算机的发展起到了决定性的作用,至今绝大部分的计算机还是采用冯·诺依曼方式工作。

1.1.2 计算机的发展

计算机在短短的50多年里经过了电子管、晶体管、集成电路(IC)和超大规模集成电路(VLSI)4个阶段的发展,计算机的体积越来越小,功能越来越强,价格越来越低,应用越来越广泛,目前正朝着智能化(第五代)计算机方向发展。

1. 第一代计算机

第一代计算机是从第一台计算机ENIAC诞生(即1946年)至1958年。它们体积较大,运算速度较低,存储容量不大,而且价格昂贵。使用也不方便,为了解决一个问题,所编制程序的复杂程度难以表述。这一代计算机主要用于科学计算,主要在重要部门或科学研究部门使用。

2. 第二代计算机

第二代计算机是从1959年到1965年,它们全部采用晶体管作为电子元器件,其运算速度比第一代计算机的速度提高了近百倍,体积为原来的几十分之一。在软件方面开始使用计算机算法语言。这一代计算机不仅用于科学计算,还用于数据处理和事务处理及工业控制。

3. 第三代计算机

第三代计算机是从1966年到1970年。这一时期的主要特征是以中、小规模集成电路为电子元器件,并且出现操作系统,计算机的功能越来越强,应用范围越来越广。它们不仅用于科学计算,还用于文字处理、企业管理、自动控制等领域,出现了计算机技术与通信技术相结合的信息管理系统,可用于生产管理、交通管理、情报检索等领域。

4. 第四代计算机

由于集成技术的发展,半导体芯片的集成度更高,每块芯片可容纳数万个乃至数百万个晶体管,并且可以把运算器和控制器都集中在一个芯片上,从而出现了微处理器,可以用微处理器和大规模、超大规模集成电路组装成微型计算机,就是常说的微电脑或PC。微型计算机体积小,价格便宜,使用方便,功能和运算速度已经达到甚至超过了以往的大型计算机。

另外,利用大规模、超大规模集成电路制造的各种逻辑芯片,已经制成了体积并不很大,但运算速度可达1亿次甚至几十亿次的巨型计算机。我国继1983年研制成功每秒运算1亿次的银河Ⅰ型巨型机以后,又于1993年研制成功每秒运算10亿次的银河Ⅱ型通用并行巨型计算机。这一时期还产生了新一代的程序设计语言以及数据库管理系统和网络软件等。

随着物理元器件的变化,不仅计算机主机经历了更新换代,它的外部设备也在不断地变革。比如外存储器由最初的阴极射线显示管发展到磁芯、磁鼓,以后又发展为通用的磁盘,后又出现了体积更小、容量更大、速度更快的光盘存储器等。

第四代计算机是指从 1970 年以后采用大规模集成电路(LSI)和超大规模集成电路(VLSI)为主要电子元器件制成的计算机。例如,Intel 公司的 80386 微处理器,在面积约为 10mm×10mm 的单个芯片上可以集成约 32 万个晶体管。

第四代计算机的另一个重要分支是以大规模、超大规模集成电路为基础发展起来的微处理器和微型计算机。

微型计算机大致经历了以下 4 个阶段。

第一阶段是 1971—1973 年,微处理器有 4004、4040、8008。1971 年,Intel 公司研制出 MCS4 微型计算机(CPU 为 4040,4 位机)。后来又推出以 8008 为核心的 MCS-8 型。

第二阶段是 1974—1977 年,微型计算机的发展和改进阶段,微处理器有 8080、8085、M6800、Z80。初期产品有 Intel 公司的 MCS-80 型(CPU 为 8080,8 位机);后期有 TRS-80 型(CPU 为 Z80)和 Apple-Ⅱ型(CPU 为 6502),在 20 世纪 80 年代初期曾一度风靡世界。

第三阶段是 1978—1983 年,16 位微型计算机的发展阶段,微处理器有 8086、8088、80186、80286、M68000、Z8000。微型计算机代表产品是 IBM-PC(CPU 为 8086)。本阶段的顶峰产品是 Apple 公司的 Macintosh(1984 年)和 IBM 公司的 PC/AT286(1986 年)微型计算机。

第四阶段便是从 1983 年开始为 32 位微型计算机的发展阶段,微处理器相继推出 80386、80486。386、486 微型计算机是初期产品。1993 年,Intel 公司推出了 Pentium 或称 P5(中文译名为“奔腾”)的微处理器,它具有 64 位的内部数据通道。现在 Pentium Ⅲ(也有人称为 P7)微处理器已成为主流产品,Pentium Ⅳ在 2000 年 10 月推出。

由此可见,微型计算机的性能主要取决于它的核心器件——微处理器(CPU)的性能。

5. 第五代计算机

第五代计算机是指具有人工智能的新一代计算机,它具有推理、联想、判断、决策、学习等功能。它将把信息采集、存储、处理、通信和人工智能结合在一起,具有形式推理、联想、学习和解释能力。它的系统结构将突破传统的冯·诺依曼机器的概念,实现高度的并行处理。

IBM 曾发表声明称,已经研制出一款能够模拟人脑神经元、突触功能以及其他脑功能的微芯片,从而完成计算功能,这是模拟人脑芯片领域所取得的又一大进展。IBM 表示,这款微芯片擅长完成模式识别和物体分类等繁琐任务,而且功耗还远低于传统硬件。

值得注意的是,它并非想用新的芯片取代原有的计算机芯片。IBM 在其网站上介绍,传统计算机关注语言和分析思考,而神经突触核心能够解决感知和形状识别的问题,它们分别像人类的左脑和右脑一样;而 IBM 接下来想要做的就是让“左脑”和“右脑”连接起来合作,形成一种新的“整体计算智能”。从这个说法上来看,传统的芯片擅长大量符号运算和数字处理,而神经突触核心的优势在于多感官和实时传感器数据处理。比如,Modha 曾经表示,团队正在开发一种头戴设备,能够帮助盲人感知外部环境;而这一次

IBM 称，经过实验测试，这种芯片可以在录像片段中检测人、汽车、卡车和公共汽车，并识别出它们。这其实就是依靠神经突触核心来完成的。

有一点可以肯定，在当今智能社会中，计算机、网络、通信技术会三位一体化。21 世纪的计算机将把人从重复、枯燥的信息处理中解脱出来，从而改变人们的工作、生活和学习方式，给人类和社会拓展了更大的生存空间和发展空间。

过去人们常说计算机的发展经历了电子管、晶体管、集成电路和大规模集成电路 4 个阶段，也把以这些方式构造起来的计算机分别称为第一、二、三、四代计算机，见表 1-1。今天回头再看，这种说法已经没有太大的意义了。制造计算机的器件变化并不是根本性的(虽然其意义不可低估，如在降低成本、减小体积方面)，这个变化过程不过是人们寻求合适方式制造计算机的一个短暂的摸索阶段，在大约 20 年的时间里就已经完成了。从那以后，计算机的基本制造工艺再没有大的变化。而在另一方面，计算机发展史中其他的事件则更重要得多，如计算机的小型化和个人计算机的出现、计算机网络的出现和发展、计算机使用形式和出现形式的变化等(这些都是在大规模集成电路的前提下完成的)。

表 1-1 计算机发展四代代表机型

时　期	时　间	典型计算机	描　　述
第一代计算机(电子管)	1946 年	ENIAC	美国宾夕法尼亚大学研制的人类历史上真正意义的第一台电子计算机，占地 $170m^2$，耗电 160kW，造价 48 万美元，每秒可执行 5000 次加法或 400 次乘法运算。共使用了 18 000 多个电子管
	1950 年	EDVAC	第一台并行计算机，实现了计算机之父“冯·诺依曼”的两个设想：采用二进制和存储程序
第二代计算机(晶体管)	1954 年	TRADIC	IBM 公司制造的第一台使用晶体管的计算机，增加了浮点运算，计算能力有了很大提高
	1958 年	IBM 1401	这是第二代计算机中的代表，用户可以租用
第三代计算机(小规模集成电路)	1964 年	IBM 360 系统	美国 IBM 公司研制成功第一个采用集成电路的通用电子计算机系列
第四代计算机(大规模和超大规模集成电路)	1970 年	IBM S/370	这是 IBM 的更新换代的重要产品，采用了大规模集成电路代替磁芯存储，小规模集成电路作为逻辑元件，并使用虚拟存储器技术，将硬件和软件分离开来，从而明确了软件的价值
	1975 年 4 月	Altair 8800	由 MITS 制造，带有 1KB 存储器。这是世界上第一台微型计算机
	1977 年 4 月	Apple Ⅱ	NMOS6500，1MHz CPU，4KB RAM，16KB ROM，这是计算机史上第一个带有彩色图形的个人计算机
	1981 年 8 月	IBM PC	采用了主频为 4.77MHz 的 Intel 8088 CPU，内存 64KB，160KB 软驱，操作系统是 Microsoft 提供的 MS-DOS
	1983 年 1 月	Apple LISA	第一台使用了鼠标的计算机，第一台使用了图形用户界面的计算机

续表

时　期	时　间	典型计算机	描　述
第四代计算机（大规模和超大规模集成电路）	1983 年 3 月	IBM PC/XT	采用 Intel 8088，4.77MHz 的 CPU，256KB RAM 和 40KB ROM，10MB 的硬盘，两部 360KB 软驱
	1984 年 8 月	IBM PC/AT	采用 Intel 80286，6MHz CPU，512KB 内存，20MB 硬盘和 1.2MB 软驱
	1986 年 9 月	Compaq Desktop PC	采用 Intel 80386，16MHz CPU，640KB 内存，20MB 硬盘，1.2MB 软驱，是计算机史上第一台 386 计算机
	1989 年 4 月	Dell 80486	采用 Intel 80486，DX CPU，640KB 内存，20MB 硬盘，1.2MB 软驱

今天，人们还一直在研究真正新型的计算机，作为与普通计算机具有根本性差异的另类信息处理工具，人们能够发明出来吗？将在什么时候出现？能够具有今天计算机这样的性价比吗？通用性与专用性能完美统一吗？能够取代目前流行的这类电子数字计算机吗？我们正拭目以待。

1.2 计算机的特点

1. 记忆能力强

在计算机中有容量很大的存储装置，它不仅可以长久性地存储大量的文字、图形、图像、声音等信息资料，还可以存储指挥计算机工作的程序。

2. 计算精度高与逻辑判断准确

它能执行人类无能为力的高精度控制或高速操作任务，也具有可靠的判断能力，以实现计算机工作的自动化，从而保证计算机控制的判断可靠、反应迅速、控制灵敏。

3. 处理速度快

它具有神奇的运算速度，其速度可达到每秒亿亿次。例如，为了将圆周率 π 的近似值计算到 707 位，一位数学家曾为此花十几年的时间，而用现代计算机可瞬间完成计算，同时可精确到小数点后 200 万位。

4. 操作自动化

计算机是由内部程序控制和操作的，只要将事先编写好的应用程序输入计算机，它就能自动按照程序规定的步骤完成预定的处理任务。

1.3 计算机的应用领域和发展方向

1.3.1 计算机的应用领域

1. 科学计算（数值计算）

科学计算是指利用计算机来完成科学研究和工程技术中提出的数学问题的计算。早期的计算机主要用于科学计算。目前,科学计算仍然是计算机应用的一个重要领域。在现代科学技术工作中,科学计算问题规模很大、很复杂,利用计算机的高速计算、大存储容量和连续运算的能力,可以解决人工无法解决的各种科学计算问题,如高能物理、工程设计、地震预测、气象预报、航天技术等。由于计算机具有较高的运算速度和精度以及较强的逻辑判断能力,计算力学、计算物理、计算化学、生物控制论等新兴学科应运而生。

例如,建筑设计中为了确定构件尺寸,通过弹性力学导出一系列复杂方程,长期以来由于计算方法跟不上而一直无法求解。而计算机不仅能求解这类方程,还引发了弹性力学理论上的突破,出现了有限单元法。

2. 数据处理(信息管理)

数据处理是指对各种数据进行收集、存储、整理、分类、统计、加工、利用、传播等一系列活动的统称。据统计,80%以上的计算机主要用于数据处理,这类数据处理工作量大且面宽,决定了计算机应用的主导方向,是目前计算机应用最广泛的一个领域。利用计算机可以加工、管理与操作任何形式的数据资料,如企业管理、物资管理、报表统计、账目计算、信息情报检索等。近年来,国内许多机构纷纷建立自己的管理信息系统(MIS);生产企业也开始采用制造资源规划软件(MRP),商业流通领域则逐步使用电子信息交换系统(EDI),即无纸贸易。

数据处理从简单到复杂经历了以下 3 个发展阶段。

(1) 电子数据处理(Electronic Data Processing,EDP),它以文件系统为手段,实现一个部门内的单项管理。

(2) 管理信息系统(Management Information System,MIS),它以数据库技术为工具,实现一个部门的全面管理,以提高工作效率。

(3) 决策支持系统(Decision Support System,DSS),它以数据库、模型库和方法库为基础,帮助管理决策者提高决策水平,改善运营策略的正确性与有效性。

目前,数据处理已广泛地应用于办公自动化、企事业计算机辅助管理与决策、情报检索、图书管理、电影电视动画设计、会计电算化等各行各业。信息正在形成独立的产业,多媒体技术使信息展现在人们面前的不仅是数字和文字,也有声情并茂的声音和图像信息。

3. 辅助技术(计算机辅助设计与制造)

计算机辅助技术包括 CAD、CAM 和 CAI 等。

1) 计算机辅助设计

计算机辅助设计(Computer Aided Design,CAD)是设计人员利用计算机系统进行工程或产品设计,以实现最佳设计效果的一种技术。它已广泛地应用于飞机、汽车、机械、电子、建筑和轻工业等领域。利用计算机来帮助设计人员进行工程设计,以提高设计工作的自动化程度,节省人力和物力。目前,此技术已经在电路、机械、土木建筑、服装等设计中得到了广泛的应用。

例如,在计算机的设计过程中,利用 CAD 技术进行体系结构模拟、逻辑模拟、插件划分、自动布线等,从而大大提高了设计工作的自动化程度。又如,在建筑设计过程中,可以利用 CAD 技术进行力学计算、结构计算、绘制建筑图纸等,这样不但提高了设计速度,而且大大提高了设计质量。

2）计算机辅助制造

计算机辅助制造(Computer Aided Manufacturing,CAM)是利用计算机系统进行生产设备的管理、控制和操作的过程,从而提高产品质量,降低生产成本,缩短生产周期,并且大大改善了制造人员的工作条件。

例如,在产品的制造过程中,用计算机控制机器的运行,处理生产过程中所需的数据,控制和处理材料的流动以及对产品进行检测等。使用CAM技术可以提高产品质量,降低生产成本,缩短生产周期,提高生产率和改善劳动条件。

将CAD和CAM技术集成,实现设计生产自动化,这种技术被称为计算机集成制造系统(CIMS),它的实现将真正做到无人化工厂(或车间)。

3）计算机辅助教学

计算机辅助教学(Computer Aided Instruction,CAI)是利用计算机系统使用课件进行教学,利用计算机帮助教师讲授和帮助学生学习的自动化系统。课件可以用制作工具或高级语言来开发制作,它能引导学生循序渐进地学习,使学生轻松自如地从课件中学到所需要的知识。CAI的主要特色是交互教育、个别指导和因材施教。

4. 过程控制(实时控制)

过程控制是利用计算机及时采集检测数据,按最优值迅速地对控制对象进行自动调节或自动控制。利用计算机对工业生产过程中的某些信号自动进行检测,并把检测到的数据存入计算机,再根据需要对这些数据进行处理,这样的系统称为计算机检测系统。特别是仪器仪表引进计算机技术后所构成的智能化仪器仪表,将工业自动化推向了一个更高的水平。采用计算机进行过程控制,不仅可以大大提高控制的自动化水平,而且可以提高控制的及时性和准确性,从而改善劳动条件、提高产品质量及合格率。因此,计算机过程控制已在机械、冶金、石油、化工、纺织、水电、航天等部门得到广泛的应用。

例如,在汽车工业方面,利用计算机控制机床、控制整个装配流水线,不仅可以实现精度要求高、形状复杂的零件加工自动化,而且可以使整个车间或工厂实现自动化。

5. 人工智能(智能模拟)

人工智能(Artificial Intelligence,AI)是计算机模拟人类的智能活动,如感知、判断、理解、学习、问题求解和图像识别等。现在人工智能的研究已取得不少成果,有些已开始走向实用阶段。例如,能模拟高水平医学专家进行疾病诊疗的专家系统,具有一定思维能力的智能机器人等。

6. 网络应用

计算机技术与现代通信技术的结合构成了计算机网络。计算机网络的建立不仅解决了一个单位、一个地区、一个国家中计算机与计算机之间的通信,各种软硬件资源的共享,也大大促进了国际间文字、图像、视频和声音等各类数据的传输与处理。

1.3.2 计算机的发展方向

未来的计算机将以超大规模集成电路为基础,向多级化、网络化、多媒体与智能化的方向发展。

1. 多极化

由于计算机应用的不断深入,对巨型机、大型机的需求也稳步增长,巨型机、大型机、小型机、微型机各有自己的应用领域,形成了一种多极化的形势。例如,巨型计算机主要应用于天文、气象、地质、核反应、航天飞机和卫星轨道计算等尖端科学技术领域和国防事业领域,它标志着一个国家计算机技术的发展水平。

目前,运算速度为每秒十亿亿次的巨型计算机已经投入运行,并正在研制更高速的巨型机。微型计算机已进入仪器、仪表、家用电器等小型仪器设备中,同时也作为工业控制过程的心脏,使仪器设备实现"智能化"。随着微电子技术的进一步发展,笔记本型、掌上型等微型计算机必将以更优的性价比受到人们的欢迎。

2. 网络化

计算机网络化是指用现代通信技术和计算机技术把分布在不同地点的计算机互联起来,组成一个规模大、功能强、可以互相通信的网络结构。网络化的目的是使网络中的软件、硬件和数据等资源能被网络上的用户共享。日前,大到世界范围的通信网,小到实验室内部的局域网,互联网(Internet)已经连接包括我国在内的150多个国家和地区。由于计算机网络实现了多种资源的共享和处理,提高了资源的使用效率,因而深受广大用户的欢迎,得到了越来越广泛的应用。

3. 多媒体

多媒体计算机是当前计算机领域中最引人注目的高新技术之一。多媒体计算机就是利用计算机技术、通信技术和大众传播技术,来综合处理多种媒体信息的计算机。这些信息包括文本、视频图像、图形、声音、文字等。多媒体技术使多种信息建立了有机联系,并集成为一个具有人机交互性的系统。多媒体计算机将真正改善人机界面,使计算机朝着人类接收和处理信息的最自然的方向发展。

4. 智能化

计算机人工智能的研究建立在现代科学基础之上。智能化使计算机具有模拟人的感觉和思维过程的能力,使计算机成为智能计算机。这也是目前正在研制的新一代计算机要实现的目标。智能化是计算机发展的一个重要方向,新一代计算机将可以模拟人的感觉行为和思维过程的机理,进行"看""听""说""想""做",具有逻辑推理、学习与证明的能力。

智能化的研究包括模式识别、图像识别、自然语言的生成和理解、博弈、定理自动证明、自动程序设计、专家系统、学习系统和智能机器人等。目前,已研制出多种具有人的部分智能的机器人。

1.4 未来的计算机

随着计算机技术的发展,PC将成为人们工作的助手,生活中的控制中心。计算机的未来充满变数,性能的大幅度提高是毋庸置疑的,实现性能的飞跃途径却有很多。未来的计算机不仅只是考虑到性能的大幅度提升,更要变得越来越环保,越来越人性化,更加适应未来社会人们生产生活的需求。

基于集成电路的计算机短期内还不会退出历史舞台,但是一些新型的计算机正在不断地出现,如超导计算机、纳米计算机、光子计算机、DNA 计算机和量子计算机等。

1.4.1 超导计算机

芯片的集成度越高,计算机的体积越小,这样才不至于因信号传输而降低整机速度。但是这样就很难避免由于过热而严重影响计算机的运算速度和性能。所以解决的办法就是研制超导计算机。电流在超导体中流过时,电阻为 0,介子不会发热。1962 年,英国物理学家约瑟夫逊提出了“超导隧道效应”,即由超导体-绝缘体-超导体组成的器件(约瑟夫逊器件),当对其两端加电压时,电子就会像通过隧道一样无阻挡地从绝缘介子中穿过,形成微小电流,而该器件两端的电压降几乎为 0。与传统的半导体计算机相比,使用约瑟夫逊器件的超导计算机的耗电量仅为其几千分之一,而执行一条指令所需要的时间却要快 100 倍。

可是,超导现象发现以后,超导研究进展一直不快,因为它可望而不可即。实现超导的温度太低,要制造出这种低温,消耗的电能远远超过超导节省的电能。在 20 世纪 80 年代后期,情况发生了逆转,研究超导热突然席卷全世界。科学家发现了一种陶瓷合金在零下 238℃时出现了超导现象。我国物理学家找到一种材料,在零下 141℃出现超导现象。目前,科学家还在为此奋斗,试图寻找出一种“高温”超导材料,甚至一种室温超导材料。一旦找到这些材料,人们可以利用它制成超导开关器件和超导存储器,再利用这些器件制成超导计算机。实验表明,有很多这种超导材料,如铝系、铌系等,可以利用溅射技术或蒸发技术在非常薄的绝缘体上形成薄膜,并制成约瑟夫逊器件。这种器件是制作超级计算机不可缺少的组件。它将使计算机的体积大幅度缩小,能耗大大下降,并且计算速度大大提高。将超导数据处理器与外存储芯片组装成约瑟夫逊式计算机,能获得高速处理能力,速度相当于大型计算机的 15 倍。

1.4.2 纳米计算机

在纳米尺度下,由于有量子效应,硅微电子芯片便不能工作。其原因就是这种芯片的工作依据的是固体材料的整体特性,即大量电子参与工作时所呈现的统计平均规律。如果在纳米尺度下利用有限的电子运动所表现出来的量子效应,可能就能克服上述困难。用各种不同的原理实现纳米级计算,目前已提出了 4 种工作机制:电子式纳米计算技术;基于生物化学物质与 DNA 的纳米计算机;机械式纳米计算机;量子波相干计算机。它们有可能发展成为未来纳米计算机技术的基础。

1.4.3 光子计算机

与传统的硅芯片计算机不同,光子计算机用光束代替电子进行计算和存储,它以不同波长的光代表不同的数据,以大量的透镜、棱镜和反射镜将数据从一个芯片传送到另一个芯片。研制光子计算机的设想早在 20 世纪 50 年代后期就已经提出。1986 年,贝尔实验室的戴维·米勒研制成功小型光开关,为同实验室的艾伦·黄研制光处理器提供了必要的元件。1990 年 1 月,黄的实验室开始用光子计算机工作。光子计算机有全光学型和光电混合型。上述贝尔实验室的光子计算机就采用了混合型结构。相比之下,全光学型计算机可以达到更高的运算速度。研制光子计算机需要开发出可用一条光束变化的光学“晶体管”。现有的光学“晶体管”庞大而笨拙,若用它们制成台式计算机将有汽车那么大(图 1-2),因此,要想短期内使用光子计算机,其实用性还有一定困难。

图 1-2 光子计算机

1.4.4 DNA 计算机

1994 年 11 月,美国南加州大学的阿德勒曼博士用 DNA 碱基对序列作为信息编码的载体,在试管内控制酶的作用下,使 DNA 碱基对序列发生反应,以此实现数据运算。阿德勒曼在《科学》上发表了 DNA 计算机的理论,引起了各国学者的广泛关注。与传统的计算机不同,阿德勒曼的计算方法不局限于简单的物理性质的加减操作,而是增添了化学性质的切割、复制、粘贴、插入和删除等操作方式。DNA 计算机的最大优点在于其惊人的存储容量和运算速度,$1cm^3$ 的 DNA 存储的信息比一万亿张光盘存储的信息量还要多。十几个小时的 DNA 计算就相当于问世以来所有计算机的总运算量。更重要的是,它的能耗非常低,只有计算机的一百亿分之一。与传统的“看得见、摸得着”的计算机不同,目前的 DNA 计算机还是躺在试管里的液体,它离开发、实际应用还有相当大的距离,还有许多现实的问题需要解决。如生物操作的困难,有时轻微的震荡就会使 DNA 断裂,有些 DNA 会黏在试管壁、抽管尖上,从而就在计算中丢失了碱基,也许 10～20 年后,DNA 计算机才可能进入实用阶段(图 1-3)。

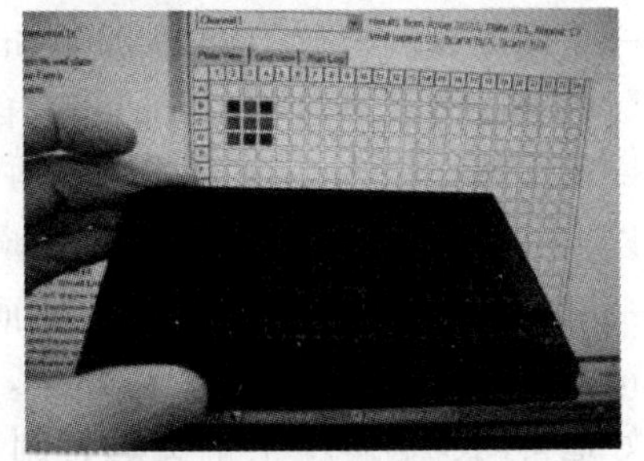

图 1-3 DNA 计算机在与人对弈中获胜

1.4.5 量子计算机

量子计算机以处于量子状态的原子作为中央处理器和内存，利用原子的量子特性进行信息处理。由于原子具有在同一时间处于两个不同位置的奇妙特性，即处于量子位的原子既可以代表 0 或 1，也可以同时代表 0 和 1，以及 0～1 的中间值，故无论从数据存储还是处理的角度，量子位的能力都是晶体管电子位的 2 倍。对此，有人曾经做过这样一个比喻：假设一只老鼠准备绕过一只猫，根据经典物理理论，它要么从左边过，要么从右边过，而根据量子理论，它却可以同时从猫的左边和右边绕过。量子计算机在外形上有较大的差异，它没有盒式外壳，看起来像是一个被其他物质保卫的巨大磁场，它不能利用硬盘实现信息的长期存储，但高效的运算能力使量子计算机具有广阔的应用前景。如何实现量子计算，方案并不少，问题是在实验上实现对微观量子态的操纵太困难。这些计算机异常敏感，哪怕是最小的干扰——比如一束从旁边经过的宇宙射线，也会改变机器内计算原子的方向，从而导致错误的结果。目前，量子计算机只能利用大约 5 个原子做简单的计算。要想做任何有意义的工作都必须使用数百万个原子。

自 1999 年以来，位于加拿大卑诗省(British Columbia)本拿比市(Burnaby)的 D-Wave 系统公司一直在从事量子计算技术研究。2007 年，这家由 Amazon 和 CIA 共同赞助的公司宣布成功开发出世界上第一台量子计算机的工作模型机——Orion(猎户座)，并完成了样机的测试工作。处理器的测试包含了 128 超导磁量子比特和 2.4 万个约瑟夫逊结(Josephson Junction)装置，组成了当时世界上最复杂的超导电路。但目前 D-Wave 系统公司只是开发出了工作模型机，当时科学家预言到真正生产商业化应用的机器至少需要 20～50 年的时间。2011 年，D-Wave 发布了全球第一款商用型量子计算机——D-Wave One，它采用了 128 量子位的处理器，运算速度是前代的 4 倍，理论运算速度已经远超当时所有的超级计算机。不过 D-Wave One 只能处理特定的经过优化的任务，在编程方面也不太实用，甚至在运行过程中必须由液氦全程保护。2017 年年初，D-Wave Two 量子计算机面世，其处理器达到了 512 量子位，它在某些领域的运算能力可以在很长一段时间内保持领先，售价 1500 万美元。D-Wave Two 工作时，环境温度必须保持在 20mK(毫开式温标)。Google 也参与创办一个研究量子计算的实验室，这无疑是对量子计算技术的认可。而安装在 Ames 研究中心的量子计算机还需要通过由 Google 及其合作伙伴进行的一系列测试。对此 IDC 分析师 Steve Conway 表示："我们还不清楚这台量子计算机的实际处理能力。不过像 Google 这样的公司愿意采购量子计算机，对量子计算技术来说就是一次飞跃。"Google 研究人员 Hartmut Neven 发表博文称，Google 希望量子计算技术可以推动机器学习领域的发展，在疾病治疗、跟踪气候变化和开发语音识别技术方面发挥作用。而 Ames 研究中心也发表了一篇博文，表示新系统可以更好地帮助我们解决空中交通管制以及任务规划和调度等方面的问题。为了测试 D-Wave 量子计算机的性能，科学家让 D-Wave 与配置 Intel 芯片的传统计算机运行同一项任务(图 1-4～图 1-6)。D-Wave

图 1-4 Orion 量子计算机

表示，在某些测试中量子计算机的速度比传统计算机快1.1万倍。

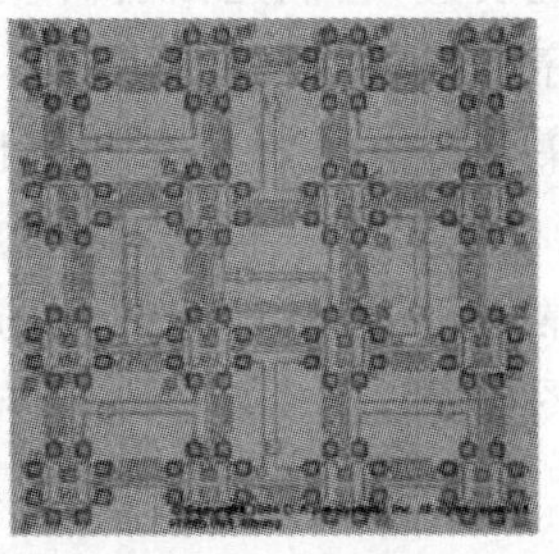

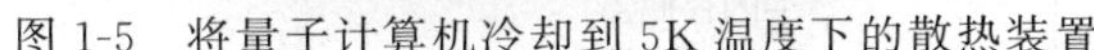

图1-5 将量子计算机冷却到5K温度下的散热装置

图1-6 集成了16个量子比特的计算机

随着计算机信息技术渗透到经济社会生活的各个领域，世界正逐步进入以信息产业为主导的新经济时代，互联网、移动电话、卫星网络的发展对人类经济社会将产生巨大的影响。计算机将具备各种基本感觉功能，包括听、说、看、嗅、触等，这是业界目前正在研究的方向。

计算机未来的发展可以概括为3个方面：一是向“高”的方向发展，性能越来越高，速度越来越快，主要表现为计算机的主频越来越高；二是向“并行处理”方向发展，通过发明新技术，如量子器件，采用纳米工艺、片上系统等技术还可以将器件速度提高几个数量级，以大规模并行为标志的体系结构的创新与进步是提高计算机系统性能的另一重要途径；三是向“深”度方向发展，即向新兴的智能化发展。例如，网上有大量的信息，怎样把这些浩如烟海的东西变成你想要的知识，这是计算科学需要解决的重要课题，这并非简单地单击一个网站，就能搜索到与其相匹配的内容，而是需要计算机将收集到的知识系统化。人机界面也将变得更加智能友好——未来人们可以用自然语言与计算机打交道，甚至可以用表情、手势等各种方式同时与计算机进行交流。

人机间的生理界限将消失。早期微软董事长比尔·盖茨在接受英国广播公司采访时曾预言，计算机键盘和鼠标将会被取代，在未来5年内逐步被更为自然、更直观性的科技手段代替，触摸式、视觉型以及声控界面会被广泛应用。

有多项计算机发明的邱波认为，常规介质有很大的局限性。例如，鼠标须外接于主机，在操作时由于键盘与鼠标(或手写板)分离，需要频繁地移动前臂，工作效率低，同时携带也不方便。随着计算机、电视、手机、PDA等融合趋势越来越明显，新一代人机交互系统将应运而生，如触摸式、视觉型以及声控界面都将被广泛应用到计算机领域。

因此，当人机交互装置从“鼠标键盘时代”走向“触摸式”“视觉型”或“声控界面”时，人机之间的生理界限将彻底消失。到那个时候，人类可以直接通过语言和机器进行控制与交流，甚至只需一个眼神、一个手势，计算机就能很快做出反应。另外，未来一些超微型的计算机系统将被植入人体，充当人的感觉、生理器官。由此计算机与人会合为一体。

1.5 计算机的基本组成及工作原理

计算机系统包括硬件系统和软件系统两大部分。计算机硬件是指组成一台计算机的各种物理装置,它们是由各种实在的器件所组成。计算机软件是指在硬件设备上运行的各种程序、数据以及有关资料。程序是用于指挥计算机执行各种动作以便完成指定任务的指令集合。有关资料在计算机执行过程中可能是不需要的,但对于人们阅读、修改、维护、交流程序等却是必不可少的。

通常,把不装备任何软件的计算机称为硬件计算机或裸机。一般微型计算机系统的组成框图如图 1-7 所示。

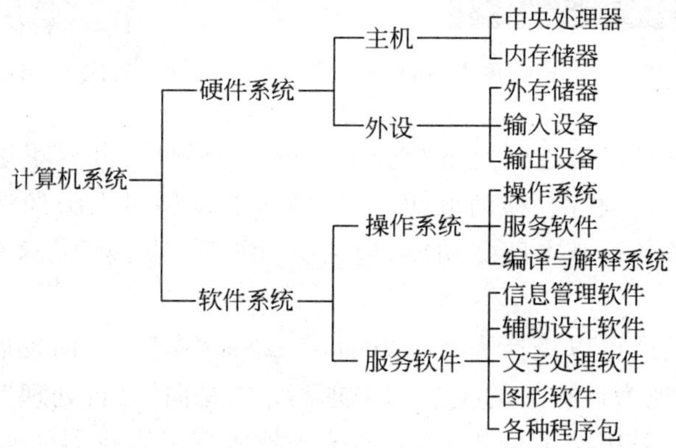

图 1-7 计算机系统组成框图

1.5.1 计算机的硬件系统

一般微型计算机的硬件系统由以下几部分组成。

(1) 中央处理器(微处理器)。主要包括运算器和控制器两个部件。运算器负责对数据进行算术和逻辑运算(即对数据进行加工处理);控制器负责对程序所规定的指令进行分析,控制并协调输入、输出操作或对内存的访问。

(2) 存储器。负责存储程序和数据,并根据控制命令提供这些程序和数据。存储器又分为内存储器和外存储器。

(3) 输入设备。负责把用户的信息(包括程序和数据)输入计算机中。

(4) 输出设备。负责将计算机中的信息(包括程序和数据)传送到外部介质供用户查看或保存。下面分别对其各部分进行介绍。

1. 中央处理器

中央处理器(Central Processing Unit,CPU)在微型计算机中称为微处理器,计算机发生的所有动作都是受微处理器控制的,它主要由运算器和控制器两大部件组成。运算器主要完成各种算术运算(如加、减、乘、除)和逻辑运算(如逻辑加、逻辑乘和逻辑非运算)。控制器负责从内存储器读取各种指令,并对指令进行分析,根据指令的具体要求向计算机的各个部件发出控制信号,协调计算机各个部分的工作。因此,控制器是计算机的指挥控制中心。

微处理器品质的高低直接决定了一个计算机系统的性能,反映微处理器品质的最重要的指标是主频与字长。主频说明了微处理器的工作速度。主频越高,微处理器的运算速度就越快。目前,高性能的微处理器主频已达到几吉赫兹(GHz)。字长是指微处理器可以同时处理的二进制数据的位数。人们通常所说的16位机、32位机就是指该计算机中的微处理器可以同时处理16位、32位的二进制数据。

2. 存储器

存储器是计算机的记忆部件,用于存放计算机进行信息处理所必需的原始数据、中间结果、最后结果以及指示计算机工作的程序。在存储器中含有大量的存储单元,每个存储单元可以存放8位的二进制信息,这样的存储单元称为一个字节(Byte),即存储器的容量是以字节为基本单位的。对存储器中的每个字节依次用从0开始的整数进行编号,这个编号称为地址。微处理器按地址来存取存储器中的数据。

存储器的容量是指存储器中所包含的字节数,通常用KB、MB与GB作为单位。其中,1KB=1024B;1MB=1024KB;1GB=1024MB。计算机的存储器分为内存储器和外存储器。

1) 内存储器(主存)

微处理器与内存储器合在一起一般称为主机。内存储器是由半导体存储器组成的,它的存取速度比较快。内存储器又分为随机存取存储器和只读存储器。随机存储器简称RAM,是可读可写的。在计算机断电后,RAM中的信息就会丢失。只读存储器简称ROM。信息只能读出而不能写入。ROM中的信息是厂家在制造时用特殊方法写入的,断电后其中的信息不会丢失。

2) 外存储器(外存,又称为辅助存储器)

外存储器的容量一般都比较大,而且可以移动,便于不同计算机之间进行信息交流。在微型计算机中,常用的外存有磁盘、光盘等。目前最常用的是磁盘。磁盘又分为硬盘和软盘。

(1) 硬盘。硬盘是由若干片硬盘片组成的盘片组,一般被固定在计算机机箱内。与软盘相比,硬盘的容量大,存取信息的速度快。目前,生产的硬盘容量已经达到几百吉字节(GB)。在使用硬盘时应保持良好的工作环境,如适宜的温度和湿度、防尘、防震等,且不要随意拆卸。

(2) 软盘。3.5英寸的软盘,容量为1.44MB。特别要指出的是,目前软盘已经被淘汰了。

(3) 光盘。用于计算机系统的光盘主要有3类:只读性光盘(CD-ROM),信息只能读出、不能写入,信息是由厂家根据用户要求写入的;一次写入性光盘、可擦性光盘。光盘的存储容量约为650MB。

3. 输入设备

输入设备是外界向计算机传送信息的装置。在微型计算机系统中,最常用的输入设备有键盘和鼠标。

1）键盘

标准键盘共有101个键，包括数字键、英文字母键、常用运算符以及标点符号等，此外，还有几个特殊的控制键，如换挡键（Shift）、大小写字母转换键（CapsLock）、制表键（Tab）、退格键（BackSpace）、回车键（Enter）、空格键、Ctrl键与Alt键（这两个键往往分别与其他键组合表示某个控制或操作，组合所实现的具体功能由软件系统来定义）、小键盘区（小键盘区又称为数字键区）。

小键盘区中的多数键具有双重功能：一是代表数字；二是代表某种编辑功能，它为专门进行数据输入的用户提供了很大方便。功能键区：这个区中有12个功能键（F1～F12），每个功能键的功能由软件系统定义。编辑键区：这个区中的所有键主要用于编辑修改。

2）鼠标

鼠标是计算机的一种输入设备，分有线和无线两种，也是计算机显示系统纵横坐标定位的指示器，因形似老鼠而得名“鼠标”。标准称呼应该是“鼠标器”，英文名为Mouse，鼠标的使用是为了使计算机的操作更加简便、快捷，并代替键盘繁琐的指令。

4. 输出设备

输出设备的作用是将计算机中的数据信息传送到外部介质，并转化成某种为人们所需要的表示形式，如显示器、打印机。磁盘驱动器既可以从磁盘读出数据，也可以往磁盘写数据，因此，它既是输入设备也是输出设备。有时根据需要还可以配置其他输出设备，如绘图仪等。

1）显示器

显示器（Monitor）又称监视器，可分为阴极射线管显示器（CRT）、液晶显示器（LCD）。

2）打印机

打印机也是计算机系统最常用的输出设备。在显示器上输出的内容只能当时查看，而不能保存。为了将计算机输出的内容留下书面记录以便保存，就需要用打印机打印输出。按打印机的打印方式来分，打印机可分为点阵打印机、喷墨打印机、激光打印机及3D打印机。

各种打印机与主机的连接大多是通过标准接口，其中有标准的串行接口和并行接口。

1.5.2 计算机的软件系统

微型机的软件系统可以分为系统软件和应用软件两大类。

1. 系统软件

系统软件是指管理、监控和维护计算机资源（包括硬件和软件）的软件。常见的系统软件有操作系统、各种语言处理程序以及各种工具软件等。

1）操作系统

操作系统是最底层的系统软件，它是对硬件系统功能的首次扩充，也是其他系统软件和应用软件能够在计算机上运行的基础。操作系统用于统一管理计算机中的各种软硬件资源，合理地组织计算机的工作流程，协调计算机系统各部分之间、系统与用户之间、用户与用户之间的关系。操作系统具有 5 个方面的功能，即内存储器管理、处理机管理、设备管理、文件管理和作业管理。

操作系统的分类方法有很多。按操作系统的功能可以分为实时操作系统和作业处理系统；按操作系统所管理的用户数目可以分为单用户操作系统和多用户操作系统见表 1-2。

表 1-2　操作系统分类

单用户、单任务操作系统	DOS
单用户、多任务操作系统	Windows
多用户、多任务操作系统	UNIX、Linux
网络操作系统	Netware，Windows NT，Linux

2）程序设计语言与语言处理程序

人们要利用计算机解决实际问题，一般要先编制程序。程序设计语言就是用户用来编写程序的语言，它是人与计算机之间交换信息的工具。程序设计语言是软件系统的重要组成部分，而相应的各种语言处理程序属于系统软件。程序设计语言一般分为机器语言、汇编语言和高级语言 3 类。

3）工具软件

工具软件有时又称为服务软件，它是开发和研制各种软件的工具。常见的工具软件有诊断程序、调试程序、编辑程序等。这些工具软件为用户编制计算机程序及使用计算机提供了方便。

（1）诊断程序。诊断程序有时也称为查错程序，它的功能是诊断计算机各部件能否正常工作，自检程序就是一种最简单的诊断程序。

（2）调试程序。调试程序用于对程序进行调试。它是程序开发者的重要工具，特别是对于调试大型程序显得更为重要，如 Debug 就是一般 PC 系统中常用的一种调试程序。

（3）编辑程序。编辑程序是计算机系统中不可缺少的一种工具软件，它主要用于输入、修改、编辑程序或数据。

2. 应用软件

应用软件是指除了系统软件以外的所有软件，它是用户利用计算机及其提供的系统软件为解决各种实际问题而编制的计算机程序。常见的应用软件有以下几种：各种信息管理软件；办公自动化系统；各种文字处理软件；各种辅助设计软件以及辅助教学软件；各种软件包，如数值计算程序库、图形软件包等。

计算机软件是脑力劳动的产物。一个实用软件一般需要众多软件专业人员以及计算机应用工作者经过长期的劳动才能完成。

3. 程序设计语言

程序设计语言一般分为机器语言、汇编语言和高级语言 3 类。

1）机器语言

机器语言是计算机硬件可以直接识别。机器语言编写的程序，每一条机器指令都是二进制形式的指令代码。在指令代码中一般包括操作码和地址码，其中操作码告诉计算机做何种操作，地址码则指出被操作的对象。由于机器语言程序是直接针对计算机硬件的，因此它的执行效率比较高，能充分发挥计算机的速度性能。但是用机器语言编写程序的难度比较大，容易出错，而且程序的直观性比较差，也不容易移植。

2）汇编语言

为了便于理解与记忆，人们采用能帮助记忆的英文缩写符号（称为指令助记符）来代替机器语言指令代码中的操作码，用地址符号来代替地址码。用指令助记符及地址符号书写的指令称为汇编指令（也称为符号指令），而用汇编指令编写的程序称为汇编语言源程序。汇编语言又称为符号语言。

汇编语言与具体使用的计算机有关。由于汇编语言采用了助记符，因此它比机器语言直观，容易理解和记忆，用汇编语言编写的程序也比机器语言程序易读、易检查、易修改。但是，计算机不能直接识别用汇编语言编写的程序，必须由一种专门的翻译程序将汇编语言源程序翻译成机器语言程序后，计算机才能识别并执行。这种翻译的过程称为“汇编”，负责翻译的程序称为汇编程序。无论是机器语言还是汇编语言，都依赖于计算机的硬件结构，所以被称为低级语言。

3）高级语言

高级语言是接近于人类语言的一种计算机语言，与具体的计算机硬件无关，其表达方式接近于被描述的问题，易被人们接受和掌握。用高级语言编写程序要比低级语言容易得多，并大大简化了程序的编制和调试，使编程效率得到大幅度的提高。高级语言的显著特点是不依赖于计算机硬件，通用性和可移植性好。

目前，计算机高级语言已有上百种之多，常用的高级语言有 C、C++、Java、PHP 和 Python 等。

高级语言通常有两种翻译方法：编译方式是通过一种编译程序将用高级语言编写的源程序整个翻译成目标程序，然后交由计算机执行；解释方式是对那些用高级语言编写的源程序逐句进行分析，边解释边执行，不产生目标程序。

1.6 计算机的基本工作原理

1. 冯·诺依曼原理

世界上第一台计算机基于冯·诺依曼原理设计的，其基本思想是存储程序与程序控制。存储程序是指人们必须事先把计算机的执行步骤序列（即程序）及运行中所需的数据，通过一定方式输入并存储在计算机的存储器中。程序控制是指计算机运行时能自动地逐一取出程序中一条条指令，加以分析并执行规定的操作。到目前为止，尽管计算机发展了几代，但其基本工作原理仍然没有改变。

根据存储程序和程序控制的概念，在计算机运行过程中实际上有两种信息在流动。一种是数据流，它包括原始数据和指令，它们在程序运行前已经预先送至主存中，而且都是以二进制形式编码的。在运行程序时，数据被送往运算器参与运算，指令被送往控制器。另一种是控制信号，它是由控制器根据指令的内容发出的，指挥计算机各部件执行指令规定的各种操作或运算，并对执行流程进行控制。这里的指令必须为该计算机能直接理解和执行的。

2. 计算机指令与指令系统

指令是指计算机完成某个基本操作的命令。指令能被计算机硬件理解并执行。一条指令就是计算机机器语言的一个语句，是程序设计的最小语言单位。

一台计算机所能执行的全部指令集合，称为这台计算机的指令系统。指令系统充分地说明了计算机对数据进行处理的能力。不同种类的计算机，其指令系统的指令数目与格式也不同。指令系统越丰富完备，编制程序就越方便灵活。指令系统是根据计算机使用要求设计的。

一条计算机指令是用一串二进制代码表示的，它通常应包括两方面的信息，即操作码和地址码。操作码用来表示该指令的操作特性和功能，即指出进行什么操作；地址码指出参与操作的数据在存储器中的地址。一般情况下，参与操作的源数据或操作后的结果数据都在存储器中，通过地址可访问该地址中的内容，即得到操作数。

CPU 访问存储器需要一定的时间，为了提高运算速度，有时也将参与运算的数据或中间结果存放在 CPU 寄存器中或者直接存放在指令中。

计算机的核心处理部件是 CPU。目前，各类计算机的 CPU 都是采用半导体集成电路技术制造的，它虽然不大，但其内部结构却极端复杂。CPU 的基础材料是一块不到指甲盖大小的硅片，通过复杂的工艺，人们在这样的硅片上制造了数以百万、千万计的微小半导体元件。从功能看，CPU 能够执行一组操作，例如取得一个数据，由一个或几个数据计算出另一个结果(如做加、减、乘、除等)，送出一个数据等。与每个动作相对应的是一条指令，CPU 接收到一条指令就去做对应的动作。一系列的指令就形成了一个程序，可能使 CPU 完成一系列动作，从而完成一件复杂的工作。

在计算机诞生之时，指挥 CPU 完成工作的程序还放在计算机之外，通常为一叠打了孔的卡片。计算机在工作中自动地一张张读卡片，读一张就去完成一个动作。实际读卡片的事由一台读卡机完成(有趣的是，IBM 就是制造读卡机起家的)。采用这种方式，计算机的工作速度必然要受到机械式读卡机的限制，不可能很快。

美国数学家冯·诺依曼最早看到问题的症结，据此提出了著名的“存储程序控制原理”，从而导致现代意义下的计算机诞生了。

计算机的中心部件，除了 CPU 之外，最主要的是一个内部存储器。在计算机诞生之时，这个存储器只是为了保存正在被处理的数据，CPU 在执行指令时到存储器里把有关的数据提取出来，再把计算得到的结果存回到存储器去。

冯·诺依曼提出的新方案是：应该把程序也存储在存储器里，让 CPU 自己负责从存储器里提取指令，执行指令，循环式地执行这两个动作。这样，计算机在执行程序的过程中就可以完全摆脱外界的拖累，以自己可能的速度(电子的速度)自动运行。这种基本思想就是“存储程序控制原理”，按照这种原理构造出来的计算机就是“存储程序控制计算机”，也被称作“冯·诺依曼计算机”。

到目前为止，所有主流计算机都是这种计算机，这里讨论的都是这种计算机（随着对计算过程和计算机研究的深化，人们也认识到冯·诺依曼计算机的一些缺点，开展了许多探索其他计算机模式的研究工作。但是到目前为止，这些工作的成果还远未达到制造出在性能、价格、通用性、自然易用等方面能够与冯·诺依曼计算机匹敌的信息处理设备的程度）。

从 CPU 抽象动作的层次看，计算机的执行过程非常简单，是一个两步动作的简单循环，称为 CPU 基本执行循环。CPU 每次从存储器取出一条指令，然后按照这条指令完成对应动作，循环往复，直到程序执行完毕（遇到一条要求 CPU 停止工作的指令），或者永无休止地工作下去。

CPU 是一个听话、服从指挥的“服务生”，它每时每刻都绝对按照命令行事，程序叫它做什么，它就做什么。CPU 能完成的基本动作并不多，通常一个 CPU 能够执行的指令有几十种到一两百种。而实际社会各个领域里，社会生活的各个方面需要应用计算机情况则是千差万别、错综复杂。

这样简单的计算机如何能应付如此纷繁复杂的社会需求呢？答案实际上很简单：程序。通过不同指令的各种适当排列，人可以写出的程序数目是没有穷尽的。这就像英文字母只有 26 个，而用英文写的书信、文章、诗歌、剧作、小说却可以无穷多一样。计算机从原理上看并不复杂，正是五彩缤纷的程序使计算机能够满足社会的无穷无尽的需求。

计算机的这种工作原理带来两方面的效果。一方面，计算机具有通用性，一种（或者不多的几种）计算机就能够满足整个社会的需求，这使得人们可以采用大工业生产的方式进行生产，提高生产效率，增强计算机性能，降低成本。另一方面，通过运行不同的程序，不同的计算机，或者同一台计算机在不同的时刻可以表现为不同的专用信息处理机器，如计算器、文字处理器、记事本、资料信息浏览检索机器、账本处理机器、设计图版、游戏机等。甚至同一台计算机在一个时刻同时表现为多种不同的信息处理机器。正是这种通用性和专用性的完美统一，使得计算机成为人类走向信息时代过程中最锐利的一件武器。

我们说 CPU 并不复杂，这是从原理上讲的。而今天最先进的 CPU 又是极端复杂的东西，甚至可能是人类有史以来制造出的最复杂产品。产生这种情况的原因很多，这里列举其中最重要的两个。

第一，人们对 CPU 性能的要求越来越高，因为需要由计算机完成的工作越来越复杂，完成一项工作需要执行的指令数越来越多。现实社会总是不断提出新问题，要求用计算机解决。一个复杂问题解决了，人们就会发现另一个更复杂的问题被解决的希望，因此会更加努力，但是一个永远也不能克服的困难是，计算机执行指令需要时间。虽然目前计算机执行指令的速度已经快得惊人，但对于人们希望用计算机解决的复杂任务而言，CPU 的速度永远太慢。为提高 CPU 在实际计算中的速度，人们开发了许多巧妙技术，而实现这些技术又大大地增加了 CPU 本身的复杂性。

第二，需要用计算机处理的数据越来越多。早期的计算机主要是处理数值型数据，如整数、实数，CPU 只需要围绕与这些数据类型有关的计算过程提供一批指令。随着计算机的发展，新的应用需求层出不穷。例如，当计算机被广泛用于图形、图像、声音信号的处理时，虽然从理论上说 CPU 可以不改变，但人们也发现，增加一些新的特殊指令，对这些特殊数据形式的处理就能更有效。新指令的增加能大大提高 CPU 处理特殊数据形式的效率，有时是必需的，例如，为了实时地处理高清晰度的三维动画，会增加一些处理三维动画的新指令，由此带来的一个副作用是使 CPU 变得更加复杂了。

计算机的工作过程实质是执行程序的过程，而执行程序的过程就是逐条执行指令的过程，因此了解指令执行过程是了解计算机工作过程的基础。

要执行指令，首先要从存储器中取出指令，然后才能执行，因而一般把指令执行过程分为 3 个阶段，即取指令、译码和执行指令，如图 1-8 所示。

(1) 取指令。在取指令阶段，CPU 根据程序计数器 PC 的内容，将下一条即将要执行的指令从主存复制到指令寄存器中。复制完成后程序计数器 PC 的内容自动加 1，指向下一条指令。

(2) 译码。指令被取到指令寄存器 IR 后，由控制部件进行译码，确定是什么类型的指令。

(3) 执行指令。取指令、译码完成后，控制单元向有关的功能部件发送为执行指令所需要的一切控制信号。这些信号有些是同一节拍产生的，有些是按序产生的，它们取决于指令的操作性质。不同的指令有不同的控制信号序列。执行不同的指令，调用的功能部件是不同的。

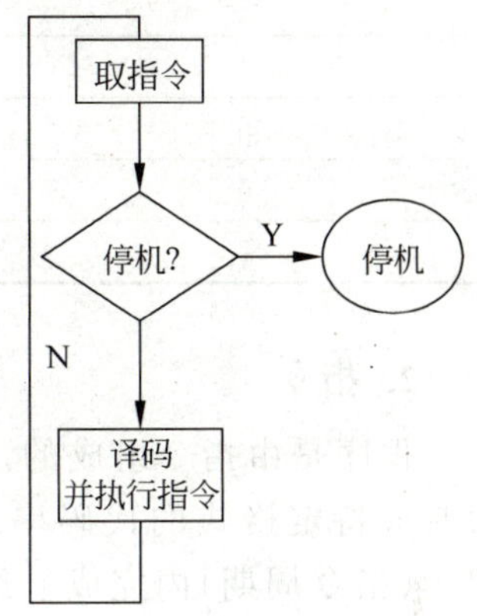

图 1-8 计算机执行指令过程

不论执行什么指令，执行完其最后一步操作后都要回到取指令阶段，去取下一条指令。计算机如此周而复始地执行程序中的每条指令，直到整个程序执行完为止。

1.7 计算机程序的执行过程

程序就是指令的集合。为使计算机按预定要求工作，首先要编制程序。程序是一个特定的指令序列，它告诉计算机要做哪些事，按什么步骤去做。指令是一组二进制信息的代码，用来表示计算机所能完成的基本操作。

1. 程序

程序是为求解某个特定问题而设计的指令序列。程序中的每条指令规定机器完成一组基本操作。如果把计算机完成一次任务的过程比作乐队的一次演奏，那么控制器就好比是一位指挥，计算机的其他功能部件就好比是各种乐器与演员，而程序就好像是乐谱。计算机的工作过程就是执行程序的过程，或者说，控制器是根据程序的规定对计算机实施控制的。例如，对于算式 $b\geqslant 0?a+b:a-b$，计算机的解题步骤如表 1-3 所示，其流程如图 1-9 所示。

计算机的工作过程可归结为取指令→分析指令→执行指令→再取下一条指令，直到程序结束的反复循环过程。通常把其中的一次循环称为计算机的一个指令周期。总之，可把程序对计算机的控制归结为每个指令周期中指令对计算机的控制。

表 1-3　$b \geqslant 0?a+b:a-b$，计算机的解题步骤

<table>
<tr><th>步　　骤</th><th colspan="2">执 行 操 作</th></tr>
<tr><td>1</td><td colspan="2">取 a</td></tr>
<tr><td>2</td><td colspan="2">取 b</td></tr>
<tr><td rowspan="2">3</td><td rowspan="2">判断
$b \geqslant 0$</td><td>真：执行步骤 4</td></tr>
<tr><td>假：执行步骤 6</td></tr>
<tr><td>4</td><td colspan="2">执行 $a+b$</td></tr>
<tr><td>5</td><td colspan="2">转步骤 7</td></tr>
<tr><td>6</td><td colspan="2">执行 $a-b$</td></tr>
<tr><td>7</td><td colspan="2">结束</td></tr>
</table>

2. 指令

程序是由指令组成的。指令是机器所能识别的一组编制成特定格式的代码串，它要求机器在一个规定的时间段（指令周期）内完成一组特定的操作。指令的基本格式可归结为操作码 OP 和操作数地址 AD 两部分，具体内容如下。

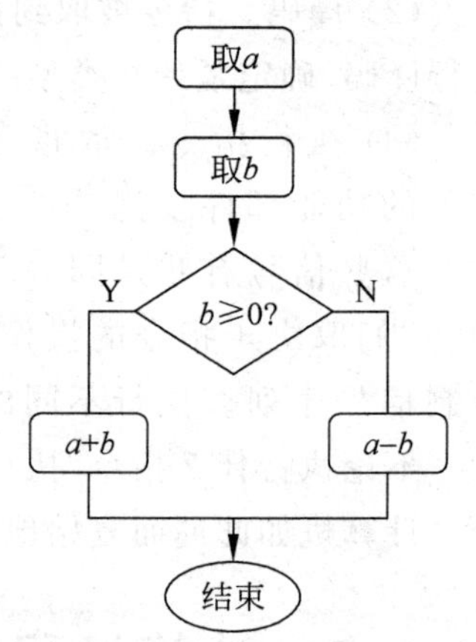

图 1-9　程序执行流程图

(1) 指出计算机应完成的一组操作内容，如传送（MOV）、加法（ADD）、减法（SUB）、输出、停机（HLT）、条件转移（JZ）等。这部分称为指令的操作码部分。

(2) 两个操作数的地址和存放结果的地址及寻址方式。

(3) 为保证程序执行的连续性，在执行当前指令时还需指出下一条指令的地址。由于指令在存储器中一般是顺序存放的，所以只要设置一个指令指针（IP），每执行一条指令，IP 自动加 1，便自动指出下一条指令的地址，而不必在指令中专门指出下一条指令的地址。只有在转移指令中才指出下一条指令的地址。此时 IP 的内容将随转移指令所指示的内容而改变。

3. 指令的执行

指令规定的内容是通过控制器执行的，或者说控制器是按照一条指令的内容指挥操作的。

1) 控制器的功能

(1) 定序功能。保证按程序规定的顺序执行指令。

(2) 定时功能。计算机处理信息是通过信息在计算机的逻辑电路中的流通完成的。为保证计算机工作的准确性，控制器要为计算机中的各部件提供统一节拍，使各条指令及组成每条指令的各基本操作（通常称为微操作）都严格地按规定的时间有条不紊地自动执行。

(3) 操作控制功能。控制器应能按照指令规定的内容，在相应的节拍向有关部件发

出操作控制信号。

2) 控制器的组成

在控制器中,上述功能分别由指令部件、时序部件和操作控制部件来完成。它们的组成如图1-10所示。

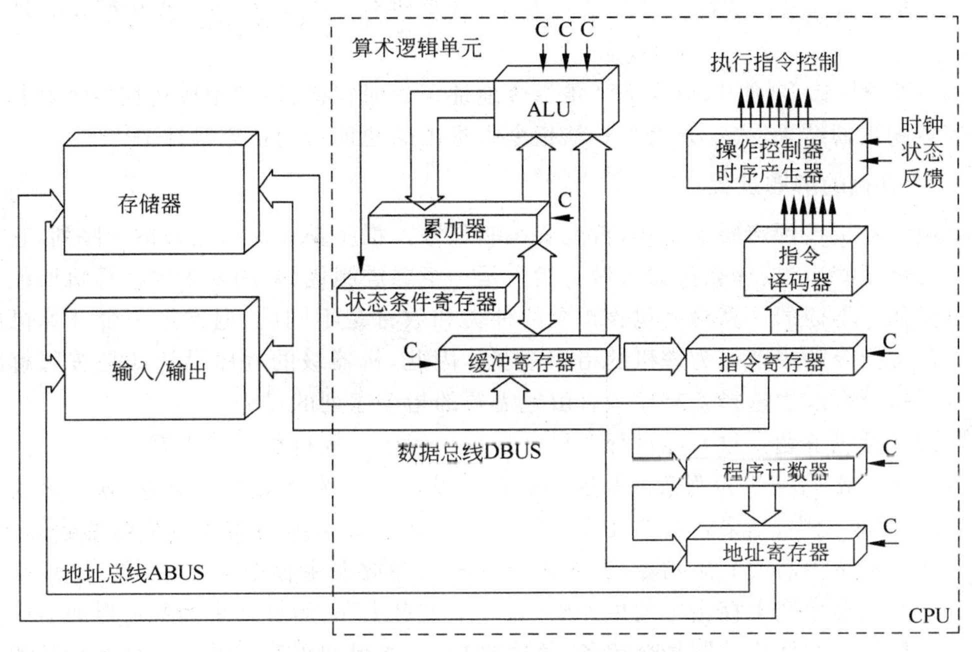

图1-10 控制器的组成

(1) 指令部件。指令部件的主要功能是取指令和分析指令。它由指令指针IP(也叫指令计数器IC或程序计数器PC)、指令寄存器IR、指令译码器、地址计算部件组成。

① 指令指针IP的功能是指出当前指令的地址。它有加1功能,通常每取一条指令后自动加1,以指出下一条指令的地址。遇到特殊情况(如转移)可通过地址计算部件形成下一条指令的地址。

② 指令寄存器IR保存由存储器取来的指令,并分别把操作码OP和操作数地址AD送到指令译码和地址计算部件。

③ 指令译码器也称为操作码译码器。它按操作码的内容向操作控制部件提供相应的操作电信号。

④ 地址计算部件的作用是对指令中地址码进行(变址、间址等)寻址,求出的操作数地址送到存储器以取出数据;或者把转移指令中指出的下一条指令地址送到IP。

(2) 时序部件。时序部件也叫节拍发生器,它能为各部件提供一个时间基准。时钟频率(如800MHz、1GHz、2GHz、2.4GHz、3GHz等)越高,计算机的工作速度就越快。

(3) 操作控制部件。该部件的功能是根据指令译码器的规定内容,在规定的节拍内向有关部件发出操作控制信号。

3) 指令的执行过程

通常,计算机执行一条指令的步骤如下。

(1) 把指令指针 IP 中的指令地址送存储器，从该地址取出指令送到指令寄存器 IR。

(2) 地址计算部件根据 IR 中的地址码形成操作数地址送到存储器，从该地址取出数据，送到运算器中的寄存器(或寄存器组)。

(3) 将 IR 中的操作码 OP 送指令译码器进行译码。

(4) 在控制器发出的操作信号的控制下，计算机各有关部件执行操作码 OP 规定的操作。

(5) 指令指针 IP 加 1，形成下一条指令地址。如遇转移指令，则按转移指令对状态标志寄存器测试的结果，决定是否将转移指令中指出的地址送到指令指针 IP。

4. 计算机的解题过程

要使计算机按预定要求工作，首先要编制程序。程序是一个特定的指令序列，它告诉计算机要做哪些事，按什么步骤去做。指令是一组二进制代码，用来表示计算机所能完成的基本操作。不同的计算机所包含指令的种类和数目是不同的，通常把一台计算机所能执行的各类指令的集合称为该机的指令系统。因此，机器级的程序设计就是按照解题要求在机器指令系统中选择并有序组合解题需要的指令序列的过程。

使用计算机解题大致要经过程序设计→输入程序→执行程序等步骤。

现以计算 $a+b-c$ 为例来说明这一过程。设 a、b、c 为已知的 3 个数，分别存放在主存的 5～7 号单元中，结果将存放在主存的 8 号单元。若采用单累加器结构的运算器，要完成上述计算至少需要 5 条指令，这 5 条指令依次存放在主存的 0～4 号单元中，参加运算的数也必须存放在主存指定的单元中，另一个来自主存，运算结果则放在累加器中。

计算机的控制器将控制指令逐条、依次执行，最终得到正确的结果。具体步骤如下。

(1) 执行取数指令，从主存 5 号单元取出数 a，送入累加器中。

(2) 执行加法指令，将累加器中的内容 a 与从主存 6 号单元取出的数 b 一起送到算术逻辑部件(Arithmetic Logic Unit，ALU)中相加，结果 $a+b$ 保留在累加器中。

(3) 执行减法指令，将累加器中的内容 $a+b$ 与从主存 7 号单元取出的数 c 一起送到算术逻辑部件 ALU 中相减，结果 $a+b-c$ 保留在累加器中。

(4) 执行存数指令，把累加器中的内容 $a+b-c$ 存至主存 8 号单元。

(5) 执行停机指令，计算机停止工作。

本章小结

本章主要介绍了计算机的诞生及发展过程；分别从计算机的硬件系统和软件系统展开介绍计算机组成框架，以及各组成部分的工作原理及特点。

思考题与习题

1. 选择题

(1) 第一台电子计算机是(　　)。

A. ENIAC　　B. BNIAC　　C. IBM　　D. APPLE

(2) 中央处理器的英文缩写是(　　)。

A. CPU　　B. BUS　　C. MEG　　D. ALU

(3) 下列选项中属于输入设备的有(　　)。

A. 打印机　　B. 扫描仪　　C. 显示器　　D. 扬声器

(4) 下列不是应用软件的是(　　)。

A. Word　　B. Photoshop

C. Unix　　D. AutoCAD

(5) 世界上第一台电子计算机于(　　)年产生于(　　)。

A. 1972　德国　　B. 1968　法国

C. 1952　中国　　D. 1946　美国

2. 分析与思考题

(1) 计算机的发展大致经历了哪几个发展阶段?

(2) 冯·诺依曼电子计算机由哪5个部分组成?

(3) 构成计算机核心部件的中央处理器由哪两部分构成?

(4) 常见的系统软件有哪些?

(5) 阐述计算机的发展趋势。

(6) 什么是计算机?

(7) 解释冯·诺依曼所提出的"存储程序"概念。

(8) 计算机有哪些主要用途?

(9) 计算机发展中各个阶段的主要特点是什么?

(10) 一般把指令执行过程分为哪几个阶段?

第 2 章

计算机基础

学习要求

- 了解什么是数制。
- 掌握二进制、十进制、十六进制数相互转换的方法。
- 熟悉计算机中与数制相关的名称。
- 掌握计算机内数据的表示：数值型数据、非数值型数据、图像型数据、视频型数据等。
- 掌握计算机中符号和汉字的表示方法。
- 掌握二进制数的算术和逻辑运算规则，并能熟练应用。
- 理解计算机内数据的原码、反码、补码的表示和运算。

2.1 信息在计算机中的表示

2.1.1 数制

数制：也称计数制，是用一组固定的符号和统一的规则来表示数值的方法。十进位数制的计数法是古代世界最先进、科学的计数法，对世界科学和文化发展有着不可估量的作用。任何一种数制都包含基数和位权两个基本要素。

基数：基数是指集合论中刻画任意集合所含元素数量的多少。任意一个集合 A 所属的类就称为集合 A 的基数。例如，十进制数是{0,1,2,3,4,5,6,7,8,9}10 个元素的集合，则十进制的基数为 $R=10$；二进制数是{0,1}两个元素的集合，则二进制的基数为 $R=2$；八进制数是{0,1,2,3,4,5,6,7}8 个元素的集合，则八进制的基数为 $R=8$；十六进制数是{0,1,2,3,4,5,6,7,8,9,A,B,C,D,E,F}16 个元素的集合，其中 A 代表 10，B 代表 11，……，F 代表 15，则十六进制的基数为 $R=16$。

在实际应用中有不同的计数制。例如，二进制(两只鞋为一双)、十二进制(12 个信封为一打)、二十四进制(一天 24 小时)、六十进制(60 秒为 1 分，60 分为 1 小时)等。

这种逢几进一的计数法，称为进位计数法。这种进位计数法的特点是由一组规定的数字来表示任意的数。

例如，一个二进制数，它只能用 0 和 1 表示。一个十进制数只能用 0，1，2，…，9 表示。一个十六进制数只能用 0，1，2，…，9 和 A～F 16 个数字符号表示。

位权(Position)：在任何一种进制中，对于多位数，处在某一位上所表示的数值的大小，称为该位的位权。

例如，十进制数 123.45 可表示为 $123.45=1\times10^2+2\times10^1+3\times10^0+4\times10^{-1}+5\times10^{-2}$，其中 10^{-1}、10^{-2}、10^0、10^1、10^2 称为位权值。对于一个有 i 位整数和 j 位小数的任何基数为 R 的数 x，可以用一个通式来表示，即

$$x=a_{i-1}\times R^{i-1}+a_{i-2}\times R^{i-2}+\cdots+a_1\times R^1+a_0\times R^0+a_{-1}\times R^{-1}+a_{-2}\times R^{-2}+\cdots+a_{-j}\times R^{-j}$$

例如，一个十进制数 222.26 可以表示为

$$(222.26)_{10}=2\times10^2+2\times10^1+2\times10^0+2\times10^{-1}+6\times10^{-2}$$

在这个例子中，十进制数 222.26 中的 2 在不同位置上所代表的值是不相同的，在百位上的值是 200，在十位上的值是 20，在个位上的值是 2，而在小数点后第一位数为 0.2。但它在不同位置上的数字符号是相同的。

十进制数是人们日常生活中常见的一种数制表示形式，但不适合于电子计算机。这是因为十进制数有 10 个状态，这会使得相应电子线路制造变得极为复杂，且 10 个状态中相邻状态之间的信号电平差最高只有电源电压的 1/10，极容易受到外来和本机信号的干扰，导致数值错误。

二进制数是最简单的数制表示方法，两个状态在相应电子线路制造中最容易，且抗干扰能力最强，特别适合于电子计算机。然而当用二进制数来表示一个很大的数时，相应的二进制数的位数会太多，看起来不直观，也容易出错。

八进制数主要为减少二进制数的位数而设立。因为进制越大，数的表达长度也就越短。而且 8 正好是 2 的 3 次方，这样就正好用 1 个八进制数来表示 3 个二进制数。

十六进制数主要也是为减少二进制数的位数而设立。与八进制数类似，16 正好是 2 的 4 次方，因此，1 个十六进制数可表示 4 个二进制数。

八进制或十六进制缩短了二进制数的长度，但保持了二进制数的表达特点，见表 2-1。

表 2-1　十进制、二进制、八进制、十六进制组成对照表

数制	符号集	基数	位权	运算规则	尾符
十进制	0～9	10	10^i	逢十进一	D\10\无
二进制	0、1	2	2^i	逢二进一	B\2
八进制	0～7	8	8^i	逢八进一	O\Q\8
十六进制	0～9，A～F	16	16^i	逢十六进一	H\16

尽管数组成数值的符号和个数相同，但进制不同，则位权值不同，数值也不相同。例如：

$$(1010)_{10}=1\times10^3+0\times10^2+1\times10^1+0\times10^0=(1010)_{10}$$

$$(1010)_2=1\times2^3+0\times2^2+1\times2^1+0\times2^0=(10)_{10}$$

$$(1010)_8 = 1 \times 8^3 + 0 \times 8^2 + 1 \times 8^1 + 0 \times 8^0 = (520)_{10}$$

$$(1010)_{16} = 1 \times 16^3 + 0 \times 16^2 + 1 \times 16^1 + 0 \times 16^0 = (4112)_{10}$$

2.1.2 数制的转换

不同的进位计数制所用的数字个数是不相同的。利用表 2-2 能较方便地对不同数制的数进行转换。

表 2-2 常用计数制的数值对照表

十进制	二进制	八进制	十六进制
0	0	0	0
1	1	1	1
2	10	2	2
3	11	3	3
4	100	4	4
5	101	5	5
6	110	6	6
7	111	7	7
8	1000	10	8
9	1001	11	9
10	1010	12	A
11	1011	13	B
12	1100	14	C
13	1101	15	D
14	1110	16	E
15	1111	17	F

1. 二进制转换成十进制

任何一个二进制数的值都用它的按位权展开式表示，如将二进制数$(10101.11)_2$转换成十进制数。

$$\begin{aligned}(10101.11)_2 &= 1 \times 2^4 + 0 \times 2^3 + 1 \times 2^2 + 0 \times 2^1 + 1 \times 2^0 + 1 \times 2^{-1} + 1 \times 2^{-2} \\ &= (21.75)_{10}\end{aligned}$$

2. 十进制转换成二进制

十进制转换成非十进制，要对其整数部分和小数部分分别进行转换。规则如下：整数部分做除基取余逆排列；小数部分做乘基取整顺排列。

将十进制整数转换成二进制整数采用“除 2 取余逆排列法”，即将十进制整数除以 2，得到一个商和一个余数；再将商除以 2，又得到一个商和一个余数；以此类推，直到商等于零为止。每次得到的余数的逆排列就是对应的二进制数。

例 2-1

将十进制数 37 转换成二进制数。

```
2 | 37        余数为 1
2 | 18        余数为 0
2 | 9         余数为 1
2 | 4         余数为 0
2 | 2         余数为 0
2 | 1         余数为 1
    0
```

于是，结果是余数的逆排列，即$(37)_{10}=(100101)_2$。

3. 十进制小数转换成二进制小数

十进制小数转换成二进制小数是用“乘 2 取整顺排列法”，即用 2 逐次去乘十进制小数，将每次得到的积的整数部分按各自出现的先后顺序依次排列，就得到相对应的二进制小数。

例 2-2

将十进制小数 0.375 转换成二进制小数，其过程如下。

```
 0.375
   ×2
 0.75        整数部分为 0，小数部分为 0.75
   ×2
  0.5        整数部分为 1，小数部分为 0.5
   ×2
  0.0        整数部分为 1，小数部分为 0.0
```

最后结果为：$(0.375)_{10}=(0.011)_2$。

4. 八进制转换成二进制

将八进制数转换成二进制数是每位八进制数用 3 位二进制数表示。

例 2-3

八进制数$(617.34)_8$转换成二进制数为

```
 6    1    7   .3    4
110  001  111 .011  100
```

即$(617.34)_8=(110001111.011100)_2$。

5. 二进制转换成八进制

二进制数转换成八进制数，方法是将二进制数的整数部分从右向左每 3 位一组，每一组为一位八进制整数。二进制小数转换成八进制小数是将小数部分从左至右每 3 位一组，每一组是一位八进制的小数。若整数和小数部分的最后一组不足 3 位时，则用 0 补足 3 位。

例 2-4

将二进制数 11001111.0111 转换成八进制数为

$$(11001111.0111)_2 = (\underline{011}\ \underline{001}\ \underline{111}.\underline{011}\ \underline{100})_2$$
$$= (\ 3\quad 1\quad 7.\ 3\quad 4\ )_8$$

即$(11001111.0111)_2 = (317.34)_8$。

6. 十六进制转换成二进制

由于 $2^4 = 16$，所以每一位十六进制数要用 4 位二进制数来表示，也就是将每一位十六进制数表示成 4 位二进制数。

例 2-5

将十六进制数$(B6E.9)_{16}$ 转换成二进制数为

B	6	E	.	9
1011	0110	1110	.	1001

即$(B6E.9)_{16} = (101101101110.1001)_2$。

7. 二进制数转换成十六进制

将二进制数转换成十六进制数是将二进制数的整数部分从右向左每 4 位一组，每一组为一位十六进制整数；而二进制小数转换成十六进制小数是将二进制小数部分从左向右每 4 位一组，每一组为一位十六进制小数，最后一组不足 4 位时应在后面用 0 补足 4 位。

例 2-6

将二进制数$(1010101011.0110)_2$ 转换成十六进制数为

0010	1010	1011	.	0110
2	A	B	.	6

即$(1010101011.0110)_2 = (2AB.6)_{16}$。

注意：① 有的十进制小数不能精确转换成相应的非十进制小数，可根据要求适当取舍，也就是说，十进制小数转换成非十进制小数时可能会产生转换误差。

② 若十进制数既有小数部分又有整数部分，则须将它们分别转换后再合起来。

③ 非十进制数转换成十进制数：按权相乘相加，即各数位与相应位权值相乘以后再相加即为对应的十进制数。

④ 八进制、十六进制转换成二进制，每 1 位八进制数可用 3 位二进制数表示；每 1 位十六进制数可用 4 位二进制数表示。只要将八进制数或十六进制数的每一位表示为 3 位或 4 位二进制数，去掉整数首部（最左端）的 0 或小数尾部（最右端）的 0 即可得到二进制数。

⑤ 二进制转换成八进制、十六进制,以小数点为中心,分别向左、右每3位或4位分成一组,不足3位或4位的则以0补足,然后将每组用一位对应的八进制数或十六进制数代替即可。

2.1.3 计算机中与数据相关的名词

位(bit):一个二进制代码称为一位,记为bit。位是计算机中最小的信息单位。

字节(Byte):以8位二进制代码为一个单元存放在一起,称为一个字节,记为Byte。字节是基本的存储单位。

字(Word):字是计算机进行信息交换、处理、存储的基本单元。

容量(Capacity):存储信息的能力称为容量,主要是指计算机系统中存储器所能存储信息的字节数。

常用的内在容量单位有B(Byte,字节)、KB、MB、GB、TB、PB、EB等,它们之间的换算关系如下。

1KB=1024B; 1MB=1024KB; 1GB=1024MB; 1TB=1024GB; 1PB=1024TB; 1EB=1024PB。

2.1.4 数值数据的编码与表示

计算机中的数据分为两类:一类是表示数量多少的数值型数据;另一类是表示符号、代码等的非数值型数据。数值型数据的基本概念有以下几个。

数的长度:用进制数表示时所占用的实际位数。在计算机中,同类型数据具有相同的长度,而与数据的实际长度无关。

数的符号:在计算机中规定,最高位为0表示正数,最高位为1表示负数。

小数点的表示方法:在计算机中,小数点的表示采用人工约定的方法来实现,即约定小数点的位置,这样可以节省存储空间和便于处理。

1. 定点数

定点格式即约定机器中所有数据的小数点位置是固定不变的。通常将定点数据表示成纯小数或纯整数,为了将数表示成纯小数,通常把小数点固定在数值部分的最高位之前;而为了将数表示成纯整数,则把小数点固定在数值部分的最后面,如图2-1所示。

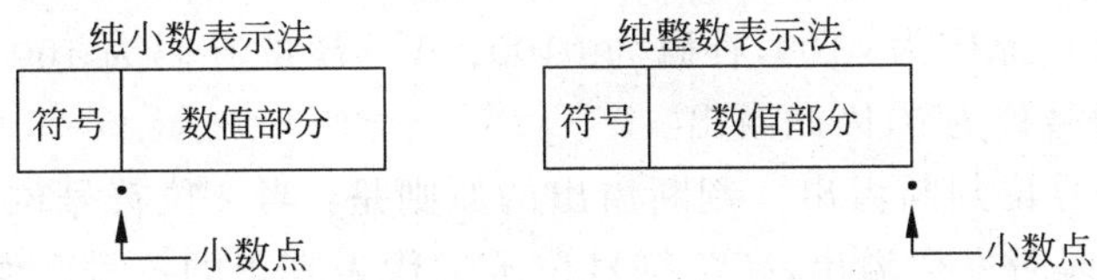

图2-1 定点数表示法

图2-1中所标示的小数点在机器中是不表示出来的,而是事先约定在固定的位置。对于一台计算机,一旦确定了小数点的位置,就不再改变。

假设用n位来表示一个定点数$x=x_0x_1x_2\cdots x_{n-1}$,其中$x_0$用来表示数的符号位,通常放在最左边,并用数值0和1分别表示正号和负号,其余位数表示它的量值。如果定点

数 x 表示纯整数，则小数点位于最低位 x_{n-1} 的右边，数值范围是 $0 \leqslant |x| \leqslant 2^{n-1}-1$，且 $x=(-1)^{x_0}(2^0 x_{n-1}+2^1 x_{n-2}+\cdots+2^{n-2}x_1)$。例如，1111 表示－7；如果定点数 x 表示纯小数，则小数点位于 x_0 和 x_1 之间，数值范围是 $0 \leqslant |x| \leqslant 1-2^{-(n-1)}$，且 $x=(-1)^{x_0}(2^{-1}x_1+2^{-2}x_2+\cdots+2^{-(n-1)}x_{n-1})$，如 1111 表示－0.875。

整数的定点表示和小数的定点表示如图 2-2 所示。

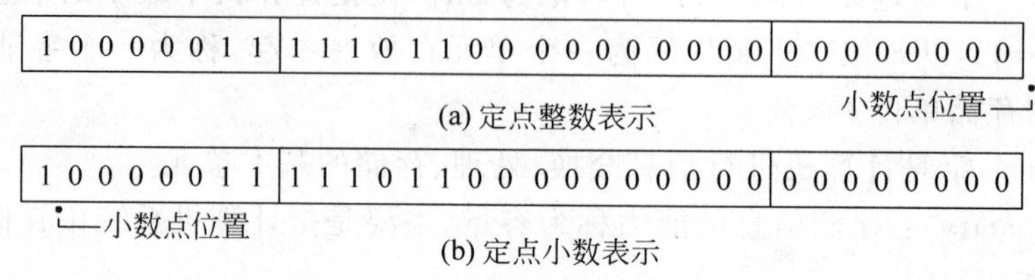

图 2-2　计算机中定点数的表示

1）定点数加减运算

不论操作数是正还是负，在做补码加减法时，只需将符号位和数值部分一起参与运算，并且将符号位产生的进位丢掉即可。例如，short 类型的两个变量 $A=-9$，$B=-5$，则计算 $A+B$ 时的结果应该为－14。那么在计算机中是如何计算的呢？推导过程如下（计算机中的数的机器码有原码、反码和补码表示。在本章后面会有详细介绍）：A 的原码为 1000 0000 0000 1001，因此补码为 1111 1111 1111 0111，B 的原码为 1000 0000 0000 0101，因此补码为 1111 1111 1111 1011，$A+B$ 的补码为 1 1111 1111 1111 0010，将符号位产生的进位丢掉，因此最终结果为 1111 1111 1111 0010，结果的原码为 1000 0000 0000 1110，即－14。

2）定点数加减运算的溢出判断

（1）用一位符号位判断溢出。对于加法，只有在正数加正数和负数加负数两种情况下才可能出现溢出，符号不同的两个数相加是不会溢出的。对于减法，只有在正数减负数和负数减正数两种情况下才可能出现溢出，符号相同的两个数相减是不会溢出的。由于减法运算在机器中是用加法器实现的，因此不论是做加法还是减法，只要实际操作数（减法时即为被减数和“求补”之后的减数）的补码符号位相同，而结果的符号位又与操作数补码符号位不同，即为溢出。

例如，在 4 位机中，$A=5$，$B=-4$，则 $A-B$ 溢出，推导过程如下：A 的原码为 0101，补码为 0101；$-B$ 的原码为 0100，补码为 0100；$A-B$ 的补码为 1001，结果的符号位为 1，实际操作数的符号位为 0，因此溢出。

（2）用两位符号位判断溢出。判断溢出的原则是：当 2 位符号位不同时，表示溢出；否则无溢出。不论是否发生溢出，高位符号位永远代表真正的符号。例如，$x=-0.1011$，$y=-0.0111$，则 $x+y$ 溢出，推导过程如下：x 的原码为 11.1011，补码为 11.0101；y 的原码为 11.0111，补码为 11.1001，因此 $x+y$ 的补码为 110.1110，将符号位产生的进位丢掉，则结果为 10.1110，因此溢出。

注意：约定在书写时整数的符号位与数值位之间用逗号隔开，小数的符号位与数值位之间用小数点隔开。

2. 浮点数

定点数表示法的缺点在于其形式过于僵硬，固定的小数点位置决定了固定位数的整数部分和小数部分，不利于同时表达特别大或特别小的数，绝大多数现代的计算机系统采纳了浮点数表达方式。

浮点数表示法与科学计数法（指数计数法）相类似（图 2-3），二进制的指数一般形式是 $p=m\times 2^{n}$，其中 p 为一个二进制数，m 为尾数，n 为指数，2 为基数。这个二进制浮点数的十进制值为

$$-0.110\,11\times 2^{-011}=-0.843\,75\times 2^{-3}=-0.843\,75/8=-0.105\,468\,75$$

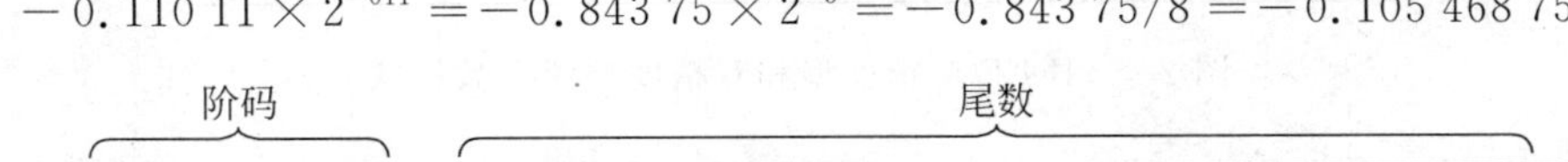

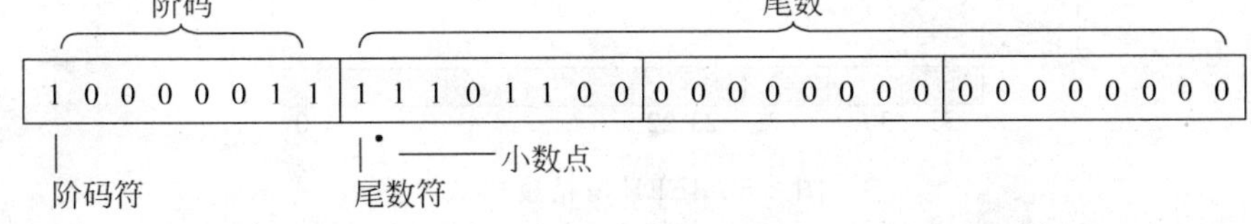

图 2-3 计算机中浮点数的表示

这种表达方式利用科学计数法来表达实数，即用一个尾数（Mantissa，尾数有时也称为有效数字，它实际上是有效数字的非正式说法）、一个基数、一个指数以及一个表示正负的符号来表达实数，如 123.45 用十进制科学计数法可以表示为 1.2345×10^{2}，其中 1.2345 为尾数，10 为基数，2 为指数。浮点数利用指数达到了浮动小数点的效果，从而可以灵活地表达更大范围的实数。

在 IEEE 标准中，浮点数是将特定长度的连续字节的所有二进制位分割为特定宽度的符号域、指数域和尾数域这 3 个域，域中的值分别用于表示给定二进制浮点数中的符号、指数和尾数，这样通过尾数和可以调节的指数就可以表达给定的数值了。

IEEE 754 指定了两种基本的浮点格式，即单精度和双精度。其中单精度格式具有 24 位有效数字（即尾数）精度，总共占用 32 位；双精度格式具有 53 位有效数字精度，总共占用 64 位。

两种扩展浮点格式，即单精度扩展和双精度扩展。此标准并未规定这些格式的精确精度和大小，但指定了最小精度和大小。例如，IEEE 双精度扩展格式必须至少具有 64 位有效数字精度，并总共占用至少 79 位。

具体的格式如图 2-4 所示。

1）单精度格式

IEEE 单精度格式由 3 个字段组成：23 位小数 f、8 位偏置指数 e 以及 1 位符号 s，这些字段连续存储在一个 32 位字中，如图 2-5 所示。

0:22 位包含 23 位小数 f，其中第 0 位是小数的最低有效位，第 22 位是小数的最高有效位。IEEE 标准要求浮点数必须是规范的（浮点数的规范化见后文），这意味着尾数的小数点左侧必须为 1，因此在保存尾数时可以省略小数点前面的 1，从而腾出一个二进制位来保存更多的尾数，这样实际上用 23 位长的尾数域表达了 24 位的尾数。

IEEE单精度型浮点数

符号	指数	尾数
1 bit	8 bits	23 bits

IEEE双精度型浮点数

符号	指数	尾数
1 bit	11 bits	52 bits

图 2-4　IEEE 单精度型和双精度型浮点数格式

s	*e*[30:23]	*f*[22:0]
31	30　　23	22　　0

图 2-5　IEEE 单精度格式

23:30 位包含 8 位偏置指数，第 23 位是偏置指数的最低有效位，第 30 位是偏置指数的最高有效位。8 位的指数可以表达 0～255 这 256 个指数值，但指数可以为正数，也可以为负数，因此为了处理负指数的情况，实际的指数值按要求需要加上一个偏置值作为保存在指数域中的值，单精度的偏置值为 127(2^7-1)，比如单精度的实际指数值 0 在指数域中保存为 127(0＋127)，实际指数值－63 在指数域中保存为 64(－63＋127)。

偏置的引入使得单精度数实际可以表达的指数值的范围变为－127～128(包含两端)，其中指数值－127(保存为全 0)以及＋128(保存为全 1)保留用作特殊值的处理，稍后介绍。如果分别用 e_{min} 和 e_{max} 来表达其他常规指数值范围的边界，即最小指数和最大指数分别用 e_{min} 和 e_{max} 来表示，即－126 和 127，则保留的特殊指数值可以分别表达为 $e_{min}-1$ 和 $e_{max}+1$。

最高的第 31 位包含符号位 *s*，*s* 为 0 表示数值为正数，*s* 为 1 表示数值为负数。

值得注意的是，对于单精度数，由于只有 24 位的尾数(小数点左侧的 1 被隐藏)，所以可以表达的最大尾数为 $2^{24}-1=16\,777\,215$，因此单精度的浮点数可以表达的十进制数值中真正有效的数字不高于 8 位。

2) 双精度格式

IEEE 双精度格式由 3 个字段组成，即 52 位小数 *f*、11 位偏置指数 *e* 以及 1 位符号 *s*，这些字段连续存储在两个 32 位字中，如图 2-6 所示。

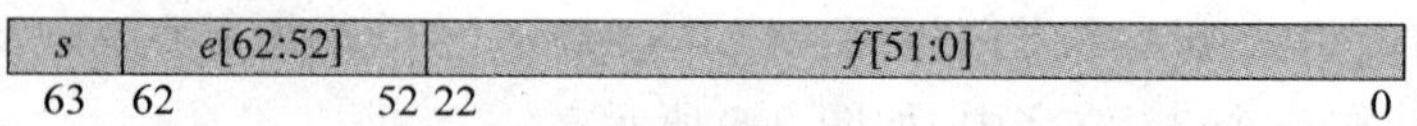

图 2-6　IEEE 双精度型浮点数格式

在 SPARC 体系结构中，较高地址的 32 位字包含小数的 32 位最低有效位，而在 x86 体系结构中，则是较低地址的 32 位字包含小数的 32 位最低有效位。

以 x86 体系结构为例，在第一个低 32 位字中，$f[31:0]$表示小数的 32 位最低有效位，其中第 0 位是整个小数的最低有效位。在另一个高 32 位字中，0:19 位表示小数的 20 位最高有效位，即 $f[51:32]$，其中第 19 位是整个小数的最高有效位；20:30 位包含 11 位偏置指数 e，其中第 20 位是偏置指数的最低有效位，第 30 位是偏置指数的最高有效位；第 31 位则是符号位 s。图 2-6 将这两个连续的 32 位字按一个 64 位字那样进行了编号，其中，0:51 位包含 52 位小数 f，其中第 0 位是小数的最低有效位，第 51 位是小数的最高有效位。IEEE 标准要求浮点数必须是规范的，这意味着尾数的小数点左侧必须为 1，因此在保存尾数时，可以省略小数点前面的 1，从而腾出一个二进制位来保存更多的尾数，这样实际上用 52 位长的尾数域表达了 53 位的尾数。

52:62 位包含 11 位偏置指数 e，第 52 位是偏置指数的最低有效位，第 62 位是最高有效位。11 位的指数可以表达 0～2047 这 2048 个指数值，但指数可以为正数，也可以为负数，因此为了处理负指数的情况，实际的指数值按要求需要加上一个偏置值作为保存在指数域中的值，单精度数的偏置值为 1023($2^{10}-1$)，偏置的引入使得对于单精度数，实际可以表达的指数值的范围就变成－1023～1024(包含两端)。最小指数和最大指数分别用 e_{min} 和 e_{max} 来表达，稍后将介绍实际的指数值－1023(保存为全 0)以及＋1024(保存为全 1)保留用作特殊值的处理。

最高的第 63 位包含符号位 s，s 为 0 表示数值为正数，s 为 1 则表示负数。

3) 双精度扩展格式(SPARC)

SPARC 浮点环境的双精度格式符合 IEEE 关于双精度扩展格式的定义。

SPARC 浮点环境的双精度格式包含 3 个字段，即 112 位小数 f、15 位偏置指数 e 以及 1 位符号 s，这 3 个字段连续存储，如图 2-7 所示。

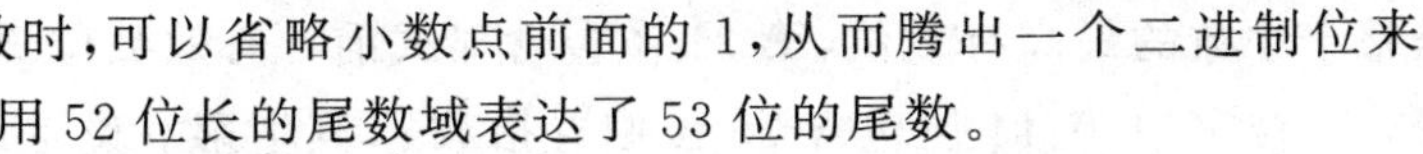

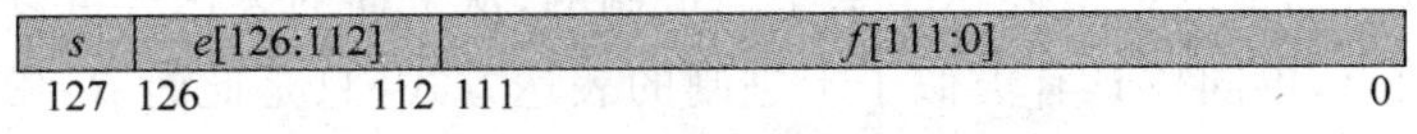

图 2-7 IEEE 双精度扩展型浮点数格式

地址最高的 32 位字包含小数的 32 位最低有效位，用 $f[31:0]$表示；紧邻的两个 32 位字分别包含 $f[63:32]$和 $f[95:64]$；接下来的 32 位字中，0:15 位包含小数的 16 位最高有效位 $f[111:96]$，其中第 15 位是整个小数的最高有效位；16:30 位包含 15 位偏置指数 e，其中第 16 位是该偏置指数的最低有效位，第 30 位是偏置指数的最高有效位；第 31 位包含符号位 s。

图 2-7 将这 4 个连续的 32 位字按一个 128 位字那样进行了编号，其中 0:111 位存储小数 f；112:126 位存储 15 位偏置指数 e，而第 127 位存储符号位 s。

4) 双精度扩展格式(x86)

x86 浮点环境的双精度格式符合 IEEE 关于双精度扩展格式的定义。

x86 浮点环境的双精度格式包含 4 个字段：63 位小数 f、1 位显式前导有效数位 j、15 位偏置指数 e 以及 1 位符号 s。在 x86 体系结构系列中，这些字段连续存储在 10 个相连地址的 8 位字节中，由于 Intel ABI(Application Binary Interface)要求双精度扩展参数，从而占用堆栈中 3 个相连地址的 32 位字，其中地址最高字的 16 位最高有效位未用，如图 2-8 所示。

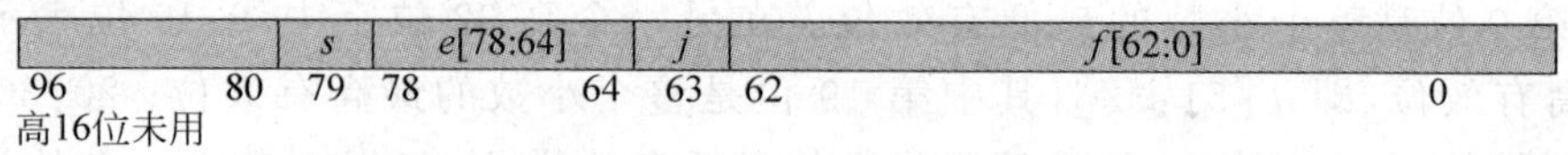

图 2-8 IEEE 单精度型和双精度型浮点数格式

地址最低的 32 位字包含小数的 32 位最低有效位 $f[31:0]$，其中第 0 位是整个小数的最低有效位；地址居中的 32 位字中，0:30 位包含小数的 31 位最高有效位 $f[62:32]$，其中第 30 位是整个小数的最高有效位，第 31 位包含显式前导有效数位 j。

地址最高的 32 位字中，0:14 位包含 15 位偏置指数 e，其中第 0 位是该偏置指数的最低有效位，而第 14 位是最高有效位；第 15 位包含符号位 s。

5）浮点数的规范化

同样的数值可以有多种浮点数表达方式，比如上面例子中的 123.45 可以表达为 12.345×10^1、$0.123\,45\times10^3$ 或者 1.2345×10^2，因为这种多样性，有必要对其加以规范化以达到统一表达的目标。规范的(Normalized)浮点数表达方式具有以下形式，即

$$\pm d_0.d_1d_2\cdots d_p\times\beta^e \quad 0\leqslant i<p, 0\leqslant d_i<\beta$$

其中，$d_0.d_1d_2\cdots d_p$ 为尾数；β 为基数；e 为指数。尾数中数字的个数称为精度，用 p 来表示，每个数字 d_i 介于 0 和基数之间，包括 0，小数点左侧的数字不为 0。

基于规范表达的浮点数对应的具体值可由下面的表达式计算得到，即

$$\pm(d_0+d_1\beta^{-1}+\cdots+d_{p-1}\beta^{-(p-1)})\beta^e \quad 0\leqslant d_i<\beta$$

对于十进制的浮点数，即基数 $\beta=10$ 的浮点数而言，上面的表达式非常容易理解，也很直白。而计算机内部的数值表达是基于二进制的，从上面的表达式可以知道，二进制数同样可以有小数点，也同样具有类似于十进制的表达方式，只是此时 $\beta=2$，而每个数字 d 只能在 0～1 取值，比如二进制数 1001.101 相当于 $1\times2^3+0\times2^2+0\times2^1+1\times2^0+1\times2^{-1}+0\times2^{-2}+1\times2^{-3}$，对应于十进制的 9.625，其规范浮点数表达为 1.001101×2^3。

3. 实数和浮点数之间的转换

假定有一个 32 位的数据，它是一个单精度浮点数，十六进制表示为 0xC0B40000，为了得到该浮点数实际表达的实数，首先将其转换成二进制形式：1100 0000 1011 0100 0000 0000 0000 0000，接着按照浮点数的格式切分为相应的域：1 1000_0001 0110_1000_0000_0000_0000_000，符号位 1 表示这是一个负数，指数域为 129 意味着实际值为 2，尾数域为 01101 意味着实际的二进制尾数为 1.011 01，所以实际的实数为 $-1.011\,01\times2^2=-101.101=-5.625$。

从实数向浮点数变换稍微复杂一些，假定需要将实数 −9.625 表达为单精度的浮点数格式，方式是首先将它用二进制浮点数表示，然后变换为相应的浮点数格式。

首先，整数部分，即 9 的二进制形式为 1001，小数部分的算法则是将小数部分连续乘以基数 2，并记录结果的整数部分：$0.625\times2=1.25$（整数部分取出为 1），$0.25\times2=0.5$（整数部分取出为 0），$0.5\times2=1.0$（整数部分取出为 1），当最后的小数部分为 0 时，结束

该过程,因此小数部分的二进制表达为 0.101,这样就得到了完整的二进制形式 1001.101,用规范浮点数表示为 $1.001\ 101\times2^3$。

因为是负数,因此符号位为 1,指数为 3,因此指数域为 3+127=130,即二进制的 1000 0010,尾数域省掉小数点左侧的 1,右侧用零补齐,得到最终结果为 1 1000_0010 0011_ 0100_0000_0000_0000_000,最后可以将浮点数表示为十六进制的数据为 1100 0001 0001 1010 0000 0000 0000 0000,最终结果为 0xC11A0000。

这里需要注意一个问题,在上面有意选择的示例中,不断地将产生的小数部分乘以 2 的过程掩盖了一个事实,该过程结束的标志是小数部分乘以 2 的结果为 1,但实际上,很多小数根本不能经过有限次这样的过程而得到结果(如 0.1),但浮点数尾数域的位数是有限的,为此,浮点数的处理方法是持续该过程直到由此得到的尾数足以填满尾数域,之后对多余的位进行舍入。换句话说,除了之前讲到的精度问题之外,并不能保证十进制到二进制的变换总是精确的,而只能是近似值。

事实上,只有很少一部分十进制小数具有精确的二进制浮点数表达,再加上浮点数运算过程中的误差累积,结果是很多我们看来非常简单的十进制运算在计算机上却往往出人意料,这就是最常见的浮点运算的"不准确"问题,比如,浮点数 34.6−34.0=0.599 998,产生这个误差的原因是浮点数 34.6 无法精确地表达,而只能保存为经过舍入的近似值,这个近似值与浮点数 34.0 之间的运算自然无法产生精确的结果。

4. 舍入

根据标准要求,无法精确保存的值必须向最接近可保存的值进行舍入,这有点像熟悉的十进制的四舍五入,即不足一半则舍,一半以上(包括一半)则进,不过对于二进制浮点数而言,则是 0 就舍,但 1 不一定进,而是在前后两个等距接近的可保存的值中,取其中最后一位有效数字为零的值进行保存,即采取向偶数舍入,比如 0.5 要舍到 0,1.5 要入到 2(即先试着进 1,会得到最后结果,如果这个结果的尾数的最后位为 0,则进位成功;否则进位失败,直接舍去)。

2.1.5 十进制数的二进制编码——BCD 码

计算机内毫无例外地都使用二进制数进行运算,但通常采用八进制和十六进制的形式读/写。对于计算机技术专业人员,要理解这些数的含义是没问题的,但对非专业人员却不那么容易。由于日常生活中,人们最熟悉的数制是十进制,因此专门规定了一种二进制的十进制码,称为 BCD 码,它是一种以二进制表示的十进制数码。

二进制编码的十进制数,简称 BCD 码(Binary Coded Decimal)。这种方法是用 4 位二进制码的组合代表十进制数的 0、1、2、3、4、5、6、7、8、9 这 10 个数符。4 位二进制码有 16 种组合,原则上可任选其中的 10 种作为代码,分别代表十进制中的 0、1、2、3、4、5、6、7、8、9 这 10 个数符。最常用的 BCD 码称为 8421BCD 码,8、4、2、1 分别是 4 位二进制数的位权值。8421BCD 编码表如表 2-3 所示。

表 2-3 8421BCD 编码表

基 数	BCD			
	8	4	2	1
0	0	0	0	0
1	0	0	0	1
2	0	0	1	0
3	0	0	1	1
4	0	1	0	0
5	0	1	0	1
6	0	1	1	0
7	0	1	1	1
8	1	0	0	0
9	1	0	0	1
禁止码	1	0	1	0
	1	0	1	1
	1	1	0	0
	1	1	0	1
	1	1	1	0
	1	1	1	1

1. BCD 码与十进制数的转换

BCD 码与十进制数的转换关系很直观，相互转换也很简单，将十进制数的每一位数码转换为对应的 4 位二进制代码即可。如将十进制数 75.4 转换为 BCD 码：7 转换为 0111，5 转换为 0101，4 转换为 0100，所以拼成 8421BCD 码的结果是$(0111\ 0101.0100)_{BCD}$；若将 BCD 码$(1000\ 0101.0101)_{BCD}$转换为十进制数：1000 转换为 8，0101 转换为 5，0101 转换为 5，所以结果是$(85.5)_{10}$。

值得注意的是，同一个 8 位二进制代码表示的数，当认为它表示的是二进制数和认为它表示的是二进制编码的十进制数时，数值是不相同的。例如，00011000，当把它视为二进制数时，其值为 24；但作为两位 BCD 码时，其值为 18。又例如，00011100，如将其视为二进制数，其值为 28，但不能当成 BCD 码，因为在 8421BCD 码中，它是个非法编码。

2. BCD 码的格式

计算机中的 BCD 码，经常使用的有两种格式，即分离 BCD 码和组合 BCD 码(压缩 BCD 码)。分离 BCD 码即用一个字节的数表示一个十进制数码，用低 4 位编码表示十进制数的一位高 4 位则不用。例如，数 82 的存放格式为××××1000××××0010，其中×表示无关值。

组合 BCD 码是将两位十进制数存放在一个字节中，如 82 的存放格式是 1000 0010。

3. BCD 码的加减运算

由于编码是将每个十进制数用一组 4 位二进制数来表示，因此，若将这种 BCD 码直接交给计算机运算，由于计算机总是把数当作二进制数来运算，所以结果可能会出错，如用 BCD 码求 38＋49。解决的办法是对二进制加法运算的结果采用“加 6 修正”，这种修正称为 BCD 调整。即将二进制加法运算的结果修正为 BCD 码加法运算的结果，两个两位 BCD 数相加时，对二进制加法运算结果采用修正规则进行修正。修正规则如下。

(1) 如果任何两个对应位 BCD 数相加的结果向高一位无进位，若得到的结果不大于 9，则该位不需要修正；若得到的结果大于 9 且小于 16 时，该位进行加 6 修正。

(2) 如果任何两个对应位 BCD 数相加的结果向高一位有进位时(即结果不小于 16，注意不是修正时的进位)，该位进行加 6 修正。

(3) 低位修正结果使高位大于 9 时，高位进行加 6 修正。

下面通过例题验证上述规则的正确性。

例 2-7

用 BCD 码求 35＋21。

```
35 ──────→   0011 0101
21 ──────→ ＋0010 0001
           ───────────
56 ──────→   0101 0110
```

注意：本例题中低位 BCD 码相加 0101＋0001 并没有满足上述 3 条规则，同时高位 BCD 码相加 0011＋0010 也没有满足上述 3 条规则，所以结果不作处理。

例 2-8

用 BCD 码求 25＋37。

```
25 ──────→     0010 0101
37 ──────→   ＋0011 0111
             ───────────
5(12) ───→     0101 1100   (由于低位 0101＋0111＝1100＝12＞9，需要加 6 调整)
06 ──────→   ＋     0110
             ───────────
62 ──────→     0110 0010
```

注意：在给低位加 0110 调整时也有向高位进位发生，但这是在调整时的进位，故不作处理。

例 2-9

用 BCD 码求 38＋49。

```
38 ──────→   0011 1000
49 ──────→ ＋0100 1001
           ───────────
81 ──────→   1000 0001   (由于低位 1000＋1001 相加时有进位发生，需要给低位
                          加 6 调整)
06 ──────→ ＋     0110
           ───────────
87 ──────→   1000 0111
```

注意：调整后的结果不满足上述修正规则(3)的条件，所以不再调整。

例 2-10

用 BCD 码求 42＋95。

42 ⟶ 0100 0010
95 ⟶ ＋1001 0101
(13)7 ⟶ 1101 0111 （1101 是一个非法 BCD 码，事实上 0100＋1001 相加满足上述修正规则(1)的条件，则将高位运算结果加 6 调整，即 1101＋0110＝1 0011）
06 ⟶ ＋ 0110
137 ⟶ 0001 0011 0111

注意：结果不满足上述修正规则(3)的条件，所以不再调整。

例 2-11

用 BCD 码求 91＋83。

91 ⟶ 1001 0001
83 ⟶ ＋1000 0011
114 ⟶ 0001 0001 0100 （1001＋1000 有进位发生，所以需要给相加结果加 6 调整，即 0001 0001＋0110＝0001 0111，低位保持不变）
06 ⟶ ＋ 0110
174 ⟶ 0001 0111 0100

注意：结果不满足上述修正规则(3)的条件，所以不再调整。

例 2-12

用 BCD 码求 94＋7。

94 ⟶ 1001 0100
7 ⟶ ＋0000 0111
9(11) ⟶ 1001 1011 （由于结果的低位编码数满足上述修正规则(1)的条件，所以需要低位加 6 调整）
06 ⟶ ＋ 0110
174 ⟶ 1010 0001 （由于结果高位 1010＝10＞9，所以满足上述修正规则(3)的条件，所以需要高位加 6 调整）
06 ⟶ ＋ 0110
101 ⟶ 0001 0000 0001

注意：结果不满足上述修正规则(3)的条件，所以不再调整。

例 2-13

用 BCD 码求 76＋45。

76 ——→ 0111 0110
45 ——→ +0100 0101
(11)(11)——→ 1011 1011 (高位、低位均满足上述修正规则(1)的条件,所以都需要加 6 调整)
0606 ——→ +0110 0110
121 ——→ 0001 0010 0001

注意:结果不满足上述修正规则(3)的条件,所以不再调整。

两个组合 BCD 码进行减法运算时,当低位向高位有借位时,由于"借一作十六"与"借一作十"的差别,将比正确的结果多 6,所以有借位时可采用"减 6 修正法"来修正。两个 BCD 码进行加减时,先按二进制加减指令进行运算,再对结果用 BCD 码调整指令进行调整,就可以得到正确的十进制运算结果。

实际上,计算机中既有组合 BCD 数的调整指令,也有分离 BCD 数的调整指令。另外,BCD 码的加减运算也可以在运算前由程序先变换成二进制数,然后由计算机对二进制数运算处理,运算以后再将二进制数结果由程序转换为 BCD 码。

4. 8421BCD 码、余 3 码、格雷码

用 4 位二进制代码来表示一位十进制数,称为二-十进制编码,简称 BCD 码。根据代码的每一位是否有权值,BCD 码可分为有权码和无权码两类,应用最多的有权码是 8421BCD 码,无权码用得较多的是余 3 码和格雷码,通常所说的 BCD 码是指 8421BCD 码。这些编码与十进制数对应的关系如表 2-4 所示。

表 2-4 BCD 编码与十进制数对应的关系

十进制数	8421BCD 码	余 3 码	格雷码
0	0000	0011	0000
1	0001	0100	0001
2	0010	0101	0011
3	0011	0110	0010
4	0100	0111	0110
5	0101	1000	0111
6	0110	1001	0101
7	0111	1010	0100
8	1000	1011	1100
9	1001	1100	1101

8421BCD 码中的 8421 表示从高到低各位二进制位对应的权值分别为 8、4、2、1,将各二进制位与权值相乘,并将乘积相加就得相应的十进制数。例如,8421BCD 码 0111,$0\times8+1\times4+1\times2+1\times1=7$D,其中 D 表示十进制(Decimal)数。

值得特别注意的是,8421BCD 码只有 0000～1001 共 10 个,而 1010、1011…1111 等不是 8421BCD 码。

余 3 码是在 8421BCD 码的基础上,把每个数的代码加上 0011(对应十进制数 3)后得到的。格雷码的编码规则是相邻的两代码之间只有一位二进制位不同。不管是8421BCD码还是余3码抑或是格雷码，总是4个二进制位对应一个十进制数，如十进制数18对应的8421BCD码就是0001 1000。

2.1.6 字符的表示

最通用的字符编码是美国标准信息交接码(American Standard Cord for Information Interchange，ASCII)，它已被国际标准化组织(International Organization for Standardization，ISO)定为国际标准，称为ISO 646标准；ASCII码使用指定的7位二进制数(第8位为0)组合来表示128种字符。

标准ASCII码表如表2-5所示。

表2-5 标准ASCII码表

$b_6b_5b_4$ / $b_3b_2b_1b_0$	000	001	010	011	100	101	110	111
0000	NUL	DEL	SP	0	@	P	`	P
0001	SOH	DC1	!	1	A	Q	a	Q
0010	STX	DC2	”	2	B	R	b	R
0011	ETX	DC3	#	3	C	S	c	S
0100	EOT	DC4	$	4	D	T	d	T
0101	ENQ	NAK	%	5	E	U	e	U
0110	ACK	SYN	&	6	F	V	f	V
0111	BEL	ETB	‘	7	G	W	g	W
1000	BS	CAN	(	8	H	X	h	X
1001	HT	EM	)	9	I	Y	i	Y
1010	LF	SUB	*	:	J	Z	j	Z
1011	VT	ESC	+	;	K	[	k	{
1100	FF	FS	,	<	L	\	l	|
1101	CR	GS	-	=	M	]	m	}
1110	S0	RS	.	>	N	^	n	~
1111	SI	US	/	?	O	_	o	DEL

ASCII码值为0～31及127(共33个)是控制字符或通信专用字符；ASCII码值为32～126(共95个)是字符：32是空格符、48～57为0～9共10个阿拉伯数字、ASCII码值为65～90是26个大写英文字母、ASCII码值为97～122是26个小写英文字母(所以ASCII码字符都是区分大小写的)；其余为一些标点符号、运算符号等。

2.1.7 汉字编码的表示

《信息交换用汉字编码字符集·基本集》(GB 2312—1980)，它是中国第一个简体中文字符集的国家标准，所以又称为国标码。《信息交换用汉字编码字符集·基本集》

(GB 2312—1980)标准共收录6763个汉字,其中一级汉字3755个(常用字库),二级汉字3008个(不常用字库);《信息交换用汉字编码字符集·基本集》(GB 2312—1980)还收录了包括拉丁字母、希腊字母、日文平假名及片假名字母、俄语西里尔字母在内的682个全角字符。

《信息交换用汉字编码字符集·基本集》(GB 2312—1980)是一种2字节编码,最高位均为0。它将所收录的汉字分为94个区,对应第一字节;每个区又分为94个位,对应第二字节。两个字节的值分别为区号值和位号值加32(或0x20)。

《信息交换用汉字编码字符集·基本集》(GB 2312—1980)的94个区的字符分配情况为:01～09区为特殊符号;16～55区为一级汉字,按拼音排序;56～87区为二级汉字,按部首/笔画排序;10～15区及88～94区则没有编码。

例如,汉字"大"字,它位于《信息交换用汉字编码字符集·基本集》(GB 2312—1980)的第20区、第83位的位置,这样汉字"大"的区位码为2083;汉字"大"的汉字信息交换码值为0x3473,即00110100 01110011。

1. 汉字机内码

在使用《信息交换用汉字编码字符集·基本集》(GB 2312—1980)的程序中,通常采用EUC(Extended UNIX Code,这是一个使用8位编码来表示字符的方法)储存方法,以便与ASCII码兼容和区别;采用把汉字国标码的两个字节分别加上0x80,或是在汉字区位码的两个字节分别加上0xA0,使得两个字节的最高位均由0改为1。

例如,汉字"大"的机内码如下,即汉字"大"的汉字机内码(即用《信息交换用汉字编码字符集·基本集》(GB 2312—1980)之EUC-CN表示的)值为0xB4F3,即10110100 11110011。

2. 汉字输入码

在英文键盘上输入汉字,则需进行击键组合(即对现有英文键盘进行编码),采用"一字多码"输入模式(包括区位码、拼音码、五笔字型码等)。基于英文键盘的汉字输入编码的方案大致有下列几类:等长流水码(如区位码、电报码等),特点是无重码,但难记忆;音码,音码是根据汉语拼音编码,特点是简单易学,但重码太多;形码是根据汉字的笔画、结构来确定汉字的编码(如五笔字型、首尾码等),特点是重码较少,输入速度较快,但记忆量较大;音形码是既根据汉字的发音又根据汉字的形状来确定汉字编码的一种方法,特点是编码规则简单、重码少。

3. 汉字字形码

将汉字在显示器或打印机上输出,需要把汉字描述成点阵图(显示器和打印机均是以点阵形式工作的),并对其点阵图进行编码。

任何一个汉字均在大小一样的由点阵组成的矩阵区域中书写,每个点用一个二进制位表示(1或0),有笔画的点为1,无笔画的点为0。

全体汉字的字形码也称为汉字字库。汉字有许多种字体(如宋、楷、黑、仿宋等),每种字体又有各自的字库。用24×24、32×32及48×48等点阵表示一个字时,每个汉字分别需要72B、128B和288B存储,如图2-9和图2-10所示。

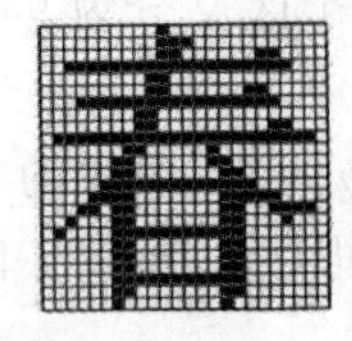

图 2-9　汉字字形码

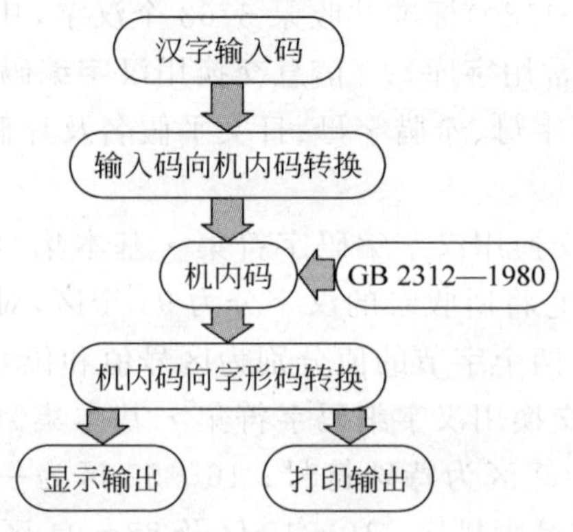

图 2-10　汉字输入/输出存储过程

4. 汉字信息码的扩展标准

汉字信息码的扩展标准 GBK 是另一个常用的汉字编码标准；ISO 10646 是国际标准化组织 ISO 公布的《通用多八位编码字符集》编码标准；国家标准《信息技术　中文编码字符集》(GB 18030—2005)是我国目前最新的汉字内码字符集；Big5 又称为大五码或五大码，是使用繁体中文社区中最常用的计算机汉字字符集标准；中文标准交换码(Chinese Standard Interchange Code，CSIC)是我国台湾地区为资讯交换而制定的繁体中文标准编码方案。

2.1.8　音频信息的表示

音频类数据在计算机中都是以数字化形式存储，其存储的文件格式(类型)常用的有 WAV、MIDI、MP3、WMA、CD、RA、AU、MD 和 VOC 等。

1. WAV 格式

WAV 格式是微软公司开发的一种声音文件格式，也称波形声音文件，是最早的数字音频格式，被 Windows 平台及其应用程序广泛支持。WAV 格式是将声音源发出的模拟音频信号通过采样、量化转换成数字信号，再进行编码存储的波形文件格式。

WAV 格式支持许多压缩算法，支持多种音频位数、采样频率和声道，采用 44.1kHz 的采样频率、16 位量化位数，跟 CD 一样，它对存储空间需求太大不便于交流和传播。但由于 WAV 可以达到较高的音质要求，因此，WAV 也是音乐编辑创作的首选格式，适合保存音乐素材。

2. MP3 格式

MP3 全称是 MPEG Audio Layer 3，其在 1992 年合并至 MPEG 规范中。MP3 能够以高音质、低采样率对数字音频文件进行压缩。MP3 格式可将 WAV 音频文件在音质丢失很小的情况下(人耳根本无法察觉这种音质损失)把文件压缩到更小的程度。其压缩率可在 1∶10～1∶96 范围变化，实际应用的压缩比在 1∶12 居多。

3. WMA 格式

WMA(Windows Media Audio)是微软在互联网音频、视频领域的力作。WMA 格式以减少数据流量但保持音质的方法来达到更高的压缩率，其压缩率一般可以达到 1：18。此外，WMA 还可以通过数字版权管理(Digital Rights Management，DRM)方案加入防止复制，或者加入限制播放时间和播放次数，甚至是对播放机器的限制，可有力地防止盗版。目前几乎所有的 MP3 播放器都支持该格式。

4. CD 音轨格式

CD 是大家熟悉的音乐格式，CD 光碟是使用最广泛的音乐、歌曲存储方式。扩展名为 CDA，其取样频率为 44.1kHz，16 位量化位数，跟 WAV 一样，但 CD 存储采用了音轨的形式，又称“红皮书”格式，记录的是波形流，是一种近似无损的格式。由于 CD 存储音频采取了音轨格式，不能直接复制出来，需通过相应软件进行格式转换，如 Windows Media Player 播放器就可将 CD 音轨转换成 WMA 格式的文件。

5. RA 格式

RA(Real Audio)是由 Real Networks 公司推出的一种文件格式。其最大特点是可以实时传输音频信息，尤其是在网速较慢的情况下，仍然可以较为流畅地传送数据。因此 RA 主要适用于网络上的在线播放。现在的 RA 文件格式主要有 RA(Real Audio)、RM(Real Media、Real Audio G2)、RMX(Real Audio Secured)3 种，这些文件的共同性在于随着网络带宽的不同而改变声音的质量，在保证大多数人听到流畅声音的前提下，令带宽较宽敞的听众获得较好的音质。

6. AU 格式

AU(Audio for UNIX)是 Internet 上多媒体声音使用的一种主要文件格式。AU 文件是 UNIX 操作系统下的数字声音文件，由于早期 Internet 上的 Web 服务器主要是基于 UNIX 的，所以这种文件格式成为 WWW 上最早使用的标准声音文件。

7. MD 格式

MD(Mini Disc)是 SONY 公司开发的产品。MD 之所以能在一张小小的磁盘中存储 60～80min 采用 44.1kHz 采样的立体声音乐，是因为使用了 ATRAC(自适应声学转换编码)算法压缩音源。

这是一套基于心理声学原理的音响译码系统，它可以把 CD 唱片的音频压缩到原来数据量的大约 1/5 而声音质量没有明显的损失。ATRAC 利用人耳听觉的心理声学特性(频谱掩蔽特性和时间掩蔽特性)以及人耳对信号幅度、频率、时间的有限分辨能力，编码时将人耳感觉不到的成分不编码、不传送，这样就可以相应减少某些数据量的存储，从而既保证音质又达到缩小体积的目的。

8. DVD Audio 格式

DVD Audio 是新一代的数字音频格式，与 DVD Video 尺寸以及容量相同，为音乐格式的 DVD 光碟。其取样频率为 48kHz/96kHz/192kHz 和 44.1kHz/88.2kHz/176.4kHz，量化位数可以为 16bit、20bit 或 24bit，它们之间可自由地进行组合。低采样率的 192kHz、176.4kHz 虽然是 2 声道重播专用，但它最多可收录到 6 声道。而以 2 声道 192kHz/24bit 或 6 声道 96kHz/24bit 收录声音，可容纳 74min 以上的录音，动态范围达 144dB，整体效果出类拔萃。

9. VOC 格式

VOC 格式文件常出现在 DOS 程序和游戏中，它是随声卡一起产生的数字声音文件，与 WAV 文件的结构相似，可以通过一些工具软件方便地互相转换。

2.1.9 图像和图形信息的表示

图像信息分两种表示方法，即位图和矢量图。

1. 位图

位图也称为点阵图像或绘制图像，是由称为像素（图片元素）的单个点组成的。这些点可以进行不同的排列和染色以构成图样。当放大位图时，可以看见构成整个图像的无数单个方块。扩大位图尺寸的效果是增大单个像素，从而使线条和形状显得参差不齐。然而，如果从稍远的位置观看它，位图图像的颜色和形状又都是连续的。常用的位图处理软件是 Photoshop。

在红绿色盲体检时，工作人员会给你一个本子，在这个本子上有一些图像，而图像都是由一个个点组成的，这和位图图像其实是差不多的。由于每一个像素都是单独染色的，可以通过以每次一个像素的频率操作选择区域而产生近似相片的逼真效果，如加深阴影和加重颜色。

缩小位图尺寸也会使原图变形，因为此举是通过减少像素来使整个图像变小的。同样，由于位图图像是以排列的像素集合体形式创建的，所以不能单独操作（如移动）局部位图。一般情况下，位图是工具拍摄后得到的，如数码相机拍摄的照片。

1）颜色编码

（1）RGB。这是位图颜色的一种编码方法，用红、绿、蓝三原色的光学强度来表示一种颜色。这是最常见的位图编码方法，可以直接用于屏幕显示。

（2）CMYK。这是位图颜色的一种编码方法，用青、品红、黄、黑 4 种颜料含量来表示一种颜色。这是常用的位图编码方法之一，可以直接用于彩色印刷。

2）图像属性

（1）索引颜色/颜色表。这是位图常用的一种压缩方法。从位图图像中选择最有代表性的若干种颜色（通常不超过 256 种）编制成颜色表，然后将图像中原有颜色用颜色表的索引来表示。这样原图像可以被大幅度有损压缩。适合于压缩网页图形等颜色数较少的图形，不适合压缩照片等色彩丰富的图形。

（2）Alpha 通道。在原有的图片编码方法基础上，增加像素的透明度信息。图形处理中，通常把 RGB 3 种颜色信息称为红通道、绿通道和蓝通道，相应地把透明度称为 Alpha 通道。多数使用颜色表的位图格式都支持 Alpha 通道。

3）色彩深度

色彩深度又叫色彩位数，即位图中要用多少个二进制位来表示每个点的颜色，是分辨率的一个重要指标。常用有 1 位（单色）、2 位（4 色，CGA）、4 位（16 色，VGA）、8 位（256 色）、16 位（增强色）、24 位（真彩色）和 32 位等。色深 16 位以上的位图还可以根据其中分别表示 RGB 三原色或 CMYK 四原色(有的还包括 Alpha 通道)的位数进一步分类,如 16 位位图图像还可分为 R5G6B5、R5G5B5X1(有 1 位不携带信息)、R5G5B5A1、R4G4B4A4 等。

4) 分辨率

分辨率是一个笼统的术语,它是指一个图像文件中包含的细节和信息的大小,以及输入/输出或显示设备能够产生的细节程度。操作位图时,分辨率既会影响最后输出的质量也会影响文件的大小。处理位图需要三思而后行,因为给图像选择的分辨率通常在整个过程中都伴随着文件。无论是在 300dpi 的打印机还是在 2570dpi 的打印设备上印刷位图文件,文件总是以创建图像时所设的分辨率大小印刷,除非打印机的分辨率低于图像的分辨率。

如果希望最终输出看起来和屏幕上显示的一样,那么在开始工作前就需要了解图像的分辨率和不同设备分辨率之间的关系。显然矢量图就不必考虑这么多。矢量图也称为面向对象的图像或绘图图像,在数学上定义为一系列由线连接的点。矢量文件中的图形元素称为对象。每个对象都是一个自成一体的实体,它具有颜色、形状、轮廓、大小和屏幕位置等属性。

2. 矢量图

矢量图根据几何特性来绘制图形,矢量可以是一个点或一条线,矢量图只能靠软件生成,文件占用内在空间较小,因为这种类型的图像文件包含独立的分离图像,可以自由无限制地重新组合。它的特点是放大后图像不会失真,和分辨率无关,适用于图形设计、文字设计和一些标志设计、版式设计等。绘画工具有 Adobe 公司的 Illustrator、Corel 公司的 CorelDRAW 和 FlashMX 等。矢量图具有以下特点。

(1) 文件小,图像中保存的是线条和图块的信息,所以矢量图形文件与分辨率和图像大小无关,只与图像的复杂程度有关,图像文件所占的存储空间较小。

(2) 图像可以无级缩放,对图形进行缩放,旋转或变形操作时图形不会产生锯齿效果。

(3) 可采取高分辨率印刷,矢量图形文件可以在任何输出设备打印机上以打印或印刷的最高分辨率进行打印输出。

3. 矢量图与位图的区别

矢量图与位图的效果有天壤之别,矢量图可无限放大而不模糊,大部分位图都是由矢量导出来的,也可以说矢量图就是位图的源码,源码是可以编辑的。矢量图可以在维持它原有清晰度和弯曲度的同时,多次移动和改变它的属性,而不会影响图例中的其他对象。这些特征使基于矢量的程序特别适用于图例和三维建模,因为它们通常要求能创建和操作单个对象。基于矢量的绘图与分辨率无关。

矢量图与位图最大的区别是它不受分辨率的影响。因此,在印刷时可以任意放大或缩小图形而不会影响出图的清晰度,可以按最高分辨率显示到输出设备上。另外,矢量图最明显的特征:矢量图的颜色边缘和线条的边缘是非常顺滑的,对于高品质矢量图,无论对其放大还是缩小,颜色的边缘也是非常顺滑,并且非常清楚,线条之间是同比例的,并且是同样粗细的,节点同样是很少的,一般来讲,矢量图都是由位图仿图绘制出来的,首先有一幅图,然后根据它仿图绘制出来。矢量图可以自由、方便地填充色彩。位图与矢量图的比较见表 2-6。

表 2-6 位图与矢量图的比较

图像类型	组成	优点	缺点	常用制作工具
位图(点阵图像)	像素	只要有足够多的不同色彩的像像,就可以制作出色彩丰富的图像,逼真地表现自然界的景象	缩放和旋转容易失真,同时文件容量较大	Photoshop、画图等
矢量图(矢量图像)	数学向量	文件容量较小,在进行放大、缩小或旋转等操作时图像不会失真	不宜制作色彩变化太多的图像	AI、Flash、CorelDRAW 等

2.1.10 视频信息的表示

视频信息可以看成由连续变化的多幅图像构成,播放视频信息,每秒需传输和处理 25 幅以上的图像。视频信息数字化后存储量相当大,需要进行压缩处理。视频文件后缀名有 avi、mpg 等。

图像的传输与存储是问题最多的,例如常见的数字视频信号和传真信号。

对于电视画面传递的彩色视频信息,如分辨率 640×480 的彩色图像,每秒 30 帧,则 1s 的数据量为 640×480×24×30=221.12Mb,所以播放时,需要 221Mb/s 的通信回路。在宽带网上(10Mb)实时传输,需要压缩到原来数据量的 0.045,即 0.36bit/pixel。如 1 张 CD 可存放 640Mb,如果不进行压缩,1 张 CD 则仅可以存放 2.89s 的数据。存 2h 的信息则需要压缩到原来数据量的 0.0004,即 0.003bit/pixel。

如果用传真机传送 2 值图像,以 200dpi 的分辨率传输,一张 A4(827×1169)稿纸的数据量为 1654×2337×1=3 888 768bit,按目前 14.4Kb 的电话线传输速率,需要传送的时间是 270s(4.5min)。

由于通信方式和通信对象的改变带来的最大问题是传输带宽、速度、存储器容量的限制。机遇与挑战并存,可充分利用新技术解决硬件上的物理极限。图 2-11 所示为图像信息传输过程。

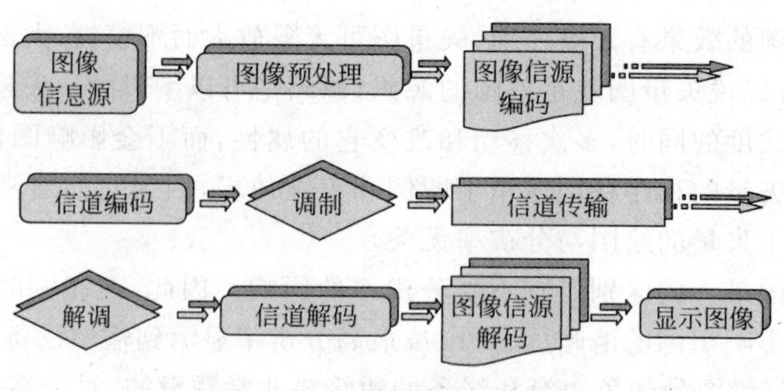

图 2-11 图像信息传输过程

2.1.11 图像中的数据冗余

什么是数据冗余？举个例子，假如你要给一位朋友用一种最好的方式发送一份电报告知他接机信息，内容如下。

形式1："你的朋友，Helen，将于明天晚上6点零5分在上海的虹桥机场接你。"则需要23×2+10=56个半角字符。

形式2："你的朋友将于明天晚上6点零5分在虹桥机场接你。"则需要20×2+2=42个半角字符。

形式3："Helen将于明晚6点在虹桥接你。"则需要10×2+6=26个半角字符。

这个例子说明，只要接收端不产生误解，就可以减少承载信息数据量，这样就实现了信息压缩，除去冗余来高效率地传递信息。

虽然表示图像需要大量的数据，但图像数据是高度相关的，或者说存在冗余(Redundancy)信息，去掉这些冗余信息后可以有效压缩图像，同时又不会损害图像的有效信息。数字图像的冗余主要表现在以下几种形式，即空间冗余、时间冗余、视觉冗余、信息熵冗余、结构冗余和知识冗余。

- 空间冗余：图像内部相邻像素之间存在较强的相关性所造成的冗余。
- 时间冗余：视频图像序列中的不同帧之间的相关性所造成的冗余。
- 视觉冗余：是指人眼不能感知或不敏感的那部分图像信息。
- 信息熵冗余：也称编码冗余，如果图像中平均每个像素使用的比特数大于该图像的信息熵，则图像中存在冗余，这种冗余称为信息熵冗余。
- 结构冗余：是指图像中存在很强的纹理结构或自相似性。
- 知识冗余：是指在有些图像中还包含与某些先验知识有关的信息。

图像数据的这些冗余信息为图像压缩编码提供了依据。例如，利用人眼对蓝光不敏感的视觉特性，在对彩色图像编码时就可以用较低的精度对蓝色分量进行编码。图像编码的目的就是充分利用图像中存在的各种冗余信息，特别是空间冗余、时间冗余及视觉冗余，以尽量少的比特数来表示图像。利用各种冗余信息，压缩编码技术能够很好地解决在将模拟信号转换为数字信号后所产生的带宽需求增加的问题，它是使数字信号成为实用化的关键技术之一。

描述一个由4个像素构成的全红色图像用两种不同的语言，如"这是一幅2×2的图像，图像的第一个像素是红色的，第二个像素是红色的，第三个像素是红色的，第四个像素是红色的"和"这是一幅2×2的图像，整幅图都是红色的"显然得到的信息是不同的。由此可见，整理图像的描述方法可以达到压缩的目的。

那么除去这些冗余信息，就可以实现图像信息的压缩存储表示。视频信息就是每一幅图像都采取这种压缩技术存储。

由于一幅图像存在数据冗余和主观视觉冗余，压缩方式就可以从这两方面着手开展。因为有数据冗余，改变图像信息的描述方式之后，可以压缩掉这些冗余。因为有主观视觉冗余，忽略一些视觉不太明显的微小差异，可以进行"有损"压缩。

1. 图像冗余有损压缩的原理

例如，下面这个由 5×5 像素构成的图像，像素值非常接近，如图 2-12 所示。通过压缩可表示为序偶(25,34)，表示由 25 幅值为 34 的像素构成的图。当然这样存储是有损压缩存储的，不是真实的图像信息，是近似图像信息。

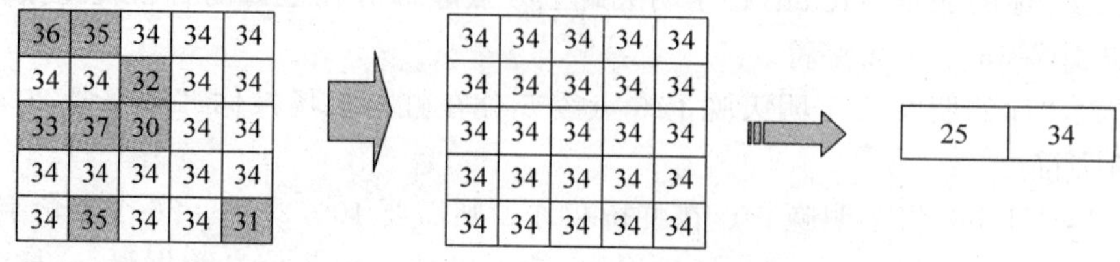

图 2-12　有损压缩存储图像示例

2. 图像的视觉冗余(彩色)

图像的彩色表示由三原色 RGB 值来表示，R 表示红色，G 表示绿色，B 表示蓝色。各取值一个字节，即 8 位二进制信息，如图 2-13 所示，同为红色的两张图片，RGB 值非常接近，但是人类肉眼很难区分不同，就可以用一个值来表示相近的两个不同的数值，这样就实现了信息压缩表示，如图 2-13 所示。

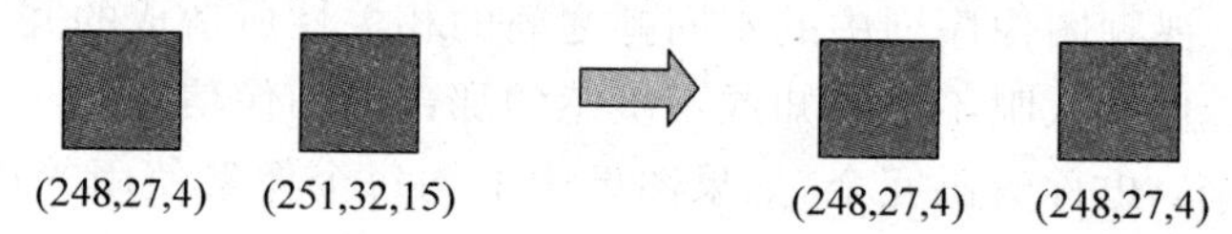

图 2-13　主观视觉冗余图像

2.1.12　图像的压缩编码

压缩编码主要是在传统的信源编码的基础上突破信源编码理论，结合分形、模型基、神经网络、小波变换等数学工具，充分利用视觉系统生理和心理特性及图像信源的各种特性。其分类如图 2-14 所示。

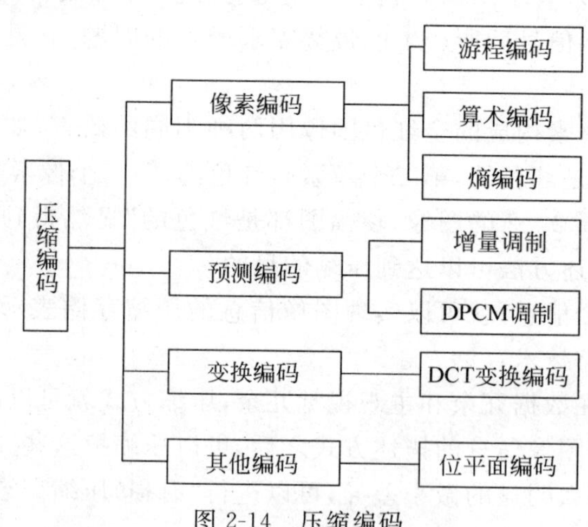

图 2-14　压缩编码

1. 游程编码(RLE 编码)

游程编码是一种最简单的,在某些场合是非常有效的一种无损压缩编码方法,虽然这种编码方式的应用范围非常有限,但是因为这种方法中所体现出的编码设计思想非常明确,所以在图像编码方法中都会将其作为一种典型的方法。

游程编码基本原理是通过改变图像的描述方式来实现图像的压缩,将一行中灰度值相同的相邻像素用一个计数值和该灰度值来代替。

如将 aaaa bbb cc d eeeee fffffff 存储共需要 22×8=176(位),而表示为 4a3b2c1d5e7f,则共 12×8=96(位)。压缩率为 96/176×100%=54.5%。

传真件中一般都是白色比较多,黑色相对比较少,所以可能常常会出现以下的情况:600w 3b 570w 12b 4w 3b 3000w 的游程编码所需用的字节数为 12×7=84(位)(因为 2048<3000<4096,所以计数值必须用 12 位来表示)。因为只有白或黑,而且排版中一定要留出页边距,所以可以只传输计数值。对其进行改善,既然已经可以预知白色多黑色少,可以对白色和黑色的计数值采用不同的位数。上例可以定义:白色为 12 位,黑色为 4 位,所需字节数为 4×12+3×4=60(位),比原来的 RLE 方式 84 位减少了 24 位,相当于又提高了压缩比$\frac{60}{84}$×100%=72%。

2. Huffman 编码(熵编码)

游程编码要获得好的压缩率的前提是,有比较长的相邻像素的值是相同的。熵是指数据中承载的信息量。熵编码是指在完全不损失信息量前提下最小数据量的编码,其编码过程如图 2-15 所示。

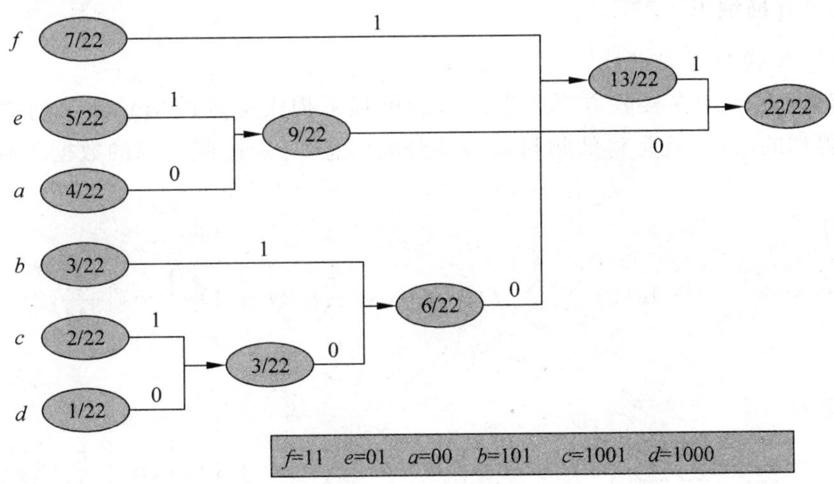

图 2-15 Huffman 编码(熵编码)过程

1) Huffman 编码(熵编码)的基本原理

为了达到大的压缩率,将在图像中出现频度大的像素值给一个比较短的编码,会出现频度小的像素值,给一个比较长的编码。

例如:

aaaa bbb cc d eeeee fffffff

4 3 2 1 5 7

如果不进行特殊的编码，按照图像像素的描述，需要的数据量为 22×8=176(位)。

按照熵编码的原理进行编码：f=0；e=10；a=110；b=1111；c=11100；d=11101。这里的编码规则是长短不一的异字头码。

2）Huffman 编码方法

对这个例子，计算出经过 Huffman 编码后的数据为

10101010100010010010001000100001111111111010101010101010

共 7×2+5×2+4×2+3×3+2×4+1×4=53(位)，比前面给出的编码得到的数据量还小，压缩率为 30.1%。

3）Huffman 编码在图像压缩中的实现

对一幅图像进行编码时，如果图像的大小大于 256 时，这幅图像的不同码字就有可能是很大，如极限为 256 个不同的码字。这时如果采用全局 Huffman 编码则压缩效率不高，甚至与原来的等长编码的数据量相同。常用且有效的方法是将图像分割成若干的小块，对每块进行独立的 Huffman 编码。例如，分成 8×8 的子块，就可以大大降低不同灰度值的个数(最多是 64 而不是 256)。

游程编码与 Huffman 编码的设计思想都是基于对信息表述方法的改变，属于无损压缩方式。虽然无损压缩可以保证接收方获得的信息与发送方相同，但是其压缩率一定有一个极限。因此，采用忽略视觉不敏感的部分进行有损压缩是提高压缩率的一条好的途径。

3. DCT 变换编码

1）DCT 变换编码的设计思想

DCT 变换是希望在接收方不产生误解的前提下损失一定的信息。由前面所讲到的频域变换得到的启示，就是将低频与高频部分的信息，分别按照不同的数据承载方式进行表述。

正变换为

$$F_c(\mu,\upsilon)=\frac{2}{\sqrt{MN}}c(\mu)c(\upsilon)\sum_{x=0}^{M-1}\sum_{y=0}^{N-1}f(x,y)\cos\left[\frac{\pi}{2N}(2x+1)\mu\right]\cos\left[\frac{\pi}{2M}(2y+1)\upsilon\right] \tag{2-1}$$

逆变换为

$$f(x,y)=\frac{2}{\sqrt{MN}}\sum_{\mu=0}^{M-1}\sum_{\upsilon=0}^{N-1}c(\mu)c(\upsilon)F_c(\mu,\upsilon)\cos\left[\frac{\pi}{2N}(2x+1)\mu\right]\cos\left[\frac{\pi}{2M}(2y+1)\upsilon\right] \tag{2-2}$$

其中，

$$c(x)=\begin{cases}\dfrac{1}{\sqrt{2}} & x=0\\ 1 & x=1,2,\cdots,N-1\end{cases}$$

2）DCT 变换编码方法

DCT 变换编码过程是将原图像经过 DTC 变换后得到新的值，并除以量化矩阵取整后得到压缩图像，解码过程是编码的逆过程，对压缩图像乘以量化矩阵后进行 DCT 变换，取整后得到解压图像，如图 2-16 所示。

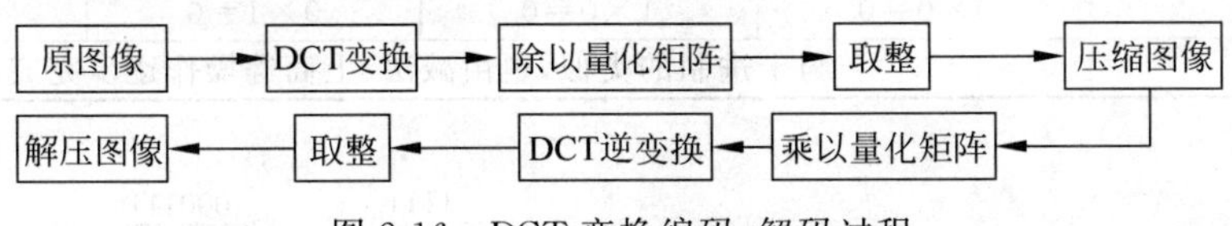

图 2-16 DCT 变换编码、解码过程

例 2-14

原图像为

$$\boldsymbol{F}=\begin{bmatrix}59 & 60 & 58 & 57\\ 61 & 59 & 59 & 57\\ 62 & 59 & 60 & 58\\ 59 & 61 & 60 & 56\end{bmatrix}\xrightarrow{\text{DCT 变换}}$$

Huffman：42bits

编码效率：32.8%

$$\boldsymbol{D}=\begin{bmatrix}236.25 & 4.5169 & -2.4749 & 1.5636\\ -1.0592 & -0.1768 & 1.1713 & -0.7803\\ -1.7678 & -0.4387 & -2.2500 & -1.7125\\ 1.0031 & -0.2803 & 0.8678 & 0.1768\end{bmatrix}\xrightarrow{\text{除以量化矩阵，取整}}\boldsymbol{C}=\begin{bmatrix}16 & 11 & 11 & 16\\ 12 & 12 & 14 & 19\\ 14 & 13 & 16 & 24\\ 14 & 17 & 22 & 29\end{bmatrix}$$

$$\boldsymbol{T}=\begin{bmatrix}15 & 0 & 0 & 0\\ 0 & 0 & 0 & 0\\ 0 & 0 & 0 & 0\\ 0 & 0 & 0 & 0\end{bmatrix}$$

Huffman：16bits

编码效率：12.5%

游程编码擅长重复数字的压缩；Huffman 编码擅长像素个数分布不均匀情况下的编码；DCT 变换擅长分离视觉敏感与不敏感的部分。每一种编码方式都有其优点和局限，所采用混合编码，将两种以上的编码方式的优点进行综合，达到提高编码效率的目的。

2.2 运算基础

2.2.1 二进制数的四则运算

二进制数也可以进行算术运算和逻辑运算，见表 2-7 和图 2-17。

表 2-7 二进制算术运算

二进制算术运算	运算规则			
加法	0+0=0	0+1=1	1+0=1	1+1=0(进位)
减法	0−0=0	1−0=1	1−1=0	0−1=1(借位)
乘法	0×0=0	1×0=0	0×1=0	1×1=1
除法	与十进制的类似，也由减法、上商等操作逐步完成			

```
                                       1111          000111
                                 ×      101    101 ) 100011
                                 ----------          101
                                       1111          -----
    1001101          1001100           0000          01111
 +    11001     −      11001         1111             101
 ----------     ------------     ----------           ---
    1100110          1000011        1001011           101
                                                      101
                                                      ---
                                                        0
 (a) 加法运算    (b) 减法运算    (c) 乘法运算    (d) 除法运算
```

图 2-17 二进制算术运算示例

2.2.2 补码加减运算

由于 CPU 中的算术逻辑部件(Arithmetic and Logic Unit，ALU)只完成加法运算，因此，其他的算术运算如减法、乘法和除法都需要转换成加法来实现。

在计算机中，数据需要被符号化处理，称为机器数。这种处理的好处是补码可以将符号位和其他位统一处理。而符号化处理需要涉及机器码，机器码包括原码、反码和补码 3 种表示形式。

1. 数的原码

在二进制数中，用最高位表示符号，其余位表示数值有效位，这种带符号数的表示方法称为原码表示法。其中，最高位为 0 表示正数，最高位为 1 表示负数。

例 2-15

设有两个十进制数 $x_1=90$，$x_2=-90$，求这两个十进制数的两个字节(16 个二进制位)的原码。

解：

$$[x_1]_{原}=[90]_{原}=(0000000001011010)_2$$

$$[x_2]_{原}=[-90]_{原}=(1000000001011010)_2$$

2. 数的反码

正数的反码就是其原码，或者说正数没有反码；负数的反码是其原码除符号位以外其余各位进行按位取反运算后所得到的数(仍是一个负数)。

例 2-16

设有两个十进制数 $x_1=90$，$x_2=-90$，求这两个十进制数的两个字节(16 个二进制位）的反码。

解：

$$[x_1]_{反} = [90]_{反} = (0000000001011010)_2$$
$$[x_2]_{反} = [-90]_{反} = (1111111110100101)_2$$

3. 数的补码

正数的补码与其原码相同；若负数的补码等于其反码加 1。

补码的运算规则如下。

补码加法：两个数和的补码等于这两个数的补码的和，即

$$[X+Y]_{补} = [X]_{补} + [Y]_{补}$$

补码减法：两个数差的补码等于这两个数的补码的差，也等于一个数的补码加上另一个负数的补码，即

$$[X-Y]_{补} = [X]_{补} - [Y]_{补} = [X]_{补} + [-Y]_{补}$$

还原计算：补码的补码等于原码，即

$$[[Z]_{补}]_{补} = [Z]_{原}$$

机器码对照表见表 2-8，补码加法运算规则见表 2-9。

表 2-8 机器码对照表

数　值	真　值	原　码	反　码	补　码
+0	+0000 0000	0 000 0000	0 000 0000	0 000 0000
−0	−0000 0000	1 000 0000	1 111 1111	0 000 0000
+1	+0000 0001	0 000 0001	0 000 0001	0 000 0001
−1	−0000 0001	1 000 0001	1 111 1110	1 111 1111
$+(2^7-1)$	+0111 1111	0 111 1111	0 111 1111	0 111 1111
$-(2^7-1)$	−0111 1111	1 111 1111	1 000 0000	1 000 0001

表 2-9 补码加法运算规则

加　法	运算规则
$X+Y$	$[X+Y]_{补}=[X]_{补}+[Y]_{补}$
$X-Y$	$[X-Y]_{补}=[X]_{补}+[-Y]_{补}$
$-X+Y$	$[-X+Y]_{补}=[-X]_{补}+[Y]_{补}$
$-X-Y$	$[-X-Y]_{补}=[-X]_{补}+[-Y]_{补}$
	$[[Z]_{补}]_{补}=[Z]_{原}$

例 2-17

设 $x=-90$，求这个十进制数的两个字节（16 个二进制位）的补码。

解：

$$[x]_{原} = [-90]_{原} = (1000000001011010)_2$$
$$[x]_{反} = [-90]_{反} = (1111111110100101)_2$$

$[x]_{补}=[-90]_{补}=(1111111110100110)_2$

例 2-18

若计算机中一个整数占 4 字节。试模拟计算机进行的 27—61 运算。

解：因为$[27-61]_{补}=[27+(-61)]_{补}=[27]_{补}+[-61]_{补}$

$[27]_{原}=[27]_{补}=00000000000000000000000000011011$

$[-61]_{原}=10000000000000000000000000111101$

$[-61]_{反}=11111111111111111111111111000010$

$[-61]_{补}=11111111111111111111111111000011$

所以 $[27]_{原}=00000000000000000000000000011011$

$+[-61]_{补}=11111111111111111111111111000011$

即$[27-61]_{补}=11111111111111111111111111011110$

由于所得到的和(11111111111111111111111111011110)是个负数,这表明它是某个负数的补码(因为其最高位为 1),所以还需要对该数进行求补运算,才能得到该数对应的原码,即

因为$[[27-61]_{补}]_{补}=[27-61]_{原}$

所以 $[[27-61]_{补}]_{补}=[11111111111111111111111111011110]_{补}$

$=[10000000000000000000000000100001]+1$

$=[10000000000000000000000000100010]$

即 $[27-61]_{原}=[10000000000000000000000000100010]$

$=-(1\times2^5+0\times2^4+0\times2^3+0\times2^2+1\times2^1+0\times2^0)$

$=(-34)_{10}$

故 27－61 ＝－34。

2.2.3 移位运算

1. 左移

运算规则：按二进制形式把所有的数字向左移动对应的位数,高位移出(舍弃),低位的空位补零。

2. 带符号的右移

运算规则：按二进制形式把所有的数字向右移动对应的位数,低位移出(舍弃),高位的空位补符号位,即正数补 0,负数补 1。

3. 无符号的右移

运算规则：按二进制形式把所有的数字向右移动对应的位数,低位移出(舍弃),高位的空位补零(不论是正数还是负数)。

2.2.4 逻辑运算

逻辑运算又称为布尔运算。布尔用数学方法研究逻辑问题,成功地建立了逻辑演算。

他用等式表示判断，把推理看作等式的变换。这种变换的有效性不依赖人们对符号的解释，只依赖于符号的组合规律。这一逻辑理论人们常称它为布尔代数。

20 世纪 30 年代逻辑代数在电路系统上获得应用，随后由于电子技术与计算机的发展，出现各种复杂的大系统，它们的变换规律也遵守布尔所揭示的规律。逻辑运算(Logical Operators)通常用来测试真假值。最常见到的逻辑运算就是循环的处理，用来判断是否该离开循环或继续执行循环内的指令。

1. 逻辑常量与变量

逻辑常量只有两个，即 0 和 1，用来表示两个对立的逻辑状态。逻辑变量与普通代数一样，也可以用字母、符号、数字及其组合来表示，但它们之间有着本质区别，因为逻辑常量的取值只有两个，即 0 和 1，而没有中间值。逻辑变量的取值也只有 0 和 1 两种情况。

2. 逻辑运算

在逻辑代数中，有与(逻辑乘 &)、或(逻辑加|)、非(逻辑取反)3 种基本逻辑运算。表示逻辑运算的方法有多种，如语句描述、逻辑代数式、真值表、卡诺图等。还可以推演出多种复合运算，如异或(相同为 0，不同为 1)、同或(相同为 1，不同为 0)等，见表 2-10。

表 2-10 二进制逻辑运算

二进制逻辑运算	运 算 规 则			
与	0&1=0	1&0=0	0&0=0	1&1=1
或	0|0=0	0|1=1	1|0=1	1|1=1
非	$\overline{0}=1$	$\overline{1}=0$		
异或	0 ⊕ 0=0	1 ⊕ 0=1	0 ⊕ 1=1	1 ⊕ 1=0
同或	0⊙0=1	1⊙0=0	0⊙1=0	1⊙1=1

3. 逻辑函数

逻辑函数是由逻辑变量、常量通过运算符连接起来的代数式。同样，逻辑函数也可以用表格和图形的形式表示。

4. 逻辑代数

逻辑代数是研究逻辑函数运算和化简的一种数学系统。逻辑函数的运算和化简是数字电路课程的基础，也是数字电路分析和设计的关键。

本章小结

本章主要介绍了计算机常用数制以及各种数制之间的相互转换方法；计算机内部数据的表示包括数值型数据的表示和非数值型数据的表示，数值型数据主要包括有符号数和无符号数的定点与浮点的表示方式；非数值型数据介绍了 BCD 码、字符、汉字、图形图像、视频等的表示方式，并重点介绍了二进制数的算术运算和逻辑运算规则，计算机内数据的原码、反码、补码的概念和运算。

思考题与习题

1. 选择题

(1) 八进制数的位基是________。

A. 8　　B. 10　　C. 2　　D. 16

(2) 31 的二进制数表示为$(31)_2$=________。

A. 11011　　B. 11111　　C. 10000　　D. 10111

(3) 111000100 的二进制数表示为$(111000100)_2$=________。

A. 11011　　B. 11111　　C. 10000　　D. 704

(4) ASCII 码使用指定的 7 位二进制数(第 8 位为 0)组合来表示________种字符。

A. 32　　B. 10　　C. 128　　D. 256

(5) 1TB=________。

A. 1024B　　B. 1024GB　　C. 1024KB　　D. 1024PB

2. 分析与思考题

(1) 常用的计算机数制都有哪些?

(2) 常见的 BCD 码有哪几种表示方法。

(3) 将 1110 0011 分别进行左移 3 位、右移 2 位、带符号位的右移 2 位的运算,则结果分别为多少?

(4) BCD 码的压缩存储和非压缩存储有什么区别?

(5) 简述 BCD 码加减运算修正规则。

第3章

计算机硬件系统

学习要求

- 了解CPU的基本组成。
- 理解CPU的功能。
- 理解计算机输入/输出系统的组成。
- 掌握计算机常见的系统结构。

3.1 中央处理器

中央处理器是一块超大规模的集成电路，是计算机的运算核心和控制核心。它的功能主要是解释计算机指令以及处理计算机软件中的数据。CPU的基本组成部分有运算器、控制器和内部寄存器。

3.1.1 运算器

运算器由算术逻辑单元(ALU)、累加寄存器、数据缓冲寄存器和状态条件寄存器组成，它是数据加工处理部件。相对控制器而言，运算器接收控制器的命令而进行动作，即运算器所进行的全部操作都是由控制器发出的控制信号来指挥的，所以它是执行部件。运算器有以下两个主要功能。

(1) 执行所有的算术运算。

(2) 执行所有的逻辑运算，并进行逻辑测试。

3.1.2 控制器

控制器由程序计数器、指令寄存器、指令译码器、时序产生器和操作控制器组成，它是发布命令的“决策机构”，即完成协调和指挥整个计算机系统的操作。它的主要功能是从内存中取出一条指令，并指出下一条指令在内存中的位置；对指令进行译码或测试，并产生相应的操作控制信号，以便启动规定的动作，指挥并控制 CPU、内存和输入/输出设备之间数据流动的方向。

3.1.3 内部寄存器

在 CPU 中至少有 6 类寄存器，这些寄存器用来暂存一个计算机字。根据需要可以扩充其数目。下面详细介绍这些寄存器的结构与功能。

1. 数据缓冲寄存器

数据缓冲寄存器（DR）用来暂时存放由内存储器读出的一条指令或一个数据字；反之，当向内存存入一条指令或一个数据字时，也将它们暂时存放在数据缓冲寄存器中。

数据缓冲寄存器的作用是：作为 CPU 和内存、外部设备之间信息传送的中转站；补偿 CPU 和内存、外部设备之间在操作速度上的差别；在单累加寄存器结构的运算器中，数据缓冲寄存器还可兼作操作数寄存器。

2. 指令寄存器

指令寄存器（IR）用来保存当前正在执行的一条指令。当执行一条指令时，先把它从内存取到数据缓冲寄存器中，然后再传送至指令寄存器。指令划分为操作码和地址码字段，由二进制数字组成。为了执行任何给定的指令，必须对操作码进行测试，以便识别所要求的操作，指令译码器就是做这项工作的。指令寄存器中操作码字段的输出就是指令译码器的输入，操作码一经译码即可向操作控制器发出具体操作的特定信号。

3. 程序计数器

为了保证程序能够连续地执行下去，CPU 必须具有某些手段来确定下一条指令的地址。而程序计数器（PC）正是起到这种作用，所以通常又称为指令计数器。在程序开始执行前，必须将它的起始地址，即程序的一条指令所在的内存单元地址送入 PC，因此 PC 的内容即是从内存提取的第一条指令的地址。当执行指令时，CPU 将自动修改 PC 的内容，以便使其保持总是指向将要执行的下一条指令的地址。由于大多数指令都是按顺序来执行的，所以修改的过程通常只是简单地对 PC 加 1。

但是，当遇到转移指令如 JMP 指令时，后继指令的地址（即 PC 的内容）必须从指令的地址段取得。在这种情况下，下一条从内存取出的指令将由转移指令来规定，而不是像通常一样按顺序来取得。因此，程序计数器的结构应当是具有寄存信息和计数两种功能的结构。

4. 地址寄存器

地址寄存器（AR）用来保存当前 CPU 所访问的内存单元的地址。由于在内存和 CPU 之间存在着操作速度上的差别，所以必须使用地址寄存器来保持地址信息，直到内存的读/写操作完成为止。

当 CPU 和内存进行信息交换，即 CPU 向内存存取数据时，或者 CPU 从内存中读出指令时，都要使用地址寄存器和数据缓冲寄存器。同样，如果把外部设备的设备地址作为像内存的地址单元那样来看待，那么，当 CPU 和外部设备交换信息时，同样使用地址寄存器和数据缓冲寄存器。

地址寄存器的结构和数据缓冲寄存器、指令寄存器一样,通常使用单纯的寄存器结构。信息的存入一般采用电位-脉冲方式,即电位输入端对应数据信息位,脉冲输入端对应控制信号,在控制信号作用下瞬时将信息打入寄存器。

5. 累加寄存器

累加寄存器(AC)通常简称为累加器,它是一个通用寄存器。其功能是当运算器的算术逻辑单元(ALU)执行算术运算或逻辑运算时,为 ALU 提供一个工作区。累加寄存器暂时存放 ALU 运算的结果信息。显然,运算器中至少要有一个累加寄存器。

目前,CPU 中的累加寄存器多达 16 个、32 个,甚至更多。当使用多个累加器时,就变成通用寄存器堆结构,其中任何一个既可存放源操作数,也可存放结果操作数。在这种情况下,需要在指令格式中对寄存器号加以编址。

6. 状态条件寄存器

状态条件寄存器(PSW)保存由算术指令和逻辑指令运行或测试的结果建立的各种条件码内容,如运算结果进位标志(C)、运算结果溢出标志(V)、运算结果为零标志(Z)、运算结果为负标志(N)等。这些标志位通常分别由一位触发器保存。

此外,状态条件寄存器还保存中断和系统工作状态等信息,以便使 CPU 和系统能及时了解机器运行状态和程序运行状态。因此,状态条件寄存器是一个由各种状态条件标志拼凑而成的寄存器。

3.1.4 多 CPU 系统

1. 多处理器系统

多处理器系统(Multiprocessor Systems)是指包含两台或多台功能相近的处理器,处理器之间彼此可以交换数据,所有处理器共享内存、I/O 设备、控制器及外部设备,整个硬件系统由统一的操作系统控制,在处理器和程序之间实现作业、任务、程序、数组及其元素各级的全面并行。

一般认为,多处理器的概念应包含以下几点。

(1) 包含两个或多个功能相近的处理器,且彼此可交换数据。

(2) 所有处理器共享内存。

(3) 所有处理器共享 I/O 通道、控制器和外部设备。

(4) 整个系统由统一的操作系统控制,在处理器和程序之间实现作业、任务、程序段、数组及其元素各级的全面并行。

目前,多 CPU 系统最常见的是双核处理器系统,双核处理器即基于单个半导体的一个处理器上拥有两个一样功能的处理器核心。换句话说,将两个物理处理器核心整合到一个核中。企业 IT 管理者们也一直坚持寻求增进性能而不用提高实际硬件覆盖区的方法。多核处理器解决方案针对这些需求,提供更强的性能而不需要增大能量或实际空间。

双核处理器技术的引入是提高处理器性能的有效方法。因为处理器实际性能是处理器在每个时钟周期内所能处理指令数的总量,因此增加一个内核,处理器每个时钟周期内可执行的单元数将增加一倍。在这里必须强调的一点是,如果想让系统达到最大性能,必须充分利用两个内核中的所有可执行单元，即让所有执行单元都有活可干。

2. 多核处理器的创新意义

x86多核处理器标志着计算技术的一次重大飞跃。这一重要进步发生之际，正是企业和消费者面对飞速增长的数字资料与互联网的全球化趋势，开始要求处理器提供更多便利和优势之时。多核处理器较之当前的单核处理器，能带来更多的性能和生产力优势，因而最终将成为一种广泛普及的计算模式。

多核处理器还将在推动PC安全性和虚拟技术方面起到关键作用，虚拟技术的发展能够提供更好的保护、更高的资源使用率和更可观的市场价值。普通消费者也将比以往拥有更多的途径获得更高性能，从而提高家用PC和数字媒体计算系统的使用。

在单一处理器上安置两个或更多强大的计算核心的创举开拓了一个全新的充满可能性的世界。多核处理器可以为挑战当今处理器设计提供一种立竿见影、经济有效的技术——降低随着单核处理器频率（即"时钟速度"）不断上升而增高的热量和功耗。多核处理器有助于为将来更加先进的软件提供卓越的性能。现有的操作系统（如MS Windows、Linux和Solaris）都能够受益于多核处理器。

在将来市场需求进一步提升时，多核处理器可以为合理地提高性能提供一个理想的平台。因此，下一代软件应用程序将会利用多核处理器进行开发。无论这些应用是否能帮助专业动画制作公司更快、更节省地生产出更逼真的电影，或开创出突破性的方式生产出更自然、更富灵感的PC，使用多核处理器的硬件所具有的普遍实用性都将永远地改变计算世界。

虽然双核甚至多核芯片有机会成为处理器发展史上最重要的改进之一。需要指出的是，双核处理器面临的最大挑战之一就是处理器能耗的极限！性能增强了，能量消耗却不能增加。根据著名的汤氏硬件网站得到的文件显示，代号Smithfield的CPU热设计功耗高达130W，比现在的Prescott处理器再提升13%。由于今天的能耗已经处于一个相当高的水平，需要避免将CPU做成一个"小型核电厂"，双核甚至多核处理器的能耗问题将是考验AMD与Intel的重要问题之一。

3.1.5 中国科学院计算所自主研发的通用CPU

龙芯是中国科学院计算所自主研发的通用CPU，采用RISC指令集，类似于MIPS指令集。龙芯1号的频率为266MHz，最早在2002年开始使用。龙芯2号的频率最高为1GHz。龙芯3A是首款国产商用4核处理器，其工作频率为900MHz～1GHz。龙芯3A的峰值计算能力达到16GFLOPS。龙芯3B是首款国产商用8核处理器，主频达到1GHz，支持向量运算加速，峰值计算能力达到128GFLOPS，具有很高的性能功耗比。

3.2 存储器

3.2.1 主存储器概述

存储器（Memory）是计算机系统的重要组成部分，现代计算机的内存储器多采用半导体存储器。存储器是计算机系统中的记忆设备,用来存放程序和数据。计算机中的全部信息包括输入的原始数据、计算机程序、中间运行结果和最终运行结果都保存在存储器中。它根据控制器指定的位置存入和取出信息。

自世界上第一台计算机问世以来,计算机的存储器在不断地发展更新,从一开始的汞延迟线、磁带、磁鼓、磁芯到现在的半导体存储器、磁盘存储器、光盘存储器、纳米存储器等,无不体现着科学技术的快速发展。

存储器的主要功能是存储程序和各种数据,并能在计算机运行过程中高速、自动地完成程序或数据的存取。存储器是具有"记忆"功能的设备,它采用具有两种稳定状态的物理器件来存储信息。这些器件也称为记忆元件。

在计算机中采用只有两个数码0和1的二进制来表示数据。记忆元件的两种稳定状态分别表示为0和1。日常使用的十进制数必须转换成等值的二进制数才能存入存储器中。计算机中处理的各种字符,如英文字母、运算符号等,也要转换成二进制代码才能存储和操作。

3.2.2　半导体存储器

半导体存储器(Semi Conductor Memory)是一种以半导体电路作为存储媒体的存储器。由于对运行速度的要求,现代计算机的内存储器多采用半导体存储器。内存储器就是由称为存储器芯片的半导体集成电路组成。半导体存储器包括只读存储器(ROM)和随机存储器(RAM)两大类。

1. 只读存储器

只读存储器(Read-Only Memory,ROM)所存数据,一般是装入整机前事先写好的,整机工作过程中只能读出,而不像随机存储器那样能快速、方便地加以改写。ROM所存数据稳定,断电后所存数据也不会改变;其结构较简单,读出较方便,因而常用于存储各种固定程序和数据。除少数品种的只读存储器(如字符发生器)可以通用之外,不同用户所需只读存储器的内容不同。为便于使用和大批量生产,进一步发展了可编程只读存储器(PROM)、可擦可编程只读存储器(EPROM)和电可擦可编程只读存储器(EEPROM)。

可编程只读存储器(Programmable ROM,PROM)一般可编程一次。PROM出厂时各个存储单元皆为1或皆为0,用户使用时再使用编程的方法使PROM存储所需要的数据。PROM需要用电和光照的方法来编写与存放的程序和信息。但仅仅只能编写一次,第一次写入的信息就被永久性地保存起来。

PROM的典型产品是"双极性熔丝结构",如果想改写某些单元,则可以给这些单元通以足够大的电流,并维持一定的时间,原先的熔丝即可熔断,这样就达到了改写某些位的效果。另外一类经典的PROM为使用"肖特基二极管"的PROM,出厂时其中的二极管处于反向截止状态,仍是用大电流的方法将反相电压加在"肖特基二极管",造成其永久性击穿即可。可编程只读存储器是在1956年由周文俊发明的。PROM的总体结构、工作原理和使用方法都与掩膜ROM相同。不同的是,PROM器件出厂时在存储矩阵的每个交叉点上均设置了二极管,并且有快速熔丝与二极管串联。

可擦可编程只读存储器(EPROM)由以色列工程师 Dov Frohman 发明,是一种断电后仍能保留数据的计算机存储芯片,即非易失性的(非挥发性)。它是一组浮栅晶体管,被一个提供比电子电路中常用电压更高的电子器件分别编程。一旦编程完成后,EPROM只能用强紫外线照射来擦除。通过封装顶部能看见硅片的透明窗口,很容易识别EPROM,这个窗口同时用来进行紫外线擦除。将 EPROM 的玻璃窗对准阳光直射一段时间就可以擦除。

电可擦可编程只读存储器 EEPROM (Electrically Erasable Programmable Read-Only Memory)是一种掉电后数据不丢失的存储芯片。EEPROM 可以在计算机上或专用设备上擦除已有信息,重新编程。一般用在即插即用。EEPROM 是用户可更改的只读存储器,其可通过高于普通电压的作用来擦除和重编程(重写)。

由于 EPROM 操作的不便,后来生产的主板上 BIOS ROM 芯片大部分都采用EEPROM。EEPROM 的擦除不需要借助其他设备,它是以电子信号来修改其内容的,而且是以 Byte 为最小修改单位,不必将资料全部洗掉才能写入,在写入数据时仍要利用一定的编程电压,此时,只需用厂商提供的专用刷新程序就可以轻而易举地改写内容,所以它属于双电压芯片。

2. 随机存储器

随机存取存储器(Random Access Memory,RAM)又称为随机存储器,可分为静态随机存取存储器(Static RAM,SRAM)和动态随机存取存储器(Dynamic RAM,DRAM)。SRAM 曾经是一种主要的内存,它以 6 个电子管组成一位存储单元,以双稳态电路形式存储数据,因此不断电时即可正常工作,而且它的处理速度比较快且稳定,不过由于它结构复杂,内部需要使用更多的晶体管构成寄存器以保存数据,它采用的硅片面积相当大,制造成本也相当高,所以现在常把 SRAM 用在比主内存小得多的高速缓存上。

而 DRAM 的结构相比之下要简单得多,其基本结构是一个电子管和一个电容,具有结构简单、集成度高、功耗低、生产成本低等优点,适合制造大容量存储器,所以现在用的内存大多是由 DRAM 构成的。但是,由于是 DRAM 将每个内存位作为一个电荷保存在位存储单元中,用电容的充放电来做储存动作,因电容本身有漏电问题,因此必须每几微秒就要刷新一次;否则数据会丢失。

“随机存取”是指当存储器中的数据被读取或写入时,所需要的时间与这段信息所在的位置或所写入的位置无关。相对地,读取或写入顺序访问(Sequential Access)存储设备中的信息时,其所需要的时间与位置就会有关系。它主要用来存放操作系统、各种应用程序、数据等。当电源关闭时 RAM 不能保存数据。如果需要保存数据,就必须把它们写入一个长期的存储设备中(如硬盘)。

RAM 和 ROM 相比,两者的最大区别是 RAM 在断电以后保存在上面的数据会自动消失,而 ROM 不会自动消失,可以长时间断电保存。随机存取存储器对环境的静电荷非常敏感。静电会干扰存储器内电容器的电荷,以致数据流失,甚至烧坏电路。故触碰随机存取存储器前,应先用手触摸金属接地。

现代的随机存取存储器依赖电容器存储数据。电容器充满电后代表 1(二进制),未充电代表 0。由于电容器或多或少有漏电的情形,若不作特别处理,数据会渐渐随时间流失。刷新是指定期读取电容器的状态，然后按照原来的状态重新为电容器充电，弥补流失了的电荷。需要刷新正好解释了随机存取存储器的易失性。

随机存储器是与CPU直接交换数据的内部存储器，也叫主存(内存)。它可以随时读/写，而且速度很快，通常作为操作系统或其他正在运行中程序的临时数据存储介质。

内存是计算机中重要的部件之一，它是与CPU进行沟通的桥梁。计算机中所有程序的运行都是在内存中进行的，因此内存的性能对计算机的影响非常大。内存也被称为内存储器，其作用是用于暂时存放CPU中的运算数据，以及与硬盘等外部存储器交换的数据。

3.3 辅助存储器

辅助存储器用来存放系统文件、大型文件、数据库等大量程序与数据信息，它们位于主机范畴之外，常称为外存储器，简称外存。常用的外存储器有磁盘存储器、光盘存储器和可移动外存储器。

3.3.1 磁盘存储器

1. 磁记录原理与记录方式

计算机的外存储器又称为辅助存储器，目前主要使用磁表面存储设备。磁表面存储是用某些磁性材料薄薄地涂在金属铝或塑料表面做载磁体来存储信息。磁盘存储器、磁带存储器、磁鼓存储器均属于磁表面存储器，目前主要使用磁盘存储器，磁带存储器和磁鼓存储器已被淘汰。

磁表面存储器的优点：存储容量大，位价格低；记录介质可以重复使用；记录信息可以长期保存而不丢失，甚至可以脱机存档；非破坏性读出，读出时不需要再生信息。

磁表面存储器的缺点：存取速度较慢，机械结构复杂，对工作环境要求较高。

磁表面存储器由于存储容量大，位成本低，在计算机系统中作为辅助大容量存储器使用，用以存放系统软件、大型文件、数据库等大量程序与数据信息。

1）磁性材料的物理特性

磁性材料被磁化以后，工作点总是在磁滞回线上。只要外加的正向脉冲电流(即外加磁场)幅度足够大，那么在电流消失后磁感应强度B并不等于零，而是处在$+B_r$状态(正剩磁状态)；反之，当外加负向脉冲电流时，磁感应强度B将处在$-B_r$状态(负剩磁状态)。

这就是说，当磁性材料被磁化后会形成两个稳定的剩磁状态，就像触发器电路有两个稳定的状态一样。如果规定用$+B_r$状态表示代码1，$-B_r$状态表示代码0，那么要使磁性材料记忆1，就要加正向脉冲电流，使磁性材料正向磁化；要使磁性材料记忆0，则要加负向脉冲电流，使磁性材料反向磁化。磁性材料上呈现剩磁状态的地方形成了一个磁化元或存储元，它是记录一个二进制信息位的最小单位。

2）记录方式

形成不同写入电流波形的方式，称为记录方式。记录方式是一种编码方式，它按某种规律将一串二进制数字信息变换成磁层中相应的磁化元状态，用读/写控制电路实现这种转换。

在磁表面存储器中，由于写入电流的幅度、相位、频率变化不同，从而形成了不同的记录方式。常用记录方式可分为不归零制(NRZ)、调相制(PM)、调频制(FM)几大类。

3）磁表面存储器的读/写原理

在磁表面存储器中，利用一种称为磁头的装置来形成和判别磁层中的不同磁化状态。磁头实际上是由软磁材料做铁心，并绕有读/写线圈的电磁铁。

(1) 写操作。当写线圈中通过一定方向的脉冲电流时，铁心内就产生一定方向的磁通。由于铁心是高磁导率材料，而铁心空隙处为非磁性材料，故在铁心空隙处集中很强的磁场。在这个磁场作用下，载磁体就被磁化成相应极性的磁化位或磁化元。若在写线圈里通入相反方向的脉冲电流，就可得到相反极性的磁化元。如果规定按图中所示电流方向为写1，那么写线圈里通以相反方向的电流时即为写0。上述过程称为写入。显然，一个磁化元就是一个存储元，一个磁化元中存储一位二进制信息。当载磁体相对于磁头运动时，就可以连续写入一连串的二进制信息。

(2) 读操作。当磁头经过载磁体的磁化元时，由于磁头铁心是良好的导磁材料，磁化元的磁力线很容易通过磁头而形成闭合磁通回路。不同极性的磁化元在铁心里的方向是不同的。当磁头对载磁体做相对运动时，由于磁头铁心中磁通的变化，使读出线圈中感应出相应的电势。

2. 硬磁盘机的基本组成和分类

硬磁盘机简称硬盘，是指记录介质为硬质圆形盘片的磁表面存储器。它主要由磁记录介质、磁盘控制器、磁盘驱动器三大部分组成。磁盘控制器包括控制逻辑与时序、数据并-串变换电路和数据串-并变换电路。磁盘驱动器包括写入电路与读出电路、读/写转换开关、读/写磁头与磁头定位伺服系统等。

写入时，将计算机并行送来的数据取至并-串变换寄存器，变为串行数据，然后一位一位地由写电流驱动器做功率放大并加到写磁头线圈上产生电流，从而在盘片磁层上形成按位的磁化元。

读出时，记录介质相对磁头运动，位磁化元形成的空间磁场在读磁头线圈中产生感应电势，此读出信息经放大检测就可还原成原来存入的数据。由于数据是一位一位地串行读出的，故要送至串-并变换寄存器变换为并行数据，再并行送至计算机。

硬磁盘机通常按以下方法分类：按盘片结构分成可换盘片式与固定盘片式两种；磁头也分为可移动磁头和固定磁头两种。

1）可移动磁头固定盘片的磁盘机

其特点是一片或一组盘片固定在主轴上，盘片不可更换。盘片每面只有一个磁头，存取数据时磁头沿盘面径向移动。

2）固定磁头磁盘机

其特点是磁头位置固定，磁盘的每一个磁道对应一个磁头，盘片不可更换。优点是存取速度快，省去磁头找道时间；缺点是结构复杂。

3）可移动磁头可换盘片的磁盘机

盘片可以更换，磁头可沿盘面做径向移动。优点是盘片可以脱机保存，同种型号的盘片具有互换性。

4）温彻斯特磁盘机

温彻斯特磁盘简称温盘，是一种采用先进技术研制的可移动磁头固定盘片的磁盘机。它是一种密封组合式的硬磁盘，即磁头、盘片、电动机等驱动部件乃至读/写电路等组装成一个不可随意拆卸的整体。工作时高速旋转在盘面上形成的气垫将磁头平稳浮起。优点是防尘性能好，可靠性高，对使用环境要求不高。

3. 磁盘驱动器和控制器

1）磁盘驱动器

磁盘驱动器是一种精密的电子和机械装置，因此各部件的加工安装有严格的技术要求。对磁盘驱动器，还要求在超净环境下组装。各类磁盘驱动器的具体结构虽然有差别，但基本结构相同，主要由定位驱动系统、主轴系统和数据转换系统组成。

2）磁盘控制器

磁盘控制器是主机与磁盘驱动器之间的接口。由于磁盘存储器是高速外存设备，故与主机之间采用数据成批交换方式。作为主机与驱动器之间的控制器，它需要有两个方面的接口：一个是与主机的接口，控制外存与主机总线之间交换数据；另一个是与设备的接口，根据主机命令控制设备的操作。前者称为系统级接口，后者称为设备级接口。

磁盘上的信息经读磁头读出以后送到读出放大器，然后进行数据与时钟的分离，再进行串-并变换、格式变换，最后送入数据缓冲器，经DMA（直接存储器传送）控制将数据传送到主机总线。

4. 磁盘上信息的分布

盘片的上下两面都能记录信息，通常把磁盘片表面称为记录面。记录面上一系列同心圆称为磁道。每个盘片表面通常有几十个到几百个磁道，每个磁道又分为若干个扇区。

磁道的编址是从外向内依次编号，最外一个同心圆叫0磁道，最里面的一个同心圆叫 n 磁道，n 磁道里面的圆面积并不用来记录信息。

扇区的编号有多种方法，可以连续编号，也可以间隔编号。磁盘记录面经这样编址后，就可用 n 磁道 m 扇区的磁盘地址找到实际磁盘上与之相对应的记录区。除了磁道号和扇区号外，还有记录面的面号，以说明本次处理是在哪一个记录面上。例如，对活动头磁盘组来说，磁盘地址由记录面号（也称磁头号）、磁道号和扇区号三部分组成。

在磁道上，信息是按区存放的，每个区中存放一定数量的字或字节，各个区存放的字或字节数是相同的。为进行读/写操作，要求定出磁道的起始位置，这个起始位置称为索引。索引标志在传感器检索下可产生脉冲信号，再通过磁盘控制器处理，便可定出磁道起始位置。

磁盘存储器的每个扇区记录定长的数据，因此读/写操作是以扇区为单位一位一位串行进行的。每一个扇区记录一个记录块。

每个扇区开始时由磁盘控制器产生一个扇标脉冲。扇标脉冲的出现标志着一个扇区的开始。两个扇标脉冲之间的一段磁道区域即为一个扇区(一记录块)。每个记录块由头部空白段、序标段、数据段、校验字段及尾部空白段组成。其中空白段用来留出一定的时间作为磁盘控制器的读/写准备时间,序标段被用来作为磁盘控制器的同步定时信号。序标段之后即为本扇区所记录的数据。数据之后是校验字段,它用来校验磁盘读出的数据是否正确。

5. 磁盘存储器的技术指标

磁盘存储器的主要指标包括存储密度、存储容量、平均存取时间及数据传输率。

1) 存储密度

存储密度分为道密度、位密度和面密度。道密度是沿磁盘半径方向单位长度上的磁道数,单位为道/in。位密度是磁道单位长度上能记录的二进制代码位数,单位为位/in。面密度是位密度和道密度的乘积,单位为位/in^2。

2) 存储容量

一个磁盘存储器所能存储的字节总数,称为磁盘存储器的存储容量。存储容量有格式化容量和非格式化容量之分。格式化容量是指按照某种特定的记录格式所能存储信息的总量,也就是用户可以真正使用的容量。非格式化容量是磁记录表面可以利用的磁化单元总数。将磁盘存储器用于某计算机系统中,必须首先进行格式化操作,然后才能供用户记录信息。格式化容量一般是非格式化容量的70%~80%。目前,3.5英寸的硬盘机容量可达4TB。

3) 平均存取时间

存取时间是指从发出读/写命令后,磁头从某一起始位置移动至新的记录位置,到开始从盘片表面读出或写入信息所需要的时间。这段时间由两个数值决定:一个是将磁头定位至所要求的磁道上所需的时间,称为定位时间或找道时间;另一个是找道完成后至磁道上需要访问的信息到达磁头下的时间,称为等待时间,这两个时间都是随机变化的,因此往往使用平均值来表示。

平均存取时间等于平均找道时间与平均等待时间之和。平均找道时间是最大找道时间与最小找道时间的平均值,目前平均找道时间为10~20ms。平均等待时间和磁盘转速有关,它用磁盘旋转一周所需时间的一半来表示。目前,固定头盘转速高达10 000r/min。

4) 数据传输率

磁盘存储器在单位时间内向主机传送数据的字节数,叫数据传输率,数据传输率与存储设备和主机接口逻辑有关。从主机接口逻辑考虑,应有足够快的传送速度向设备接收/发送信息。从存储设备考虑,假设磁盘旋转速度为n转每秒,每条磁道容量为NB,则数据传输率$D_r=nN$(B/s),也可以写成$D_r=Dv$(B/s),其中D为位密度,v为磁盘旋转的线速度。目前,磁盘存储器的数据传输率可达几百MB/s。

3.3.2 光盘存储器

1. 光盘的分类

光盘存储器简称光盘。光盘采用聚焦激光束在盘式介质上非接触地记录高密度信息，以介质材料的光学性质(如反射率、偏振方向)的变化来表示所存储信息的1或0。

按读/写性质来分，光盘分为只读型、一次型和重写型三类。

1) 只读型光盘

只读型光盘是厂商以高成本制作出母盘后大批重压制出来的光盘。这种模压式记录使光盘发生永久性物理变化，记录的信息只能读出，不能被修改。

2) 一次型光盘

用户可以在这种光盘上记录信息，但记录信息会使介质的物理特性发生永久性变化，因此只能写一次。写后的信息不能再改变，只能读。

3) 重写型光盘

用户可对这类光盘进行随机写入、擦除或重写信息。

2. 常见的光盘存储设备

1) CD-DA

CD-DA(Compact Disc-Digital Audio)称为数字音乐光盘，也就是经常买到的CD音乐光盘，因此也称为Audio CD。Audio CD可以说是光盘的“始祖”，主要应用于音乐存储，Audio CD光盘可以在所有的CD音响上播放音乐。由于其具有数字式的高品质声音，所以数年内即风靡全世界，现在其他规格的光盘均以此为基础而发展。

2) CD-ROM

CD-ROM(Compact Disc-Read Only Memory)称为只读式光盘，这是最常见、使用最广泛的一种光盘，主要用来保存数字化资料，如各种游戏、软件等。它具有容量大、价格十分低廉的优点。

CD-ROM有两种不同形态的数据结构，即Mode-1与Mode-2，它是指在CD-ROM扇区的表头区内是否含有错误修正码。在Mode-1的CD-ROM内含有288B错误修正码，每个扇区只能存放2048B的资料，因此Mode-1的CD-ROM可存放的容量为74min×60s×75扇区×2048B=681 984 000B(650MB)。

而在Mode-2的CD-ROM内则取消错误修正码，每个扇区就能存放2336B的资料。因此Mode-2的CD-ROM可存放的容量为74min×60s×75扇区×2336B=777 888 000B(742MB)。大部分的CD-ROM，包括游戏、软件等，都是采用Mode-1方式存储资料。其他的光盘，如Photo CD、CD-Ⅰ及Video CD等，则是采用Mode-2方式来存储资料。

3) Video-CD

Video-CD(简称VCD)称为激光视频光盘，在VCD影碟机中播放直径为120mm的光盘就是Video-CD。VCD利用MPEG-1的技术将影片数字化，音质可达立体声的取样频率(44.1kHz，16位)，可全屏幕动态播放，播放时间约74min，增加交互式菜单功能，可随意选择播放片段。

4) CD-R

CD-R(CD-Recordable)称为可记录式光盘，它必须配合CD-R光盘刻录机和刻录软件将资料一次性写入CD-R光盘中。但是写入后的资料不能更改及删除，对资料的保存有较高的安全性。

不同的CD-R盘片，其中的感光层所使用的有机染料材料有所不同，根据所呈现的颜色，可分为金盘、绿盘、蓝盘。金盘的反射层镀上一层极薄的黄金，感光层使用浅黄色的有机染料。这种有机染料有较好的抗旋光性，保存时间长达100年以上。绿盘的反射层镀上一层极薄的黄金，感光层使用绿色的有机染料(Cyanine)，它与反射层可组合出翡翠绿色、蓝绿色、深蓝色等颜色。绿盘对光的敏感度较高，而且它的兼容性比较好。蓝盘的反射层镀上一层极薄的银，感光层是使用氮化金属的有机染料(AZO)。蓝盘在写入数据时有较高的准确性，而且蓝盘具有很好的抗紫外线能力，适合制作VCD和Audio CD。

CD-R盘片的容量根据CD-R光盘的直径大小，可分为120mm和80mm两种。通常所见到的CD-R光盘基本上是120mm的CD-R，标准容量为650MB。而80mm的CD-R光盘比较少见，其标准容量为184MB。

5) CD-RW

CD-RW称为重复擦写式光盘，它与CD-R一样，也必须配合CD-RW光盘刻录机和刻录软件将资料擦写到CD-RW光盘中。不过CD-RW光盘上的资料可自由更改及删除，使用寿命可达1000次左右的重复擦写，使用弹性比CD-R的更大，但是CD-RW光盘的价格比CD-R高许多。CD-RW盘面一般呈淡灰色，与CD-ROM较相近。

6) DVD

DVD(Digital Versatile Disk)称为数字万用光盘，DVD光盘与CD-ROM光盘的外观很相似，其直径为120mm、厚度为1.2mm。DVD的存储方式主要有两种，即单面存储和双面存储，而且每一面还可以存储两层资料，其主要的存储方式有单面单层(DVD-5)，存储容量为4.7 GB；单面双层(DVD-9)，存储容量为8.5GB；双面单层(DVD-10)，存储容量为9.4 GB；双面双层(DVD-18)，存储容量为17 GB。DVD光盘还可分为DVD-ROM、DVD-Video、DVD-Audio、DVD-R、DVD-RAM和DVD-RW。

3.3.3 可移动外存储器

可移动外存储器最常见的就是U盘(闪存)。闪速存储器(Flash Memory)是Intel公司于20世纪90年代中期发明的一种高密度、非易失性的读/写半导体存储器，它既有EEPROM的特点，又有RAM的特点，因而是一种全新的存储结构。闪存是一种长寿命的非易失性(在断电情况下仍能保持所存储的数据信息)存储器，数据删除不是以单个的字节为单位而是以固定区块为单位(注意：NOR Flash为字节存储)，区块大小一般为256KB～20MB。

闪存在电可擦可编程只读存储器(EEPROM)的基础上做了改进，闪存与EEPROM不同的是，EEPROM能在字节水平上进行删除和重写而不是整个芯片擦写，而闪存的大部分芯片需要块擦除。由于其断电时仍能保存数据，闪存通常被用来保存设置信息，如在计算机的BIOS(基本程序)、PDA(个人数字助理)、数码相机中保存资料等。

NOR Flash更像内存，有独立的地址线和数据线，但价格比较贵，容量比较小；而NAND型更像硬盘，地址线和数据线是共用的I/O线，类似硬盘的所有信息都通过一条硬盘线传送一样，而且NAND型与NOR Flash相比，成本要低一些，而容量却大得多。

闪存卡(Flash Card)是利用闪存技术达到存储电子信息的存储器，一般应用在数码相机、掌上计算机、MP3等小型数码产品中作为存储介质，样子小巧，犹如一张卡片，所以称为闪存卡。根据不同的生产厂商和不同的应用,闪存卡大概有 Smart Media(SM 卡)、Compact Flash(CF 卡)、Multi Media Card(MMC 卡)、Secure Digital(SD 卡)、Memory Stick(记忆棒)、XD-Picture Card(XD 卡)和微硬盘(Microdrive)。

EPROM 指其中的内容可以通过特殊手段擦去,然后重新写入。其基本单元电路(存储细胞)常采用浮空栅雪崩注入式 MOS 电路,简称为 FAMOS。

3.3.4 计算机的存储体系

存储器层次结构由不同速度和容量的多级存储器组成。快速存储器比慢速存储器的价格要高得多,因此通常它们的容量也比较小。存放 CPU 经常访问的数据和程序的存储器,就是通常所说的主存,即主要的存储器。

主存中存放的都是当前正在运行的程序以及这个程序所需要的数据,暂时不需要运行的数据和程序是不会存放在其中的,主存中的程序和数据在断电后会丢失,并且主存的容量不是很大,这样就需要另一个容量大的存储器来存放暂时不运行的程序和数据,并且这个存储器的内容在断电后依然存在,不会消失,这就是辅助存储器(简称辅存),辅存是相对于主存而言的。层次结构存储器的基本结构如图 3-1 所示。

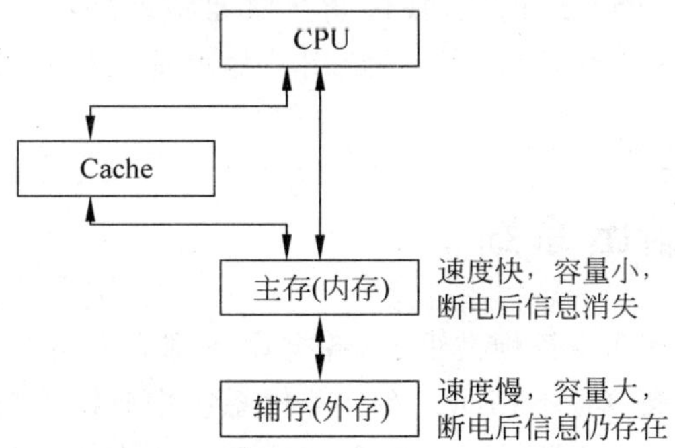

图 3-1 层次结构存储器的基本结构

辅存中的程序和各种信息都是计算机暂时不用的,但在今后的某个时期会使用,这样当计算机 CPU 需要时,可以将相关的数据调入主存中使用。从图 3-1 中可以看出,辅存中的内容是不能被 CPU 直接调用的,必须先将辅存中的内容调入主存中才能被 CPU 使用。

辅存的速度慢,但是辅存有一个优点是主存无法比拟的,那就是它容量大,而且相对单位容量而言,辅存的硬件成本远远低于主存的成本。

仅有高速的主存还不够,因为即使主存的存取速度相对于辅存来说高出几个数量级,可是它相对于 CPU 而言存取速度仍然不够。为了解决 CPU 和主存之间速度匹配问题,计算机中都设置有高速缓存(Cache)。Cache 中存放的信息是主存中当前最活跃的信息。

CPU 访问主存时同时访问 Cache,当 Cache 中存在 CPU 要访问的信息时就是命中目标,这时 CPU 就不在主存中读取信息,而是直接在 Cache 中读取,这是因为高速缓存的存取速度比主存更高。目前使用的 Cache 的命中率达到了 90%以上。当未命中时就直接从主存中读取信息并且刷新 Cache,将主存中的目标内容调入 Cache 中。

计算机三层存储系统的层次结构的优点使计算机在整体上具有高速缓存的数据存取速度，而总的容量又相当于联机辅存的容量。

当前构造存储器层次结构有 3 种基本技术：主存储器用动态随机存取存储器(Dynamic Random Access Memory，DRAM)实现；更靠近 CPU 的那一层(Cache)用静态随机存取存储器(Static Random Access Memory，SRAM)实现，DRAM 的价格比 SRAM 便宜，但它的速度比 SRAM 要慢些，价格的差异源于每个二进制位占用的存储空间相当少，因此使用等量的硅能够做出的 DRAM 的容量比 SRAM 大；最后一种技术是磁盘，用来实现层次结构中容量最大也是速度最慢的一层。以上这些技术的访问时间和价格差异很大，如表 3-1 所示(使用 2007 年的典型数据)。

表 3-1 各类存储器的速度和价格的差异

存储器技术	典型存取时间	2007 年 1GB 价格/元
SRAM	0.5～5ns	10 000～20 000
DRAM	50～70ns	300～500
磁盘	5～20ms	2～5

在图 3-1 所示存储器层次结构中，较快的存储器距处理器近一些，而较慢、较便宜的存储器层次较低。目的是以最低价格提供给用户尽可能大的存储容量，而存取速度与最快的存储器相当。

3.4 输入/输出系统

现代计算机系统的外部设备种类很多，各类设备都有着各自不同的组织结构和工作原理，与 CPU 的连接方式也各不相同。在计算机系统中有以下两种体系结构。

(1) 独立体系结构。这是指制造商生产的计算机不允许用户进行扩展，即用户不能够通过简单的方式增加新的设备。

(2) 开放体系结构。这是指允许用户通过系统主板上提供的扩展槽增加新设备。其方法是将适配卡插到系统的主板扩展槽上，然后通过适配卡的端口和连接电缆连接适配卡和新的外部设备。

所以，计算机输入/输出系统的基本功能有两个：一是为数据传输操作选择输入/输出设备；二是在选定的输入/输出设备和 CPU(或主存储器)之间交换数据。通常采用第二种体系结构，计算机或输入/输出设备的厂商根据各种设备的输入/输出要求，设计和生产各种适配卡，然后通过插入主板上的扩展槽中连接外部设备。

3.4.1 输入设备

输入(Input)通常是指预备好送入计算机系统进行处理的数据，常常也指把数据送入计算机系统的过程。计算机输入设备能够把用文字或语言表达的问题直接送到计算机内部进行处理。输入的信息有数字、字母、文字、图形、图像、声音等多种形式，送入计算机的只有一种形式，就是二进制数据。

一般的输入设备只用于原始数据和程序的输入，其主要功能有两个：用于输入指令，指挥计算机进行各种操作，对计算机反馈的提问做出选择，以便计算机进行下一步操作；输入各种字符、图像、视频流等数据资料，供计算机进一步处理。

不同时代，计算机的输入设备不同。在DOS时代，键盘几乎是唯一的输入设备；而在Windows时代，鼠标和键盘是主要的输入设备；随着多媒体技术的迅猛发展，扫描仪、手写板、扬声器(俗称麦克风)、数码照相机、摄像头或数码摄像机等都成了输入设备。

1. 键盘

键盘是计算机系统中最常用的输入设备之一，平时所做的文字输入工作主要是通过键盘完成的。所以对每一个用户来说，熟练使用键盘是至关重要的。

1）键盘的功能

键盘主要用于输入数据、文本、程序和命令。

2）键盘的结构

配合微型计算机使用的键盘一般都用可伸长的螺旋导线和主机相连。电线头上配有一个DIN插头，插入主机板上的一个5芯圆形插座。电缆内有电源线(+5V)、地线、两根双向信号线，电缆外有屏蔽。

键盘内有一个单片微处理器，负责控制整个键盘的工作。加电时的键盘自检、键盘扫描码的缓冲及与主机通信等。按下键后，根据其位置将该字符转换成对应的二进制码，并传送给主机和显示器。当CPU来不及响应时，先将输入的字符送入主存中的“输入缓冲区”；待CPU能处理时，再从缓冲区取出送到CPU。一般微型计算机设置有20个字符的输入缓冲区。

有些键盘背面有一个可折叠的仰角托架，供操作人员选择自己认为适当的距离和角度。

按键由键帽和键体组成。键体内部有按杆、触点、复位弹簧和G2声弹片。

3）键盘的使用

按照各类按键的功能和排列位置，可将键盘分为4个主要部分，即打字机键盘、功能键、编辑键(包括光标控制键)和数字小键盘，如图3-2所示。

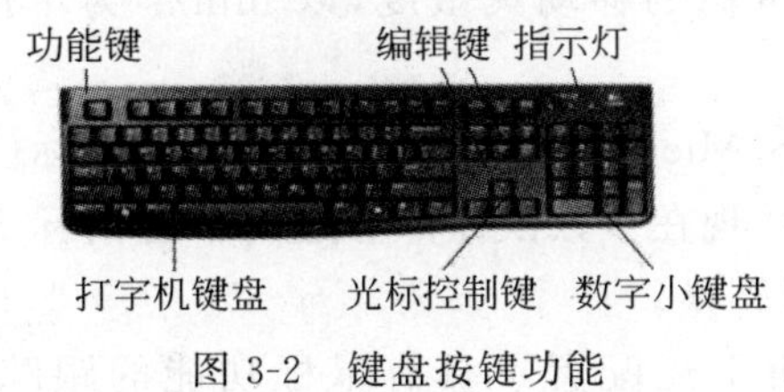

图3-2 键盘按键功能

2. 鼠标

输入字符、数字和标点符号时使用键盘都很方便，但却不适合图形操作。随着计算机软件的发展，图形处理的任务越来越多，键盘已经不能满足要求了，因此，出现了“鼠标”。鼠标是一种屏幕标定装置，不能像键盘那样直接输入字符和数字。但在图形处理软件的支持下，在屏幕上使用它进行图形处理却比键盘方便得多。尤其是现在出现的一些大型软件,几乎全部采用各种形式的“菜单”或“图标”操作,操作时只需在屏幕特定的位置单击,该操作即可执行。

随着 Windows 操作系统的普及,鼠标已经成为计算机最重要的输入设备之一。鼠标因其外观而得名(图 3-3),分为有线鼠标和无线鼠标,常见的有线鼠标有两种,即机械式和光电式;无线鼠标也有两种,即红外线型和无线电波型。

图 3-3 鼠标

1) 机械鼠标

机械鼠标又称为机电式鼠标,其分辨率高,但编码器会受磨损。在它的下面有一个可以滚动的小球。当鼠标在桌面上移动时,小球和桌面摩擦,发生转动。屏幕上的光标随着鼠标的移动而移动,光标和鼠标的移动方向一致,而且与移动的距离成比例。这种鼠标价格便宜,但易沾灰尘,影响移动速度,且故障率高,需要经常清洗。

2) 光学鼠标

光学鼠标维护方便,可靠性和精度都较高;缺点是分辨率的提高受限制。

3) 光学机械鼠标

光学机械鼠标又称为光电鼠标,是光学、机械的混合形式。光电鼠标的下面是两个平行放置的小光源(灯泡),它只能在特定的反射板上移动。光源发出的光经反射再由鼠标接收,并转换为移动信号送入计算机,使屏幕光标随之移动。其他原理和机械鼠标相同。现在大多数高分辨率的鼠标都是光电鼠标。

4) 无线鼠标

无线鼠标又可分为红外线型和无线电波型两类。红外线型无线鼠标对鼠标与主机之间的距离有严格要求,遥控距离一般在 2m 以内;无线电波型无线鼠标较为灵活,但价格贵。

5) 鼠标的主要技术指标

(1) 分辨率。以 dpi 为单位,即每英寸有多少个点。分辨率越高越便于控制。大部分提供 200～400dpi 的标准分辨率。

(2) 轨迹速度。反映鼠标的移动灵敏度,以 mm/s 为单位。该速度达到 600mm/s 为好。

(3) 通信标准。有 MS(Microsoft)和 PC 两种。MS 鼠标使用左、右两个按键;PC 鼠标使用左、中、右 3 个按键。现在多数鼠标都与这两个通信标准兼容,通常在鼠标底部设有一个切换开关,扳动即可转换。

目前,在便携式计算机上还配置了具有鼠标功能的跟踪球(Trace Ball)或触摸板(Touch Pad)等。

图 3-4 扫描仪

3. 扫描仪

扫描仪是一种图像输入设备,通过它可以将图像、照片、图形、文字等信息以图像形式扫描输入计算机中。扫描仪如图 3-4 所示,是继键盘和鼠标之后的第三代计算机输入设备,目前正在被广泛使用。

1）扫描仪的工作原理

在扫描仪中装有低频光源。光线照射到要扫描的图像上，纸上的黑色部分吸收光线，白色部分反射光线。光线反射到由电荷耦合器件（Charge Coupled Device，CCD）制成的光敏二极管矩阵上，形成模拟信号，然后再转换成数字信号。因此，只有选用品质优良、性能稳定的 CCD 装置才能保证图像输入的质量。

根据对纸张的处理方式扫描仪可分为滚筒式扫描仪和平台式扫描仪。滚筒式扫描仪便于处理装入多张原稿并自动送纸的文件，但对于书本或立体物就不行了；平台式扫描仪类似于复印机，书刊资料不必撕下就能扫描。在传动机构的设计上，它们也有区别。滚筒式扫描仪以固定的光电机构来扫描移动的原稿，平台式扫描仪则以移动的光电机构来扫描固定不动的原稿。因此，扫描器的光学设计和电机控制起着重要作用。

2）扫描仪的使用方法

为使图像逼真重现，应当采用灰度扫描技术。灰度是指介于白色与黑色之间的若干层次的阴影。

没有灰度的图像显得呆板僵化。如果用 1bit 来表现一个像素，则它就只有黑、白两色；如果用 4bit 来表现一个像素，它就可以有 16 种灰度层次。同理，8bit 可有 256 种灰度。目前平台式扫描仪可达 48bit。

为了方便用户利用扫描仪的标准功能，扫描仪都提供驱动软件。通常有图像扫描与图像修正软件、图像编辑软件等。

例如，Picture Publisher 就是适用于 IBM PC 的灰度图像编辑软件。因此，扫描仪都提供标准的文件格式与接口，以便各类应用软件调用。

扫描仪的优点是可以最大限度地保留原稿面貌，这是键盘和鼠标都做不到的。通过扫描仪得到的图像文件可以提供给图像处理程序（如 Photoshop 等）进行处理。如果配上光学字符识别（OCR）程序，还可以把扫描得到的中西文字形转变为文本信息，以供文字处理软件（如 Word 等）进行编辑处理，这样就免去了人工输入的环节。

著名的扫描仪生产厂商有 MICROTEK、MUSTEK、HP、CONTEX、联想、方正等。

4. 语音输入设备

语音输入设备（Voice Input Device）是直接将人们所说的话转换成数字代码并输入计算机的设备。最广泛使用的语音识别系统由扬声器、声卡和语音输入软件系统组成，如图 3-5 所示。

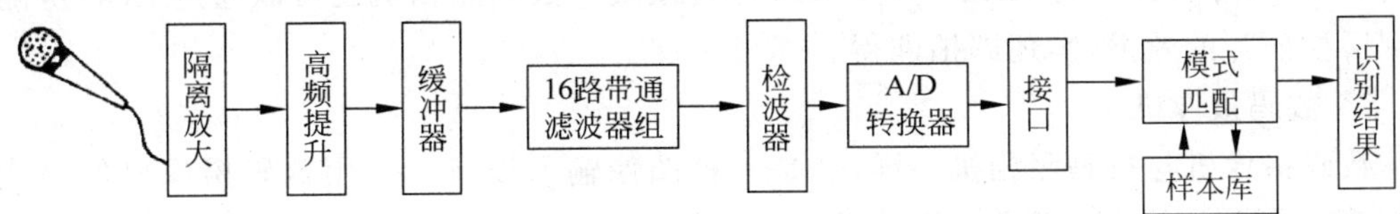

图 3-5 语音识别系统框图

语音识别的基本原理仍是模式匹配。为此，预先要建立丰富的样本库。当未知语音输入时，即与样本进行比较，若满足匹配，则可识别。显然，建立声信号样本库的工作十分重要。

5. 光笔、数字板及其他

1）光笔

在指点式设备中，光笔的精度要比手指高得多。光笔的外形及尺寸均与普通笔类似，只是其一端装有光敏器件，另一端通过导线接到计算机上。当光敏端的笔尖接触屏幕时，产生的光电信号经计算机处理即可知道它在屏幕上的位置，再配合使用按键，可以对光笔指点处进行增、删、修改处理。

2）数字板

常见的数字板有以下两种形式。

(1) 压笔式。该数字板是压敏的，当数字化笔压过板面时，板面电荷分布出现差异，装在笔尖上的电荷敏感元件检测出信号并输给计算机，在屏幕上可以画出相应的图。

(2) 扫描式。把现成的一张图片放在数字板上，用一个外形类似鼠标的数字化器扫过图片，它可以把图片变换成数字信号，在屏幕上也可以画出相应的图片。

3）游戏杆

游戏杆(Joy Stick)又称摇杆，主要用于计算机游戏。有的与键盘装在一起，更多的则是作为"计算机小百货"单独供应。某些个人计算机设有两个游戏杆接口，可同时装两个游戏杆，在游戏机上也常装有这样的操纵杆装置。

4）条形码阅读器

条形码阅读器是一种阅读条形码的光电扫描仪，条形码是打印在产品外包装上的垂直斑纹标记。目前，广泛应用于超市及大型书店的收银台。

5）触摸屏

触摸屏是一种覆盖了一层塑料的特殊显示屏，可通过手指触摸显示屏来选择菜单。由于触摸屏容易使用，目前已广泛应用于信息查询，如银行、电信及数字化城市查询系统以及车站、宾馆的服务信息系统等。触摸操作的方式可以为不熟悉计算机操作的人提供非常方便的人机对话。

6）数码照相机

数码照相机与扫描仪一样，也是一种图像输入设备。它与传统照相机的主要区别在于传统照相机所摄制的图像以胶片的方式保存，而数码照相机所摄制的图像以数字形式保存在存储卡中，并可通过微型计算机上的USB接口输入微型计算机中。数码照相机一般自带一根USB接口与IEEE 1394火线口转接线。数码照相机还可以通过LCD屏随时看到所拍照片的效果，实现即拍即得。

7）数码摄像机

数码摄像机与数码照相机一样，也是一种图像输入设备。家用数码摄像机的格式一般为DV格式。在数码摄像中将拍摄到的场景以数字形式保存在DV带或存储卡中。数码摄像机可以与计算机连接，从而把DV带或存储卡中的内容读入计算机中。

8）摄像头

摄像头也是一种图像输入设备。随着互联网的普及，人们通过摄像头实现视频聊天已成为一种时尚。目前，市场上的主流产品是带有USB接口的数字摄像头。

6. VR 输入设备

根据 SONY 公司的一项手套式控制器专利，使用 PSVR 的用户可以不用手握一对控制器，而是戴上手套，通过自然的手势操作，就能完成虚拟现实的交互。

而这 3 项专利分别如下。

(1) 手指弯曲传感器，用以识别手指的弯曲部分，并生成弯曲传感数据。

(2) 独立的接触传感器，在使用者接触物件时生成数据。

(3) 通信模块，用以传输手指弯曲传感器和接触传感器的数据，经算法计算出手势，同步呈现在头显设备的虚拟环境中。

目前，PSVR 的输入设备仍是 PS Move，这款手柄内置惯性传感器，不仅会辨识动作，还会感应手腕的角度变化，其使用 RGB LED 发光源的灯泡作为主动马克点，通过与头显的 PS Eye(摄像头)进行信息收发，从而确定其在三维空间中的位置，如图 3-6 所示。

图 3-6 VR 输入设备

3.4.2 输出设备

输出(Output)就是把计算机处理的数据转换成用户需要的形式送给人们，或者传给某种介质的存储设备中将其保存起来，以便日后使用。输出设备是计算机系统最重要的组成部分之一。如果一个计算机系统没有输出部分，数据处理的结果就不能与外部世界进行通信，也就失去了存在的价值，不能算是一个完整的系统。输出部分是计算机与人直接联系的主要渠道。

输出设备把计算机输入的指令、数据加工处理以后的结果以其他设备或用户能够接受的形式输出。现代计算机输出设备可以把计算机处理后的结果以音乐、动画、图像、文字和表格等各种媒体形式形象、生动地展现在人们面前。它也是人机交互的重要工具。计算机系统的输出设备包括显示器、打印机和音箱等。

1. 显示器

显示器通过显卡接到系统总线上，两者共同构成显示系统。

1) 显卡

显卡(Video Card)是系统必备的装置，其基本作用是控制计算机的图形输出，独立显卡如图 3-7 所示。显

图 3-7 独立显卡

卡直接插在主机板的扩展槽上并和显示器连接。显卡有独立显卡和集成显卡之分，独立显卡通常安装在PCI扩展槽或AGP扩展槽中；集成显卡则直接集成在主板上。显卡中的CPU(图像处理器)和显存是衡量显卡的主要指标，其容量的大小决定了显卡的最大分辨率。

(1) 显卡的功能。早期的显卡只起到CPU与显示器之间的接口作用，它负责把需要显示的图像数据转换成视频控制信号，控制显示器显示该图像。因此，显示器和显卡的参数必须相匹配，才能得到最佳效果的图像。一个参数过高而另一个过低，将浪费资源。而现在显卡的作用已不仅局限于此，它还起到了处理图形数据、加速图形显示等作用。显卡的核心部分是图形加速芯片。图形加速芯片是一个固化了一定数量的常用基本图形程序模块的硅片。

这些常用的基本图形程序模块所具备的功能包括控制硬件光标、光栅操作、位块传输、画线、手绘多边形及多边形填充等。芯片从图形设备接口接收指令并把它们转变成一幅图，然后将数据写到显示存储器中，以红、绿、蓝数据格式传递给显示器。图形加速芯片大大减轻了CPU的负担，加快了图形操作速度。

(2) 显卡的组成。显卡由显卡寄存器组、显示存储器和控制电路三大部分组成。

(3) 显卡的分类。按采用的图形芯片不同，可分为单色显卡、彩色显卡、2D图形加速卡、3D图形加速卡。

按配合的总线类型不同，可分为ISA卡、VESA(VL-Bus)卡、PCI卡。

按卡上存储器的种类不同，可分为SGRAM(Synchronous Graphics RAM)卡，即高速同步内存卡；WDRAM(Windows DRAM)卡，即Windows内存卡；MDRAM(Multi-Bank DRAM)卡，即多内存卡；RDRAM(Rambus DRAM)卡，即随机存储总线内存卡；VRAM(Video RAM)卡，即视频内存卡；EDO(Extended Data Output RAM)卡，即扩展数据输出内存卡。

按显示的彩色数量不同，可分为伪彩色卡，用1B表示像素，可显示256种颜色，又称8位色；高彩色卡，用2B表示像素，可显示65536种颜色，又称16位色；真彩色卡，用3B表示像素，可显示1680万种颜色，又称24位色。32位色是指图像的RGB各8位，再加上Z-Buffer 8位凑成32位，其中真彩24位就足够了，后面的8位用于3D的显示中。

按显卡发展过程不同，可分为MDA(Monochrome Display Adapter)卡，即单色字符显卡；CGA(Color Graphics Adapter)卡，即彩色图形显卡；EGA(Enhanced Graphics Adapter)卡，即增强图形显卡；VGA(Video Graphics Array)卡，即视频图形阵列显卡；SVGA(Super VGA)卡，即超级视频图形阵列显卡；XGA(Extended Graphics Array)卡，即增强图形阵列显卡。

目前，计算机上配置的显卡大部分为AGP(Accelerated Graphics Port)接口，这样的显卡本身具有加速图形处理的功能，相对CPU而言，常常将这种类型的显卡称为GPU。显卡有专业显卡和普通显卡之分，专业显卡专门用来编辑图像、视频动画等，其性能比较好，当然价格也不菲。

(4) 显卡的选择。通常考虑下列因素：2D、3D图形加速芯片的档次，一般显卡都具有2D或3D芯片，按它们的功能多少和性能差异来区分显卡的高、中、低档；显示存储器的类型及容量，显卡多采用 SD RAM、DPR SDRAM、DOR SGRAM，主流容量为 512MB、1GB、2GB；可支持的显示分辨率、刷新频率和 DAC 速度，以及能否与显示器参数配合，存储像素数据的位数(8、16、24)是否满足使用需要；是 ISA 卡、VESA 卡还是 PCI 卡以及能否与主板总线相配。

2）显示器

显示器是微型计算机最重要的输出设备之一，是“人机对话”不可缺少的工具，是操作计算机时传递各种信息的窗口，如图 3-8 所示。它能用于显示用户输入的命令和数据，正在编辑的文件、图形、图像以及计算机所处的状态等信息。程序运行的结果、执行命令的提示信息等也通过显示器提供给用户，从而建立起计算机和用户之间的联系。

图 3-8 液晶显示器

(1) 分类。按不同分类方法，显示器可分为不同种类。具体如下：按显示的颜色分类，显示器可分为单色和彩色两类。单色显示器只能提供两种颜色；彩色显示器可以显示 16 色、256 色以及 2^{16} 和 2^{24} 这样的真彩色，其提供色彩的能力与显卡及显卡的设置有关。

按所使用的显示管分类，显示器可分为传统的阴极射线管(Cathode Ray Tube，CRT)显示器和液晶显示(Liquid Crystal Display，LCD)器。CRT 显示器按照屏幕分类，可分为球面显示器、柱面显示器和纯平显示器。

与传统的 CRT 显示器相比，液晶显示器具有体积小、厚度薄、重量轻、耗能少、无辐射等优点。液晶显示器从 1998 年开始进入台式计算机应用领域，其价格不断下降，用户也越来越多。

(2) 显示方式。显示器的显示方式分为字符显示方式和图形显示方式两种。在字符显示方式下，计算机首先把显示字符的代码(ASCII 码或汉字代码)送入主存储器中的显示缓冲区，再由显示缓冲区送往字符发生器(ROM 构成)或字库，查出其点阵图形，最后通过视频控制电路送给显示器显示。这种方式只需要较小的显示缓冲区就可以工作，而且控制简单、显示速度快。

在图形显示方式下，直接将显示字符或图像的点阵(不是字符代码)送往显示缓冲区，再由显示缓冲区通过视频控制电路送给显示器显示。这种显示方式要求显示缓冲区很大，但可以直接对屏幕上的“点”进行操作。

(3) 主要技术参数和概念如下。

① 屏幕尺寸。以矩形屏幕的对角线长度来计算，以英寸为单位，1in＝2.54cm，反映显示屏幕的大小。现在常用的是 15in、17in、19in、21in、22in 等，图形工作站多为 20in 以上。

② 宽高比。屏幕横向与纵向的比例通常为 4∶3。

③ 点距(Dot Pitch)。彩色显示器用红、蓝、绿 3 个电子枪组合在一起显示色彩。在荧光屏内侧有一片薄钢板，上面刻有横竖规则排列的几十万个小孔，每个小孔都保

证3种颜色的电子束能同时穿过,集中打到屏幕上的一个极小区域内(荧光点),这些荧光点的间距就称为点距。它决定像素的大小及能够达到的最高显示分辨率。现有的点距规格是0.20mm、0.25mm、0.26mm、0.28mm、0.31mm、0.39mm等,显然点距越小越好。

④ 像素(Pixel或Pel)。它是指屏幕上能被独立控制其颜色和亮度的最小区域,即荧光点,是显示画面的最小组成单位。一个屏幕像素点数的多少与屏幕尺寸和点距有关。例如,14in显示器的横向长度是240mm、设点距为0.31mm,则相除后得到的横向像素点数是477个。

⑤ 显示分辨率(Resolution)。它是指屏幕像素的点阵。通常写成“水平点数×垂直点数”的形式,如640×480、800×600、1024×768等。它取决于垂直方向和水平方向扫描线的线数,而这又与选择的显卡类型有关。通常,显卡分辨率越高,显示的图像越清晰,但要求的扫描频率也越快。由像素的概念可以看出,显示器尺寸与点距限制了该显示器可以达到的最高显示分辨率。因此,不顾及显示器的尺寸和点距,盲目选择高分辨率的显卡或显示模式毫无意义。

⑥ 灰度和颜色(Gray Scale Color Depth)。灰度是指像素点亮度的差别,在单色显示方式下,灰度的级数越多,图像层次越清晰。灰度用二进制数进行编码,位数越多,级数越多。灰度编码使用在彩色显示方式时则代表颜色。增加颜色种类和灰度等级主要受到显示存储器容量的限制。例如,表示一个像素的黑白两级灰度或颜色时,只需要1位二进制数(0、1)即可;当要求一个像素具有16种颜色或16级灰度时,则需要使用4位二进制数(0000～1111)。

⑦ 刷新频率(Refresh Rate)。屏幕上的像素点经过一遍扫描(每行自左向右、行间自上向下)之后,得到一帧画面。每秒屏幕画面更新的次数称为刷新频率。刷新频率越高,画面闪烁越小,通常是75～200Hz。

⑧ 数模转换速度。即DAC(Digital to Analog Converters)速度,表示数模转换器将数字图像数据转换为显示器模拟信号的速度,以MHz为单位。它是显卡的一个重要参数,与刷新频率和显示分辨率有很大的联动关系。原因是显示分辨率越高,更新画面越快,则要求生成和显示像素的速度也越快。例如,在1024×768分辨率、75Hz刷新频率下,要求DAC速度至少达到80MHz。

由于用户直接面对的就是显示器,从健康的角度考虑,购买时最好选择无辐射的液晶显示器。

显示器具有速度快、无噪声、无机械磨损、使用简便、可靠性高等特点。但是,显示的信息不能长期保存。因此,一般都将显示器与打印机配合使用。

2. 打印机

打印机是计算机的重要输出设备之一,它可以将计算机的处理结果、信息等打印在纸上,以便长期保存和修改。

1) 打印机的分类

(1) 按输出方式。按输出方式可分为行式打印机和串式打印机。行式打印机是按

“点阵”逐行打印的，自上而下每次动作打印一行点阵，打印完一页后再打印下一页；串式打印机则是按“字符”逐行打印的，自左至右每次动作打印一个字符的一列点阵，打印完一列后再打印下一列。

显然，行式打印机的打印速度要比串式打印机快得多，其结构也复杂得多，当然价格也就相对偏高。目前，微型计算机中使用最多的针式打印机（即点阵打印机）就属于串式打印机。针式打印机由走纸装置、打印头和色带组成。其中，打印头上纵向排列有若干数目的打印针（一般是 24 根），打印头自左至右逐列移动，打印针按照字符纵向点阵的排列规则击打色带，打印出一个个字符。

(2) 按工作方式。按工作方式可分为击打式打印机和非击打式打印机。其中，击打式打印机又可分为点阵打印机和字模打印机两种；非击打式打印机又可分为激光打印机、喷墨打印机和热敏打印机 3 种。

(3) 按打印颜色。按打印颜色可分为单色打印机和彩色打印机。早期的打印机只能打印单色，用于自动控制的打印机可使用黑、红两色色带打印出两种颜色。黑色为正常输出，红色为异常报警输出。随着彩色显示器的普及和办公自动化、管理信息系统、工程工作站等的广泛应用，打印输出也要求具有彩色功能，因而近几年彩色打印机发展得很快，以激光打印机和喷墨打印机为主实现彩色打印，售价较高。

(4) 带汉字库的打印机。一般打印机只能打印 ASCII 码字符。在使用这种打印机打印汉字时，必须先运行汉字打印驱动程序，使计算机输出的汉字编码变为汉字点阵后，再送至打印机打印出汉字。现在的很多打印机都自带汉字库，如目前微型计算机中常用的 LQ-1500K、LQ-1600K、AR-2463 等。使用这类打印机时，只要向打印机输出汉字编码，打印机就可以从自带的汉字库中找出对应汉字的点阵进行打印，大大提高了汉字打印速度。

2) 打印机主要技术参数

(1) 打印速度。可用 CPS(字符/s)表示。现在多使用“页/min”。

(2) 打印分辨率。用 dpi(点/in)表示。激光和喷墨打印机一般都达到 600dpi。

(3) 打印纸最大尺寸。一般打印机是 A4 幅面。

3) 常用打印机

目前，经常使用的打印机主要有 3 种，即点阵打印机、喷墨打印机和激光打印机，如图 3-9 所示。

图 3-9 3 种类型的打印机

（1）点阵打印机。点阵打印机利用打印钢针组成的点阵来表示打印的内容。它的优点是结构简单、价格低、耗材便宜、打印内容不受限制；缺点是打印速度慢、噪声大、打印质量粗糙。点阵打印机根据打印头上的钢针数，可分为 9 针打印机和 24 针打印机。根据打印的宽度可分为宽行打印机和窄行打印机。目前，点阵打印机仍有广泛的市场。

（2）喷墨打印机。使用喷墨来代替针打，利用振动或热喷管使带电墨水喷出，在打印纸上绘出文字或图形。喷墨打印机噪声低、重量轻、清晰度高，能提供比点阵打印机更好的打印质量，可以喷打出逼真的彩色图像，而且采用与点阵打印机不同的技术，能打印多种字形的文本和图形，但是需要定期更换墨盒，使用成本较高。喷墨打印机的工作原理是向纸上喷射细小的墨水滴，墨水滴的密度可达到 90000dpi，并且每个点的位置都非常精确，打印效果接近激光打印机。目前的喷墨打印机有黑白和彩色两种类型。

（3）激光打印机。激光打印机实际上是复印机、计算机和激光技术的复合。它是利用电子成像技术进行打印的，应用激光技术，当调制激光束在硒鼓上沿轴向进行扫描时，按点阵组字的原理，激光束有选择地使鼓面感光，构成负电荷阴影；当鼓面经过带正电的墨粉时，感光部分就吸附上墨粉，然后将墨粉转印到纸上，纸上的墨粉经加热熔化，渗入纸质，形成永久性的字符和图形，如图 3-10 所示。激光打印机无噪声、速度快、分辨率高。目前的激光打印机有黑白和彩色两种类型。

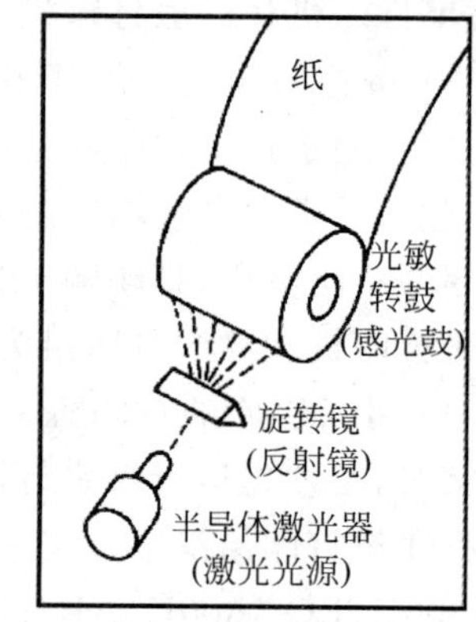

图 3-10 激光打印机的工作原理

3. 绘图仪

绘图仪适用于产生直方图、地图、建筑图及三维图表等的专用输出设备，能产生高质量的彩色文档及输出打印机不能处理的大型文档。根据绘图仪的机械结构，可以分为以下 3 种。

1）平板式绘图仪

纸张固定在绘图仪的平板上，绘图笔则可在垂直与水平方向移动而实现绘图，故称为 *XY* 绘图仪。其优点是纸张不易破损且噪声小。

2）滚轴式绘图仪

借助滚轴与纸张间的摩擦力带动绘图纸在一个方向移动，而绘图笔则在相垂直的另一方向绘图。其优点是机械结构简单，而且可以自动送纸。

3）滚筒式绘图仪

机械构造与滚轴式相似，而且有类似打印机那样的夹纸或送纸装置。其优点是适合使用连续纸张，可做长时间的记录性图表。

常见的绘图仪有两种，即平板式与滚筒式。平板式绘图仪通过绘图笔架在 *X*、*Y* 平面上移动而画出向量图；滚筒式绘图仪的绘图纸沿垂直方向运动，绘图笔沿水平方向运动，由此画出向量图。

最大的平板式绘图仪可绘 0 号图纸，小的可绘 4 号图纸，其直观性好，对绘图纸无特殊要求，但绘图速度较慢，占地面积大。滚筒式绘图仪重量轻，占地面积小，绘图速度快，但对纸张有特殊要求。滚筒式绘图仪如图 3-11 所示。

图 3-11 滚筒式绘图仪

4. 影像输出系统

这里的影像输出是指计算机缩微输出和计算机录像输出。

1) 计算机缩微输出

计算机缩微胶卷输出(Computer Output to Microfilm,COM)：它所占空间仅为纸张打印输出文件所占空间的 1%，这是其最大的优点。

计算机缩微胶片输出(Computer Output to Microfiche,COM)：像一本书一样的篇幅，只需要两张缩微胶片就能全部容纳。

2) 计算机录像输出

电视广告、电视气象预报及电视综艺节目的制作越来越先进，图形、箭头、字幕能巧妙地与真实形象结合在一起，这都是利用计算机图像处理技术实现的。

5. 语音输出系统

当今的社会中，语音输出设备已深入许多生活场合，如在电话、汽车中，经常能听到合成的(声音)讲话。计算机的语音系统如图 3-12 所示。

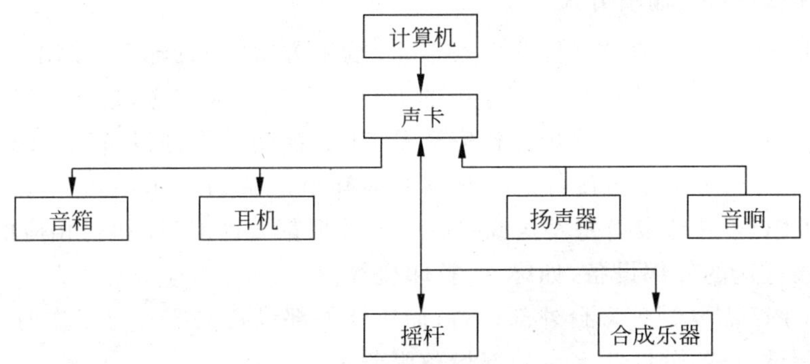

图 3-12 计算机的语音系统

语音输出一般由预先录制的数字化声音数据库组成，最广泛使用的输出设备是计算机上配备的立体声音箱和耳机。这些设备通过系统扩展槽上的声卡连接到计算机，声卡通过软件读取预先录制的数字化声音数据库，并将之转换成声音所需的模拟信号送到声音输出设备。

3.4.3 输入/输出接口

计算机运行时的程序和数据需要通过输入设备送入计算机，程序运行的结果需要通过输出设备返回给用户，所以输入/输出设备是微型计算机系统中不可缺少的组成部分。

而这些设备与主机间的通信是通过输入/输出接口电路进行的，因为外部设备具有多样性和复杂性，不能直接与CPU相连，特别是速度比CPU低得多，所以通过接口电路来进行隔离、变换和锁存。输入/输出接口电路又称为I/O(Input/Output)电路，即通常所说的适配器、适配卡或接口卡。它是微型计算机与外部设备交换信息的桥梁。

1. 接口电路结构

一般由寄存器组、专用存储器和控制电路几部分组成，当前的控制指令、通信数据及外部设备的状态信息等分别存放在专用存储器或寄存器组中。

2. 接口电路的连接

所有外部设备都通过各自的接口电路连接到微型计算机的系统总线上。

3. 通信方式

其分为并行通信和串行通信。并行通信是将数据各位同时传送；串行通信则是将数据一位一位地顺序传送。

3.4.4 输入/输出控制方式

对于工作速度、工作方式和工作性质不同的外部设备，通常采用不同的输入/输出方式。而常用的输入/输出方式有以下5种，即程序控制输入/输出方式、中断输入/输出方式、直接存储器存取(Direct Memory Access，DMA)方式、通道方式和外部处理机方式。

1. 程序控制输入/输出方式

程序控制输入/输出方式又称为应答输入/输出方式、查询输入/输出方式、条件驱动输入/输出方式等，通过CPU执行程序中的I/O指令来完成传送，它具有以下特点。

何时对何设备进行输入/输出操作完全受CPU控制。外部设备与CPU处于异步工作关系。CPU要通过指令对设备进行测试才能知道设备的工作状态。数据的输入和输出都要经过CPU。外部设备每发送或接收一个数据都要由CPU执行相应的指令才能完成。用于连接低速的外部设备，如终端、打印机等。

当一个CPU需要管理多台外部设备，而这些外部设备又要并行工作时，CPU可以采用轮流循环测试方式，分时为多台外部设备服务。

2. 中断输入/输出方式

采用中断输入/输出方式能够克服程序控制输入/输出方式中CPU与外部设备之间不能并行工作的缺点。

为了实现中断输入/输出方式，CPU和外部设备都需要增加相关的功能。在外部设备方面，要将被动地等待CPU来为其服务的工作方式改为主动工作方式，即当输入设备把数据准备就绪或者输出设备已经空闲时，主动向CPU发出中断服务请求。CPU每执行完一条指令都要测试是否有外部设备的中断服务请求。如果发现有外部设备的中断服务请求，则暂时停止当前正在执行的程序，保护好现场后去为外部设备服务，等服务结束后恢复现场，再继续执行原来的程序。

3. 直接存储器存取方式

直接存储器存取方式是在外部设备与主存储器之间建立直接数据通路，它主要用来连接高速外部设备，如磁盘、磁带存储器等。在 DMA 方式中，CPU 不仅能够与外部设备并行工作，而且整个数据的传送过程也不需要 CPU 干预。其主要特点如下。

(1) 主存储器既可以被 CPU 访问，也可以被外部设备访问。

(2) 由于在外部设备与主存储器之间传输数据不需要执行程序，也不用 CPU 中的数据寄存器和指令计数器，因此不需要现场保护和恢复，从而使 DMA 方式的工作效率大大加快。

(3) 在 DMA 方式中，CPU 不仅能够与外部设备并行工作，而且整个数据的传送过程也不需要 CPU 干预。

4. 通道方式

外部设备与内存之间的数据传送由具有特殊功能的输入/输出处理器(I/O Processor)控制。与 DMA 方式相比，通道的出现进一步减轻了 CPU 对 I/O 操作的控制，提高了 CPU 的利用率。

5. 外部处理机方式

外部处理机(Periphery Process)方式是通道方式的进一步发展。由于外部处理机基本上独立于主机工作，且一些系统中设置多台外部处理机分别承担 I/O 控制、通信、维护诊断等任务，因此从某种意义上说，这种系统已变为分布式多机系统。

程序查询方式和程序中断方式适合于数据传输速率比较低的外部设备，而 DMA 方式、通道方式和外部处理机方式适合于数据传输速率比较高的外部设备。目前，单片机和微型计算机中大多采用程序查询方式、程序中断方式和 DMA 方式，通道方式和外部处理机方式大多适用于中大型计算机。

3.5 计算机系统结构

计算机系统结构是计算机的机器语言程序员或编译程序编写者所看到的外特性。外特性就是计算机的概念性结构和功能特性，主要研究计算机系统的基本工作原理，以及在硬件、软件界面划分的权衡策略，建立完整的、系统的计算机软硬件整体概念。

3.5.1 指令系统

指令系统是计算机硬件的语言系统，也叫机器语言，是指机器所具有的全部指令的集合，它是软件和硬件的主要界面，反映了计算机所拥有的基本功能。从系统结构的角度看，它是系统程序员看到的计算机的主要属性。因此指令系统表征了计算机的基本功能，决定了机器所要求的能力，也决定了指令的格式和机器的结构。

设计指令系统就是要选择计算机系统中的一些基本操作(包括操作系统和高级语言中)应由硬件实现还是由软件实现，选择某些复杂操作是由一条专用的指令实现还是由一串基本指令实现，然后具体确定指令系统的指令格式、类型、操作以及对操作数的访问方式。

3.5.2 总线系统

微型计算机作为计算机体系结构中的一种，具有很高的性能价格比。它采用典型的总线结构，即各个部分通过一组公共的信号线联系起来，这组信号线称为系统总线。总线是 CPU、主存储器、I/O 接口设备之间进行信息传送的一组公共通道，如图 3-13 所示。

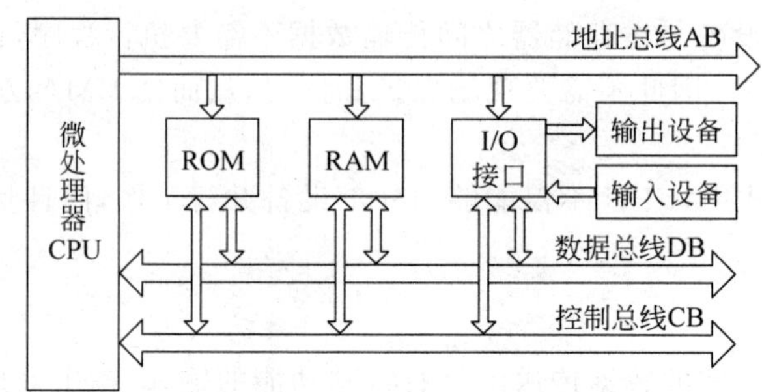

图 3-13 三大总线与 CPU、存储器、I/O 接口之间的关系

采用总线结构形式具有简化系统硬件/软件的设计、简化系统的结构、使系统易于扩充和更新及可靠性高等优点，但由于在各个部件之间采用分时传送操作，因而降低了系统的工作速度。

系统总线是 CPU 与其他部件之间传送数据、地址和控制信息的公共通道。根据传送的信息类型又可分为数据总线(DB)、地址总线(AB)和控制总线(CB)3 种。

这种总线结构使得各部件之间的关系都成为单一面向总线的关系，即任何一个部件只要按照标准挂接到总线上就进入了系统，就可以在 CPU 统一控制下进行工作。总线上的信号必须与连到总线上的各个部件所产生的信号协调。

总线的工业标准有 ISA、EISA、VESA、PCI 和 AGP 等。

3.5.3 并行处理机系统

并行处理机系统(Parallel Computer System)是指同时执行多个任务或多条指令或同时对多个数据项进行处理的计算机系统。早期的计算机是串行逐位处理的，称为串行计算机。随着计算机技术的发展，现代计算机均具有不同程度的并行性。

并行处理机的结构主要有流水线方式、多功能部件方式、阵列方式、多处理机方式和数据流方式。

1. 流水线处理机

流水线处理机将指令的执行过程分解为若干段，每段进行一部分处理。一条指令顺序流过所有段即执行完毕获得结果。当本条指令在本段已被处理完毕而进入下段时，下一条指令即可流入本段。因此，在整个流水线上可以同时处理若干条指令。若各段的执行时间均为一个时钟节拍，则在正常情况下每拍可以输出一个结果，即完成一条指令。这就可加快处理机的速度。

2. 多功能部件处理机

多功能部件是指一台处理机具有多个功能部件。各功能部件可以并行地处理数据，因而处理机可以使用不同的功能部件并行执行几条指令，以提高处理速度，如有的计算机具有浮点加、定点加、浮点乘、浮点除、逻辑操作、移位等多个对不同数据进行处理的功能部件。一些流水线向量机也含有多个功能部件。

程序在执行中因对各部件的需求不平衡，各功能部件不可能全部处于忙碌状态。指令间的相关性也影响机器的效率，如本条指令所需的功能部件尚在执行其他指令；又如本条指令所需操作数恰为尚未执行完毕的指令的结果等。

3. 阵列处理机

阵列处理机是指一台处理机由多个相同的处理部件和一个统一的控制器组成。这个控制器解释指令并传送操作命令至全部处理部件。各处理部件按照控制器的命令同时进行完全相同的操作。阵列处理机又可分为浮点式阵列处理机和位片式阵列处理机两类。

4. 多处理机

多处理机是具有两台以上的处理机，在操作系统控制下，通过共享的主存或输入/输出子系统或高速通信网络进行通信，包含行控制技术、流水线技术、增加功能部件甚至多机技术、存储寻址和管理能力的扩充、功能分布的强化、各种互联网络的拓扑结构以及支持多道、多任务的软件技术等一系列并行处理技术，可提高计算机处理速度，增强系统性能。多处理机体系结构是计算机体系结构发展中的一个重要内容，已成为并行处理机发展中人们最关注的结构。

使用多处理机主要出于两种考虑：一种是想利用多台处理机进行多任务处理，协同求解一个大而复杂的问题提高速度；另一种是想依靠冗余的处理机及其重组能力来提高系统的可靠性、适应性和可用性。因此，由于应用的目的和结构的不同，多处理机可以有同构型、异构型和分布型3种。计算机系统性能提高的根本因素有两个：一个是微电子技术；另一个是计算机体系结构技术。

5. 数据流处理机

数据流处理机是受到人们重视的高度并行的处理机。它虽保留了存储程序的做法，但在主要原理上已与冯·诺依曼计算机结构不同。它不按程序计数器指出的指令顺序执行程序，只要所需操作数全部具备，指令即可被执行，即程序的执行不是由控制流驱动，而是由数据流驱动。

3.5.4 精简指令系统计算机

精简指令集系统计算机(Reduced Instruction Set Computing，RISC)是一种指令长度较短的计算机，其运行速度比CISC要快，这是CPU从指令集的特点上划分的。RISC是英文Reduced Instruction Set Computing的缩写，就是“精简指令运算集”，CISC就是“复杂指令运算集”。

RISC的指令系统相对简单，它只要求硬件执行很有限且最常用的那部分指令，大部分复杂的操作则使用成熟的编译技术，由简单指令合成。目前在中高档服务器中普遍采用这一指令系统的CPU，特别是高档服务器全都采用RISC指令系统的CPU。

在中高档服务器中采用RISC指令的CPU主要有Compaq(康柏，即新惠普)公司的

Alpha、HP 公司的 PA-RISC、IBM 公司的 Power PC、MIPS 公司的 MIPS 和 SUN 公司的 Sparc。

RISC 是相对于复杂指令集计算机(CISC)而言的。复杂指令集计算机是依靠增加机器的硬件结构来满足对计算机日益增加的性能要求。计算机结构的发展一直是被复杂性越来越高的处理机垄断着,为了减少计算机操作与高级语言的差别,也为了改善机器的运行特性,机器指令越来越多,指令系统也越来越复杂。特别是早期的较高速度的 CPU 和较慢速度的存储器间的矛盾,为了尽量减少存取数据的次数,提高机器的速度,大大发展了复杂指令集,但随着半导体工艺技术的发展,存储器的速度不断提高,特别是高速缓冲的使用,计算机体系结构发生了根本性的变化,硬件工艺技术提高的同时,软件方面也发生了重要的进展,出现了优化编译程序,使程序的执行时间尽可能减少!并使机器语言所占的内存减至最小,在具有先进的存储器技术和先进的编译程序的条件下,CISC 体系结构已不再适用,因而诞生了 RISC 体系结构,RISC 技术的基本出发点就是通过精简机器指令系统来减少硬件设计的复杂程度,提高指令执行速度,在 RISC 中,计算机实际上每一个机器周期里都执行指令,无论是简单还是复杂的操作,均由简单指令的程序块完成,具有较强的仿真能力。

在 RISC 机器中,要求在"单机器周期"时间内执行所有的指令,而系统最根本的吞吐率限制是由程序运行中缓存时间比例所决定的,因此,只要 CPU 执行指令的时间与取值时间相同,即可获得最大的系统吞吐率(对于一个机器周期执行一条指令而言)。RISC 机器中,采用软件控制以实现加速哪一指令译码,并采用较少的指令和简单寻址模式,通过固定指令格式来优化指令译码和控制逻辑。另外,RISC 设计是以复杂的设计优化来求取简单的硬件芯片环境。编译优化可以改善 HLL 程序的运行效率。

R1SC 设计消除了微码的例行程序,把机器代码控制交给软件处理,即用较快的 RAM 代替处理器中的微码 ROM 作为指令的缓存(Cache),计算机的控制指令储存在指令缓存 Cache 中,从而使得计算机系统和编译器产生的指令流使高级语言的需求和硬件性能密切配合。

3.5.5 计算机的时标系统

计算机执行一条指令是通过按一定的时间顺序执行一系列微操作实现的。如要完成 ADD、R2、R1 指令,控制器必须按时间顺序依次发出 R1→A、R2→B、ADD、S→DB、CP 等信号。这一"时间顺序"就是通常所说的"时标"。

计算机中的时标是由时标发生器(TGU)产生的,它由节拍脉冲发生器和启停线路所组成。在脉冲振荡器(MF)所产生的脉冲驱动下,节拍脉冲发生器将产生一定频率的节拍脉冲与节拍电位。

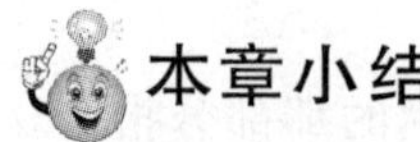

本章小结

计算机硬件的发展呈现为两大趋势,即巨型化和微型化。本章以微型计算机为主,介绍了计算机的体系结构及运算器、控制器、存储器和输入/输出设备等基本组成部件及常见的计算机系统结构。在后续的课程的学习中,读者将进一步学习计算机的软件系统。

思考题与习题

1. 选择题

(1) 以下设备不是输出设备的是(　　)。

A. 显示器　　B. 打印机　　C. 绘图仪　　D. 扫描仪

(2) 以下结构不是常见的计算机系统结构的是(　　)。

A. 指令系统　　B. 总线系统

C. 输入/输出系统　　D. 并行处理机系统

2. 分析与思考题

(1) 中央处理器有哪些功能?

(2) 计算机输入/输出控制方式包括哪些?

(3) 计算机硬件系统由哪几部分组成?

(4) 随机存储器有哪几种?

第 4 章

计算机软件系统

学习要求

- 了解计算机操作系统。
- 了解程序设计语言翻译系统。
- 掌握常用工具软件。
- 掌握常用应用软件。
- 掌握算法与数据结构的概念。

4.1 计算机软件概述

计算机是由硬件系统和软件系统组成的,即计算机系统的功能是通过计算机软件系统来发挥的。本章将介绍计算机软件的分类,以及各类典型或常用软件,让读者对计算机软件系统有一定的认识。

4.1.1 软件的概念

计算机软件系统是指在计算机硬件系统上运行的程序、相关的文档资料和数据的集合。计算机软件用于扩充计算机系统的功能,提高计算机系统的效率。

4.1.2 软件的分类

按照软件所起的作用和运行环境的不同,通常将计算机软件分为两类,即系统软件和应用软件,如图 4-1 所示。

系统软件是为整个计算机系统配置的、不依赖特定应用领域的通用软件。这些软件对计算机系统的硬件和软件资源进行控制和管理,并为用户使用和其他程序的运行提供服务。也就是说,只有在系统软件的作用下,计算机硬件才能协调工作,应用软件才能运行。根据系统软件的功能不同,可将其划分为操作系统、程序设计语言翻译系统、数据库管理系统、网络软件等。

应用软件是指为某类应用需要或解决某个特定问题而设计的程序,如图形软件、财务软件、软件包等,这是范围很广的一类软件。在企事业单位或机构中,应用软件发挥着巨大的作用,承担了许多应用任务,如人事管理、财务管理、图书管理等。按照应用软件使用面的不同,可把应用软件分为两类,即专用应用软件和通用应用软件。

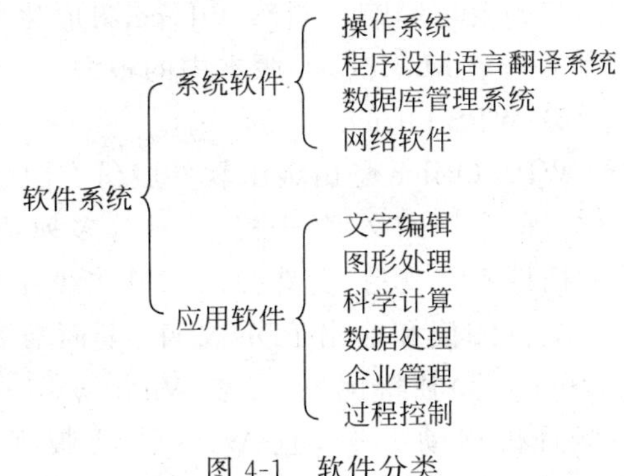

图 4-1 软件分类

专用应用软件是指为解决专门问题而定制的软件,它是按照用户的特定需求而专门开发的,所以应用面窄,往往只局限于本单位或部门使用;通用应用软件则是指为解决较有普遍性问题而开发的软件,如文字处理软件、电子表格软件、文稿演示软件等。它们在计算机应用普及进程中被迅速推广流行,又反过来推进了计算机应用的进一步普及。

一些应用软件被称为工具软件,确切地讲应该称为实用工具软件。它们一般较小,功能相对单一,但却是解决一些特定问题的有力工具,如下载软件、播放器、阅读器、杀毒软件等,它们就像拆计算机时使用的起子、测量时使用的万用表。这类工具软件大多数是共享软件、免费软件、自由软件或软件厂商开发的小型商业软件。

4.1.3 常用软件简介

1. 常用办公软件

1) Microsoft Office

Microsoft Office 是一套由微软公司开发的办公软件,它为 Microsoft Windows 和 Mac OS 而开发。与办公室应用程序一样,它包括联合的服务器和基于互联网的服务。最新版本的 Office 被称为 Office System 而不叫 Office Suite,反映出它们也包括服务器的事实。

该软件最初出现于 20 世纪 90 年代早期,最初是一个推广名称,指一些以前曾单独发售的软件合集。当时主要的推广重点是购买合集比单独购买要省很多钱。最初的 Office 版本只有 Word、Excel 和 PowerPoint;另外一个专业版包含 Microsoft Access;随着时间的流逝,Office 应用程序逐渐整合,共享一些特性,如拼写和语法检查、OLE 数据整合和微软 Microsoft VBA(Visual Basic for Applications)脚本语言。该软件被认为是一个开发文档的事实标准,而且有一些特性在其他产品中并不存在;但是其他产品也有 Office 缺少的特性。

Microsoft 使用早期的 Apple 雏形开发了 Word 1.0,它于 1984 年发布在最初的 Mac 中。Multiplant 和 Chart 也在 512KB Mac 下开发,最后它们于 1985 年合在一起作为 Microsoft Excel 1.0 发布,这是第一个在 Mac 上使用的轰动一时的零售程序。

因此,早期的 Microsoft Office 程序根源于 Mac,这也反映在用户界面上。作为 Mac 的第一个和最大的软件提供者,在最初的 Macintosh 上做的一些 UI 决定受 Microsoft 开发团队的要求影响。当然，Office图形化用户界面（特别是顶级菜单条）最基本的轮廓有它在第一个Macintosh版本中的根源。

2）WPS Office

WPS Office是由金山软件股份有限公司自主研发的一款办公软件套装，可以实现办公软件最常用的文字、表格、演示等多种功能。具有内存占用低、运行速度快、体积小巧、强大插件平台支持、免费提供海量在线存储空间及文档模板。

支持阅读和输出PDF文件、全面兼容微软Office97-2010格式（doc/docx/xls/xlsx/ppt/pptx等）独特优势，覆盖Windows、Linux、Android、iOS等多个平台。WPS Office支持桌面和移动办公，且WPS移动版通过Google Play平台已覆盖50多个国家和地区。

2. 常用应用软件

1）下载软件

文件下载是用户上网的常用功能之一。由于使用浏览器直接下载文件的速度较慢，并且网络传输质量不稳定，所以通常使用专门的下载软件，如迅雷、网际快车、VeryCD电驴、网络蚂蚁（Netants）等来下载文件。其中，迅雷（Thunder）因其下载的高速度和安全性，已经成为全球使用人数最多的下载软件。下面就对迅雷的主要版本进行介绍。

（1）迅雷9：迅雷最新版本，使用的多资源超线程技术是基于网格原理，能够将网络上存在的服务器和计算机资源进行有效整合，构成独特的迅雷网络，通过迅雷网络将各种数据文件以最快的速度进行传递。这种超线程技术还具有互联网下载负载均衡功能，在不降低用户体验的前提下，迅雷网络可以对服务器资源进行均衡，有效地降低了服务器负载。

（2）迅雷精简版：装载全新轻量下载引擎，与浏览器结合，真正实现下载速度、系统性能、流畅上网的合理平衡。

（3）Mini迅雷：采用迅雷核心的P2SP下载引擎，同时它又针对MP3及小文件下载资源做了特别优化。

（4）网页迅雷：这是国内首款使用页面化下载模式的下载工具。它采用多资源超线程技术，具有操作方便、高速下载等特点。

（5）迅雷看看：这是迅雷官方主页http://www.xunlei.com/，提供迅雷旗下所有软件的资源、服务、活动和在线观影等。

2）图像浏览软件

图像浏览软件是帮助用户获取、浏览和管理图片的实用工具。ACD Systems公司的ACDSee软件是一款经典且流行的看图软件，它支持50多种常用多媒体文件格式的浏览，还可以在BMP、GIF、JPG、PCX、PCD、TIF等10多种图像文件格式之间相互转换。

ACDSee广泛应用于图片的获取、管理、浏览、优化和与他人分享。使用ACDSee，用户可以从数码相机和扫描仪高效获取图片，并进行便捷地查找、组织和预览。作为重量级的看图软件，它能快速、高质量地显示图片，再配以内置的音频播放器，还可以播放出精彩的幻灯片。ACDSee还能处理如MPEG之类常用的视频文件。此外,ACDSee也是得力的图片编辑工具,可轻松处理数码影像,拥有像去除红眼、剪切图像、锐化、浮雕特效、曝光调整、旋转、镜像等功能。

3) 截图软件

截图软件是用来帮助用户截取计算机屏幕上图像的实用工具软件。当然,也可以通过按PrtScn键将全屏图像截取下来并保存在剪贴板中,按Alt+PrtScn组合键可以抓取当前活动窗口,然后再粘贴到画图板或其他地方,但是这样较为繁琐。利用截图软件可以方便快速地抓拍屏幕上生动有趣的图像,还可对其进行编辑和保存。Greg Kochaniak公司开发的Hyper Snap-DX是运行在Windows操作系统下的一个功能强大、使用方便的截图工具软件。它提供截取整个屏幕、截取活动窗口、截取任意制定的一个或多个区域等多种截图方式,通过单击或按快捷键可轻松截图。

Hyper Snap-DX除了具有截图功能外,还支持在DirectX应用程序中截取图片。

Hyper Snap-DX Pro的界面中的Capture菜单提供了截图时的常用工具;Image菜单提供了对截下的图片进行简单处理的工具;Option菜单允许用户自定义一些截图所用的快捷键。另外,Hyper Snap-DX Pro可以把截取到的图保存为JPEG、GIF、BMP等20多种文件格式。

Hyper Snap-DX在用户设定时间间隔后能自动连续截获活动图像(如游戏、视频的画面等),并将截取到的图片自动按序号递增的文件名保存。

4) 媒体播放软件

媒体播放软件是用来帮助用户播放音频、视频文件的实用工具软件。RealOne Player是RealNetworks公司推出的基于Internet的流媒体播放工具,它是网上收听收看实时Audio、Video和Flash的工具。

RealOne Player不是纯粹的播放器,而是全新的网页浏览、曲库管理和大量内置的线上广播电视频道,它把一个生动丰富而精彩的互联网世界展现在用户面前,实现用户和互联网的亲密接触。信息中心让用户与互联网实现互动,它除了可以播放其特有的RM格式外,还可以播放如MP3、AVI、DVD、DAT、MPG和MPEG等许多视频媒体格式。另外,RealOne Player可以用来进行图片效果预览,如果用户指定的是多个图像文件,RealOne Player还可以自动以幻灯形式对多个图像文件进行连续播放。

5) PDF文件阅读软件

便携文档格式(Portable Document Format,PDF)是电子发行文档的标准。可移植是指文档格式不依赖特定的硬件、操作系统或创建文档的应用程序。它可以在不同的计算机平台上直接进行查阅,无须任何修改或转换,因而成为Internet、Intranet、CD-ROM上发行和传播电子书刊、产品广告和技术资料的电子文档普遍采用的格式。

Adobe Acrobat Reader是Adobe公司开发的一个查看、阅读和打印PDF文件的工具。借助Acrobat Reader,用户可以在Microsoft Windows、Mac OS和UNIX等不同平台上方便地查阅采用PDF格式出版的所有文档。

6) 词典工具

金山词霸是金山公司开发的一款多功能的电子词典类工具软件。它诞生于1997年,曾被评为"联邦软件销售排行榜1997年度十佳国产软件"，在"红色正版风暴"中，曾创造3个月内销售100万套的销售奇迹，前100套被中国国家图书馆永久收藏，现在成为目前中国装机率最高的工具软件之一。

在词典方面金山词霸收录了200多本词典辞书、80多个专业词库、29种常备资料及全球四大词典之一的《美国传统词典》，还融合了英语培训节目洋话连篇的视频词库等。它可以快速、准确、详细地进行英、汉、日互译，是用户取词翻译的好助手。

金山词霸的主要功能如下。

(1) 可进入金山词霸的主界面进行词典查询。

(2) 即指即译：对屏幕任何地方的单词或词组实现快速、准确、高品质的即指即译。

(3) 支持互联网搜索引擎：提供近3万个网址和十几万个关键字选择查询。

(4) 网上查询：对于在词霸中没有查到的单词，可直接连接到金山词霸进行网上查询。

(5) 单词记忆功能：生词本功能将用户所查过的单词自动记录下来，以便复习。

(6) 在线升级功能：会自动下载金山公司发布的最新功能并安装。

7) 文件压缩软件

文件压缩是指用某种新的、更紧凑的格式来存储文件内容，其目的是减少文件大小，以节省文件的存储空间或传输时间。这就要求在使用文件前必须恢复文件(称为释放或解压缩)，所以一个压缩软件必须具有压缩和解压缩功能。

WinRAR是目前流行的压缩工具，其界面友好、使用方便，在压缩率和速度方面都有很好的表现。WinRAR几乎是现在装机的必备软件，大量用户使用它进行文件的压缩和解压缩。

WinRAR的主要特点如下。

(1) 压缩率高。WinRAR的RAR格式的压缩率一般要比WinZIP(另一种常用压缩软件)的ZIP格式的压缩率高出10%～30%，并且它还提供了可选择的、针对多媒体数据的压缩算法，且属无损压缩。

(2) 能完善地支持ZIP格式，并且可以解压多种格式的压缩包，如ARJ、CAB、LZH、ACE、TAR、GZ、UUE、BZ2、JAR、ISO等。

(3) 压缩包可以锁住，避免被更改。双击进入压缩包后，选择"命令"菜单下的"锁定压缩包"命令就可以防止人为地添加、删除等操作，保持压缩包的原始状态。

(4) 强大的压缩文件修复功能。在网上下载的ZIP、RAR类的文件往往因头部受损而不能打开，但用WinRAR调入后，只需单击界面中的"修复"按钮即可修复，成功率很高。

(5) 能建立多种方式的全中文界面的全功能(带密码)多卷自解包。

(6) 辅助功能设计细致。可以在压缩窗口的"备份"选项卡中设置压缩前删除目标盘文件；可在压缩前单击"估计"按钮对压缩先评估一下；可以为压缩包加注释；可以设置压缩包的防受损功能等。

(7) 多卷压缩功能。压缩文件大小可以达到8 589 934 TB。

(8) 提供固定格式的压缩算法，很大程度上增加了类似文件或小文件的压缩率。

8) 杀毒软件

只要计算机与外界交互，就有被病毒感染的风险，使用杀毒软件可以对此进行防御。杀毒软件有很多，如金山毒霸、瑞星杀毒软件、江民杀毒软件、诺顿、卡巴斯基、360 杀毒和 360 安全卫士等。这里仅介绍由北京奇虎科技有限公司推出的免费安全软件 360 杀毒和 360 安全卫士。

360 杀毒是一款云安全杀毒软件，曾获 2010 年度最佳安全杀毒软件。360 杀毒具有查杀率高、资源占用少、升级迅速等优点。360 杀毒采用全新的 SmartScan 智能扫描技术，使其扫描速度奇快，误杀率远远低于其他杀毒软件。同时，360 杀毒可以与其他杀毒软件共存，是一个理想杀毒备选方案。

360 杀毒软件功能特点如下。

(1) 突破性 Pro3D 全面防御体系。12 层防护，完美结合计算机真实系统防御与虚拟化沙箱技术，让病毒无法进入计算机。

(2) 刀片式智能五引擎架构。五大领先查杀引擎可如刀片般嵌入查杀体系，凌厉查杀无死角。

(3) 网购保镖，护航网络交易安全。全程守护用户的网购及网银交易，拦截任何可疑程序及网址，网购安心不受骗。

(4) 1s 极速云鉴定最新病毒。近 4 亿用户的最强云安全网络，无须上传文件，1s 闪电云鉴定最新病毒。

(5) 精准修复各类系统问题。“电脑门诊”为用户精准修复各类计算机问题，如桌面恶意图标、浏览器主页被篡改等。

(6) 极致轻巧，流畅体验。对系统性能影响微乎其微，更有智巧模式，让流畅体验更上一层楼。

360 安全卫士拥有查杀木马、清理插件、修复漏洞、计算机体检、保护隐私等多种功能，并独创了木马防火墙、360 密盘等功能，依靠抢先侦测和云端鉴别，可全面、智能地拦截各类木马，保护用户的账号、隐私等重要信息。

360 安全卫士功能描述如下。

(1) 计算机体检：对计算机进行详细的检查。

(2) 查杀木马：使用 360 云引擎、360 启发式引擎、小红伞本地引擎、QVM 四引擎杀毒。

(3) 清理插件：给系统瘦身，提高计算机速度。

(4) 修复漏洞：为系统修复高危漏洞和功能性更新。

(5) 系统修复：修复常见的上网设置，系统设置。

(6) 计算机清理：清理垃圾和清理痕迹。

(7) 优化加速：加快开机速度。

(8) 功能大全：提供几十种各式各样的功能。

(9) 软件管家：安全下载软件，小工具。

4.1.4 计算机软件系统的组成

操作系统(Operating System,OS)是计算机系统软件的核心,也是计算机系统的灵魂,更是计算机系统的管家,软件和硬件资源的协调大师。如果没有操作系统,计算机就是一堆废铜烂铁。掌握了操作系统,也就掌握了计算机的精髓。

1. 操作系统的概念

人们都知道一些操作系统的名称,如 DOS、UNIX、Linux、Windows 98、NetWare、Windows NT、Windows 2000、Windows XP、Windows 7/8/10 等,也有使用操作系统的体验,但什么是操作系统呢?可以认为,操作系统是一组控制和管理计算机硬件和软件资源、有效地组织多道程序运行及方便用户使用的程序的集合。

操作系统是计算机系统资源的管理者。现代计算机由处理器、存储器、输入/输出设备 3 类硬件资源和数据、程序等软件资源组成,操作系统负责对这些资源进行管理。设想一下,当多个用户的程序都想在系统中运行,如何为它们分配内存?何时调度哪个程序在 CPU 上执行?要打开某个文件时怎样到磁盘中查找?多个用户都要到同一台打印机上输出计算结果时如何解决彼此的竞争问题?诸如此类的资源分配、管理、保护及程序活动的调度、协调种种事项都需要操作系统负责。用户在资源管理的同时,通过合理的组织和调度,使多道程序在系统中能够有效地运行,并提高系统的处理能力。

从用户的观点来看,操作系统是处于用户与计算机硬件系统之间,为用户提供使用计算机系统的接口。因此,操作系统应该使用方便、功能强、效率高、安全可靠、易于安装和维护等。

用户
应用软件
编译程序、数据库管理系统
操作系统
计算机硬件

图 4-2 计算机系统层次结构框图

操作系统是最靠近硬件的第一层软件,如图 4-2 所示。它向下管理裸机及其中的文件,向上为用户提供接口,以及为其他系统软件和应用软件提供支持。

为了让操作系统进行工作,首先要将它从外存储器装入内存储器,这一安装过程称为引导系统。安装完毕后,操作系统中的管理程序部分将保存在主存储器中,称为驻留程序。其他部分在需要时再自动地从外存储器调入主存储器,这些程序称为临时程序。

2. 操作系统的功能

从资源管理的角度来看,操作系统要对系统内所有资源进行有效管理,优化其使用。从用户的角度来看,操作系统应该使用方便。综合来看,操作系统的主要功能为处理器管理、存储器管理、设备管理、文件管理和用户接口。

1) 处理器管理

处理器管理又称为进程管理,主要是解决程序在处理器(CPU)上的有效执行问题,所以进程管理的功能包括进程调度、进程控制和进程通信。

进程是指程序的一次执行。进程调度则解决处理器的分配问题,它决定在多个进程请求运行时选择或调度哪个进程,将处理器分配给它并使它运行。

进程控制是指对进程活动进行控制，包括创建进程、撤销进程、阻塞进程、唤醒进程等。进程是系统中活动的实体，它由创建而产生；当执行完成或遇到故障执行不下去时便将其撤销，使它消亡；在它因请求的资源不能分配时便将其阻塞使它等待；在阻塞期间若它所等待的资源能够分配给它时便将其唤醒。

进程通信是指进程之间的信息交换。在同一个系统中运行着多个进程，它们之间存在相互制约的关系，为保证进程能有条不紊地执行，需要设置进程同步机制。相互合作的进程之间往往需要交换信息，于是系统要提供进程通信机制。

2）存储器管理

存储器管理的基本任务是为了解决内存空间的分配问题。它为程序和数据分配所需的内存空间，且保证它们的存储区不发生冲突，程序都在自己的存储区中访问而互不干扰。由于内存是宝贵的系统资源，所以在制订分配策略时应该考虑减少内存浪费、提高内存利用率，甚至从逻辑上实现对内存的扩充。

3）设备管理

设备管理用于管理计算机系统中所有的外部设备，而设备管理的主要任务是完成用户进程提出的I/O请求；为用户进程分配所需的I/O设备；提高CPU和I/O设备的利用率；提高I/O速度；方便用户使用I/O设备。为完成上述任务，设备管理应具有缓冲管理、设备分配和设备处理以及虚拟设备等功能。

4）文件管理

在现代计算机管理中，总是把程序、数据等以文件形式存储在磁盘或磁带上，文件管理功能就是对存放在计算机中的所有文件进行管理，以方便用户的使用，并保证文件的安全。为此，文件管理应具有对文件存储空间的管理、目录管理、文件的共享和保护，以及实现对文件的各种操作等功能。

例如，可向用户提供创建文件、删除文件、读/写文件、打开和关闭文件等操作。有了文件管理，用户可以按名存取文件而不必指定文件的存储位置。这不仅便于用户操作，还有利于文件共享。另外，文件管理可以通过用户在创建文件时规定文件的使用权限来保证文件的安全性。

5）用户接口

为了方便用户使用计算机，操作系统提供有用户接口。用户通过接口使用操作系统的功能，从而达到方便使用计算机的目的。操作系统的用户接口有两种基本类型，即联机用户接口和程序接口。

联机用户接口是直接提供给用户在终端上使用的命令形式的接口。根据命令形式的不同，又分为命令接口和图形用户接口两种。命令接口由一组键盘操作命令及命令解释程序组成。用户在键盘上每输入一条命令，系统便立即转入命令解释程序，对该命令加以解释并执行该命令。在完成指定功能后控制又返回到终端，等待用户输入下一条命令。命令接口的一个典型实例是MS-DOS联机界面。

命令接口要求用户熟记各种命令的名字和格式，并严格按照规定的格式输入命令。这样做既不方便又浪费时间，于是图形用户接口便应运而生。图形用户接口采用了图形化操作界面，用非常容易识别的各种图标(Icon)将系统的各项功能、各种应用程序和文件直观、逼真地表示出来。用户使用鼠标或通过菜单和对话框来完成各项操作。这种接口减轻或免除了用户记忆量，把用户从繁琐、单调的操作中解放出来。图形用户接口的一个典型实例是 Windows 界面。

程序接口是提供给应用程序使用的，它是应用程序取得操作系统服务的唯一途径。它由一组系统调用组成，每一个系统调用都是一个能完成特定功能的子程序，每当应用程序要求操作系统提供某种服务（功能）时，便调用相应功能的系统调用。

3. 操作系统的分类

操作系统有许多不同的分类方法，如按计算机硬件的规模分为大型机操作系统、小型机操作系统和微型机操作系统。另一种典型的分类方法是按照操作系统的性能，分为多道批处理操作系统、分时操作系统、实时操作系统和网络操作系统。下面就对这 4 类操作系统进行简要介绍。

1）多道批处理操作系统

多道程序设计是指在主存储器中同时存放多道程序，使其按照一定的策略轮流在 CPU 上运行，共享 CPU 和输入/输出设备等系统资源。多道批处理操作系统负责把用户作业成批地接收进外存储器，形成作业队列，然后按一定的策略将队列中的一些作业调入内存，并使得这些作业在调度下轮流使用 CPU 和外部设备等资源。因此从宏观上来看，计算机中有多个作业在运行；但从微观上来看，对于单 CPU 计算机而言，在每个瞬间实际上只有一道作业在 CPU 上运行。多道批处理操作系统可以提高系统资源的利用率。

2）分时操作系统

分时操作系统是指在同一台主机上连接了多台（几台到几十台）由显示器和键盘组成的终端，同时允许多个用户通过自己的终端联机使用计算机，共享主机的资源。分时是指系统将 CPU 的时间划分成一个一个的时间片，并轮流把每个时间片分给每个用户程序，每个程序一次只可运行一个时间片。

当时间片用完时，操作系统便选择下一个程序，分给它一个时间片并将其投入运行，如此反复。由于相对人的感觉来说，时间片很短，往往在几秒内系统就能对用户命令做出响应，使系统中的用户感觉不到其他用户的存在，而认为整个系统被自己独占。

3）实时操作系统

实时即及时的意思，而实时操作系统是指系统能及时响应外部事件的请求，在规定的时间内完成对事件的处理，并控制所有实时任务协调一致地运行。在实时操作系统中，时间就是生命。

根据实时任务的不同，实时操作系统分为以下两类。

（1）实时控制系统。实时控制系统主要用于生产过程的自动控制、实验数据的自动采集、武器的控制（包括火炮自动控制、飞机自动驾驶、导弹的制导系统）。这类系统中随机发生的外部事件并非是由人工启动和直接干预引起的，但系统的响应时间是由外部事件决定的，可以快到毫秒数量级。

（2）实时信息处理系统。实时信息处理系统主要用于实时信息处理，像飞机（或火车）订票系统、情报检索系统等。这类随机发生的事件由人工通过终端启动，并通过连续对话引起的。系统的响应时间往往是用户所能接受的秒数量级。

4）网络操作系统

计算机网络是通过通信线路将地理上分散的自主计算机、终端、外部设备等连接在一起，以达到数据通信和资源共享目的的一种计算机系统。由于网络上计算机的硬件特征、数据表示格式等的不同，为了在相互通信时能够彼此理解，必须共同遵守某些约定，这些约定称为协议。网络操作系统是使网络上各计算机方便有效地共享网络资源、为网络用户提供所需要的各种服务和通信协议的集合。

网络操作系统除了具有通常操作系统所具有的功能外，还应该提供高效、可靠的网络通信及多种网络服务功能。其中，网络通信按照网络协议进行；网络服务包括文件传输、远程登录、电子邮件、信息检索等，能使网络用户方便、有效地利用网络上的各种资源。

4. 几种常用的计算机操作系统

不同用途、不同硬件的计算机需要采用不同的操作系统。下面简要介绍在微型计算机上广泛使用的几种操作系统。

1）MS-DOS

MS-DOS(Microsoft Disk Operating System)自 1981 年问世到推出 Windows 95 期间，是 IBM PC 及兼容机的最基本配备，是 16 位单用户单任务操作系统事实上的标准。正是 MS-DOS 的推出，微软后来才有机会推出 Windows 操作系统。

MS-DOS 的功能主要有以下 3 个方面。

(1) 磁盘文件管理。对建立在磁盘上的文件进行管理是 MS-DOS 最主要的功能之一。由文件管理模块(MSDOS. SYS)实现对磁盘文件的建立、打印、读/写、修改、查找、删除等操作的控制与管理。

(2) 输入/输出管理。实现对标准输入/输出设备(包括键盘、显示器、打印机、串行通信接口等)的控制与管理，该项功能由输入/输出模块(IO. SYS)来完成。

(3) 命令处理。提供人机界面，使用户能够通过 DOS 命令对计算机进行操作。在 MS-DOS 中，由命令处理模块(COMMAND. COM)负责对用户输入的命令进行接收、识别、解释和执行。

2）Microsoft Windows

Microsoft Windows 是由微软公司开发的基于图形界面的多任务操作系统，又称视窗操作系统。Windows 就像它的名字一样，在计算机和用户之间打开了一个窗口，用户通过这个窗口直接使用、控制和管理计算机，从而使操作计算机的方法和软件的开发方法产生了巨大的变化。

Windows 之所以取得成功，主要在于它具有以下优点。

(1) 直观高效的面向对象的图形用户界面，易学易用。从某种意义上讲，Windows 的用户界面和开发环境都是面向对象的。用户采用“选择对象-操作对象”的方式工作。例如，要打开一个文档，先用鼠标或键盘选择该文档，然后右击并在弹出的快捷菜单中选择“打开”命令，即可打开该文档。这种操作方式模拟了现实世界的行为，易于理解、学习和使用。

(2) 用户界面统一、友好、美观。Windows 应用程序大多符合 IBM 公司提出的 CUA (Common User Access)标准，所有的程序都拥有相同的或相似的基本外观，包括窗口、菜单、工具条等。用户只要掌握其中一个就不难学会其他软件，从而降低了用户培训学习的费用。

(3) 丰富的设备无关的图形操作。Windows的图形设备接口(GDI)提供了丰富的图形操作工具,可以绘制出如线、圆、框等几何图形,并支持各种输出操作。设备无关意味着在针式打印机上和高分辨率的显示器上都能显示出相同效果的图形。

(4) 多任务。Windows是一个多任务的操作环境,它允许用户同时运行多个应用程序,或在一个程序中同时做几件事。每个程序在屏幕上占据一个矩形区域,这个矩形区域称为窗口。窗口可以重叠,也可以被用户移动,还可以在不同应用程序之间切换,甚至可以在程序之间进行手动和自动的数据交换与通信。虽然同一时刻计算机可以运行多个应用程序,但仅有一个是处于活动状态的,其标题栏呈现高亮颜色。一个活动的程序是指当前能够接收用户键盘输入的程序。

3) UNIX

(1) UNIX的发展。UNIX是当代最著名的多用户、多进程、多任务分时操作系统。1969—1971年,由美国贝尔实验室的Ken L. Thompson和Dennis M. Ritchie研制成功,其最初的目的是创建一个较好的程序开发环境。UNIX直接吸取了Multics和CTSS的特征,UNIX一词就是针对Multics的双关语。由于具有研制UNIX操作系统的卓越贡献,上述两位学者双双获得了1983年的图灵奖。

1974年,美国电话电报公司(AT&T)允许教育机构免费使用UNIX操作系统,这一举措促进了UNIX技术的发展,各种不同版本的UNIX操作系统相继出现,其中最值得一提的是加州大学伯克利(Berkley)分校的BSD版。20世纪70年代末,市场上出现了UNIX的商品化版本,代表产品有AT&T公司的UNIX SYSTEM V、UNIX SVR 4X,SUN公司的SUNOS,Microsoft公司的XENIX和SCO UNIX等。到了20世纪90年代,不同的UNIX版本已有100多种,比较主流的产品有SUN Solaris、SCO的UNIX Ware等。

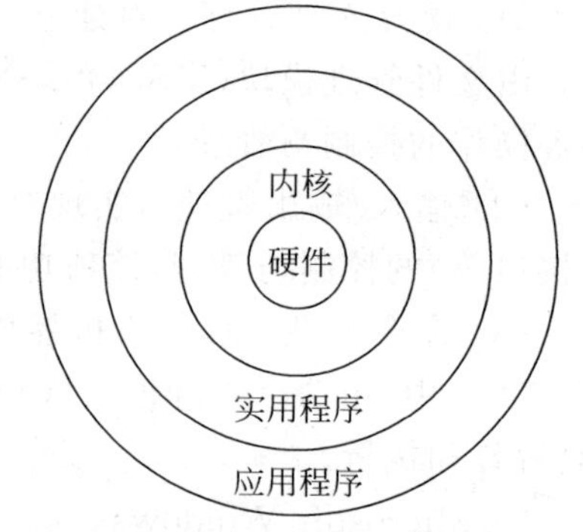

图4-3 UNIX操作系统的体系结构

(2) UNIX的组成。图4-3是UNIX操作系统的体系结构示意图。图的中心是计算机硬件,靠近硬件的内层称为UNIX内核(Kernel),它直接与计算机硬件打交道,并为外层应用程序提供公共服务。内核的主要作用是将应用程序和计算机硬件隔离起来,这使得应用程序不依赖具体的计算机硬件,因而为应用程序提供了很好的可移植性。

内核程序分为文件子系统和进程控制子系统两大部分,而进程控制子系统又分为内存管理、进程调度和进程间通信等模块。内核是UNIX操作系统中唯一不能由用户任意改变的部分。内核的外层是实用程序,包括命令解释器Shell、正文编辑器、C编译程序等。

(3) UNIX的特征。UNIX能够用于任何类型的计算机,如工作站、小型机及巨型机。大型的商业应用,如电信、银行、证券、邮政等大都采用UNIX。UNIX操作系统能取得如此大的成功,其原因可归结为该系统具有以下特征。

① 开放性。UNIX 操作系统最本质的特征是开放性。开放性是指系统遵循国际标准规范，凡遵循国际标准所开发的硬件和软件都能彼此兼容，可方便地实现互联。开放性已经成为 20 世纪 90 年代计算机技术的核心问题，也是一个新推出的系统或软件能否被广泛使用的重要因素。

人们普遍认为，UNIX 是目前开放性最好的操作系统，是目前唯一能够稳定运行在从微型计算机到大中型等各种规模计算机上的操作系统，而且还能方便地将已配置了 UNIX 操作系统的计算机互联成计算机网络。

② 多用户、多任务环境。UNIX 操作系统是一个多用户、多任务操作系统，它既可以支持数十个乃至数百个用户通过各自的联机终端同时使用一台计算机，又允许每个用户同时执行多个任务。例如，在进行字符、图形处理时，用户可建立多个任务，分别用于处理字符的输入、图形的制作和编辑等任务。

③ 功能强大，实现高效。UNIX 操作系统提供了精选的、丰富的系统功能，使用户可以方便、快速地完成许多其他操作系统难以实现的功能。UNIX 已成为世界上最强大的操作系统之一，它在许多功能的实现上有其独到之处，并且效率很高，如 UNIX 的目录结构、磁盘空间的管理方式、I/O 重定向和管道功能等。其中，不少功能及其实现技术已被其他操作系统借鉴。

④ 提供了丰富的网络功能。UNIX 操作系统还提供了丰富的网络功能。作为 Internet 网络技术基础的 TCP/IP，便是在 UNIX 操作系统上开发出来的，并已成为 UNIX 操作系统不可分割的部分。UNIX 操作系统还提供了许多常用的网络通信协议软件，其中包括网络文件系统 NFS 软件、客户机/服务器协议软件 LAN Manager Client/Server、IPX/SPX 软件等。通过这些产品可以实现在各 UNIX 操作系统之间、UNIX 与 Novell 的 NetWare，以及 MS-Windows NT、IBM LAN Server 等网络之间的互联和互操作。

⑤ 支持多处理器功能。与 Windows NT 及 NetWare 等操作系统相比，UNIX 是最早提供支持多处理器功能的操作系统，它所支持的处理器数目也一直处于领先水平。例如，1996 年推出的 NT 4.0 只能支持 1～4 个处理器，而 Windows 2000 最多也只支持 16 个处理器，但 UNIX 操作系统在 20 世纪 90 年代中期，便已能支持 32～64 个处理器，而且拥有数百个乃至数千个处理器的超级并行机也普遍支持 UNIX。

4）Linux

Linux 是可以运行在计算机上的免费 UNIX 操作系统。它被称为是一匹自由而奔放的黑马。它诞生于学生之手，成长于 Internet，壮大于自由而开放的文化。

Linus Torvalds 是自由软件 Linux 操作系统的创始人和主要设计者。1991 年，芬兰赫尔辛基大学计算机科学系的年轻学生 Linus Torvalds 做出了一个在当时甚至现在看起来也是不可思议的决定，就是把 UNIX 操作系统移植到 Intel 构架的个人计算机上，设计一个比 MS-DOS 功能更强，并能自由下载的新操作系统——Linux。

在开始设计 Linux 时，Linus Torvalds 的目的只是想看一看 Intel 386 存储管理硬件是怎样工作的，而没想到这一举动会在计算机界产生如此重大的影响。经过短短几个月时间，Linus Torvalds 在一台 Intel 386 微型计算机上完成了一个类似于 UNIX 的操作系统内核，这就是最早的 Linux 版本。

这时，Internet 的触角已经伸开。1991 年年底，Linus Torvalds 首次在 Internet 上发布了基于 Intel 386 体系结构的 Linux 源代码，希望志同道合者能够加入其中。在这之后，很快就有数百名程序员通过 Internet 加入 Linux 的行列，Linux 就此诞生了。由于 Linux 具有结构清晰、功能简洁等特点，许多大专院校的学生和科研机构的研究人员纷纷把它作为学习和研究的对象。经过遍布全球的用户和程序员的努力，Linux 已经成为一个成熟的操作系统，并以其良好的稳定性、优异的性能、低廉的价格和开放的源代码给现有的软件体系带来了巨大的冲击。Linux 的使用日益广泛，其影响力紧跟 UNIX，其用户数量还将大幅度地提高。

Linux 的版本更新很快，在短短的 7 年里其版本已升至 2.2.x。这里之所以用 x 表示，是因为 x 的值变化太快，很难准确定位它的值。不过，Linux 用得最多的版本还是 2.0.3，许多商品化的操作系统都以它为核心。

Linux 的开发及源代码是免费的。Linux 用途广泛，包括网络、软件开发、用户平台等，Linux 被认为是一种高性能、低开支的可以替换其他昂贵操作系统的操作系统。

现在主要流行的版本有 Red Hat Linux、Turbo Linux 及我国自己开发的红旗 Linux、蓝点 Linux 等。

Linux 操作系统在短短几年内迅猛发展，应归功于 Linux 良好的特性。

Linux 是与 UNIX 兼容的 32 位操作系统，它能运行主要的 UNIX 工具软件、应用程序和网络协议，并支持 32 位和 64 位的硬件。Linux 的设计继承了 UNIX 以网络为核心的设计思想，是一个性能稳定的多用户网络操作系统。同时，它还支持多任务、多进程和多 CPU。

Linux 的模块化设计结构使它有优于其他操作系统的可扩展性。用户不仅可以免费获得 Linux 的源代码，还可以修改，以实现特定的功能，这使任何人都可以参与 Linux 的开发。

Linux 还是一个提供完整网络集成的操作系统，它可以轻松地与 TCP/IP、LAN Manager、Windows for Workgroups、Novell NetWare 或 Windows NT 集成在一起。Linux 可以通过以太网或 Modem 连接到 Internet 上。

Linux 主要有以下作用：个人 UNIX 工作、X 终端客户、X 应用服务器、UNIX 开发平台、网络服务器、Internet 服务器、终端服务器。

众所周知，操作系统对于一个国家的信息产业有着特殊的意义。如果没有独立自主知识产权的操作系统，事关国家安全的军事、经济、金融、机要系统全部使用外来的操作系统，后果是不堪设想的。Linux 的出现为各国发展拥有自主知识产权的安全的操作系统提供了契机。Linux 还引发了一场轰轰烈烈的软件开源运动。

最小的计算机系统

美国密歇根大学的科学家近日发明了世界上最小的计算机系统，这个尚未命名的系统面积只有 1mm^2,用于压力监测,可以植入青光眼患者的眼部,来持续跟踪病症的发展状况。

系统虽然微小却五脏俱全,包括耗电极微的微处理器、感压器、记忆体、薄膜电池,太阳能电池和带有天线、可以将数据传至外部接收器的无线电台。系统属于"凤凰芯片"(Phoenix Chip)第三代,具有特殊设计,它的超级休眠模式可以将耗电降到最低。这个监测器每 15min"醒"一次,测量数据,平均耗电 5.3nW。它可以存储一周的数据信息。它每天只需 10h 的室内光线或者 1.5h 的太阳光来充电。

研发人员称这是第一套真正意义上的毫米级、完整的计算机系统。里面所有元件都耗电极低,装在一块芯片上,可以收集、存储和发送信息。

这个微型系统有望在数年内完成商业化,并且被认为是计算机工业的未来发展方向。科学家称这种微型系统联网后可以用来监测污染、建筑结构、巡逻以及追踪几乎任何物体。因为它们太小了,在一个晶圆上可以生产成千上万个。

4.2 算法与数据结构

4.2.1 学习算法与数据结构的必要性

算法是计算学科中最重要的核心概念,被誉为计算学科的灵魂。算法设计得好坏直接影响软件的性能,而不同的人常常编写出不同的但都正确的算法,因此,对算法进行深入研究对于提高软件的性能从而提高计算机的工作效率是至关重要的。

在计算领域中,数据结构(Data Structure)是计算机算法设计的基础,它在计算科学中占有十分重要的地位。本小节将介绍数据结构的基本概念和常用的几种数据结构,如线性表、数组、树和二叉树以及图等。

4.2.2 算法基础

算法是对解题过程的精确描述,算法的描述方法主要有自然语言、流程图、伪代码、计算机程序设计语言等。

1. 自然语言

自然语言即日常说话所使用的语言,如果计算机能完全理解人类的语言,按照人类的语言要求去解决问题,那么人工智能中的很多问题就不成为问题了,这也是人们所期望看到的结果,使用自然语言描述算法就不需要进行专门的训练,同时所描述的算法也通俗易懂。

但是目前的技术还不能完全用自然语言描述算法,主要的原因有以下几个。

(1) 自然语言的歧义性容易导致算法执行的不确定性。

(2) 自然语言的语句一般太长,从而导致了用自然语言描述的算法太长。

(3) 由于自然语言表示的串行性,因此,当一个算法中循环和分支较多时就很难清晰地表示出来。

(4) 自然语言表示的算法不便翻译成计算机程序设计语言理解的语言。

自然语言的这些缺陷目前还难以解决，如某人说“门没锁”，在不同的情形下就会有不同的理解，一种可能是忘记了锁门，而另一种可能是门上没有锁头。目前对于这种歧义性，计算机尚不具备能正确理解的智能。

2. 流程图

流程图是从业人员最常用的一种描述工具，它采用美国国家标准学会(American National Standards Institute，ANSI)规定的一组图形符号描述算法。用流程图表示的算法结构清晰，同时不依赖于任何具体的计算机和计算机程序设计语言，有利于不同环境的程序设计。目前，专门的软件公司中系统分析人员提供给程序设计人员的方案都以流程图的方式提交，可见流程图较其他描述方法的优越性。

下面给出利用欧几里得算法求解 100 和 50 的最大公约数的流程图，如图 4-4 所示。

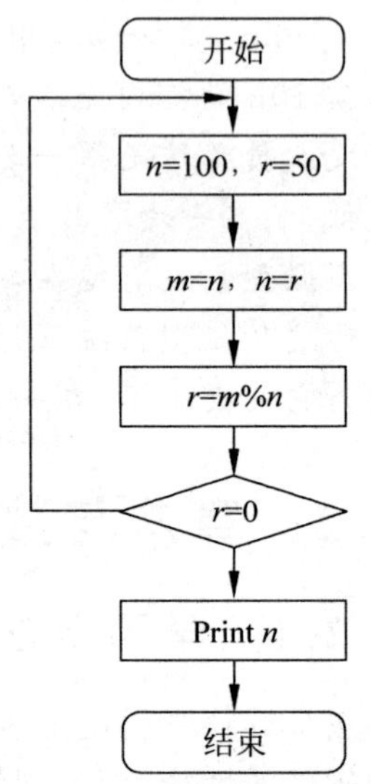

图 4-4 求解最大公约数的流程图

3. 伪代码

伪代码是用介于自然语言和计算机程序设计语言之间的文字和符号来描述算法的工具。它不用图形符号，书写方便、格式紧凑、易于理解，便于向计算机程序设计语言算法(程序)过渡。

图 4-5 给出欧几里得算法求解 100 和 50 的最大公约数的伪代码。

4. 计算机程序设计语言

设计算法的目的就是要用计算机解决问题，用自然语言、流程图和伪代码等语言描述的算法最终必须转换为具体的计算机程序设计语言。

一般而言，计算机程序设计语言描述的算法(程序)是清晰简明的，最终也能由计算机处理。然而，就使用计算机程序设计语言描述算法而言，它还存在以下几个缺点。

(1) 算法的基本逻辑流程难以遵循。

(2) 用特定程序设计语言编写的算法限制了与他人的交流。

(3) 要花费大量的时间去熟悉和掌握某种特定的程序设计语言。

(4) 要求描述计算步骤的细节，而忽视算法的本质。

图 4-6 给出欧几里得算法的计算机程序设计语言(C 语言)描述。其中，long 为函数返回值，gcd 为函数名，int 为变量类型，m、n 为变量，m%n 为取余操作，return 为返回函数。

对于这类算法的理解和编写是与 C 语言的语法学习密切相关的，对于初学者甚至一般的编程人员来说不是一件非常容易的事情。

```
BEGIN(算法开始)
100→m
50→r
while(r!=0)
{
  m→n
  r→m
  m%n→r
}
Print n
END(算法结束)
```

图 4-5 欧几里得算法伪代码

```
long gcd(int n,int m)
{
   int r;
   while(m!=0)
   {
      r=m%n;
      m=n;
      n=r;
   }
   return n;
}
```

图 4-6 计算机程序设计语言(C 语言)描述

4.2.3 数据结构基础

为什么研究数据结构呢？这要从计算机解决一个具体问题的步骤说起。

一般来说,用计算机解决一个具体问题大致需要经过以下几个步骤：从具体问题抽象出一个适当的数学模型；设计一个解决此数学模型的算法；选用某种语言编写程序；利用语言环境进行测试、调整直至得到最终结果。

从上面的步骤可以看到,将具体问题抽象出一个适当的数学模型是计算机解决具体问题的一个非常关键的步骤,同时也是最难的一个步骤。寻求数学模型的实质是分析问题,从中提取操作的对象,并找出这些操作对象之间的关系,然后用数学的语言加以描述。然而,有些问题容易用数学方程描述,如求解 π 值问题,但有些问题却无法用数学方程描述。

例如人机对弈问题。计算机之所以能和人对弈是因为已有人将对弈的策略存入计算机。由于对弈的过程是在一定规则下随机进行的,所以为了使计算机能够赢得胜利,就必须将对弈过程中所有可能发生的情况及相应的对策都考虑周全。

对于井字棋,可以将从对弈开始到结束期间所有可能出现的棋局都画在一张图上,得到一棵“倒长”的树,开始棋局为根,可能出现的棋局为叶子或分支,对弈的过程是从树根沿树杈到某个叶子的过程。例如,图 4-7 所示为井字棋的一个格局,这张图称为“树”,这是数据结构体系中非常重要的一种数据结构。

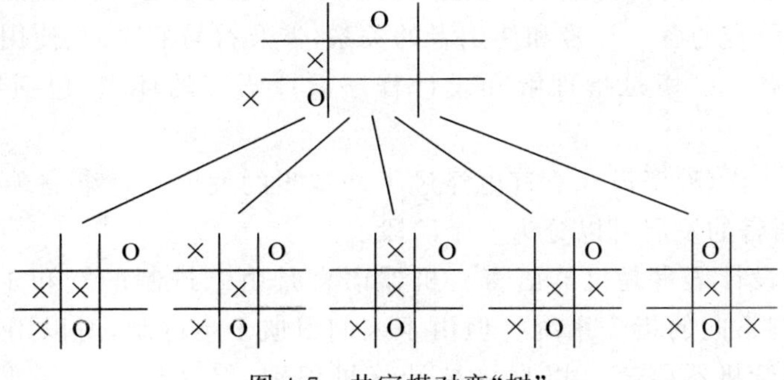

图 4-7 井字棋对弈“树”

那么这种数据结构在计算机中如何存储呢？存储到计算机中后相关的操作如何来实现呢？这就是数据结构研究的问题。

数据结构研究的问题就是：给定一个具体的项目，分析数据间的逻辑关系，找到它们之间的逻辑结构（这些逻辑结构是数据结构课程已经总结好的，如线性表、树、图等），讨论这种数据结构在计算机中的存储，即存储结构，接下来是写算法、编程、测试、调整，得到最终的结果。

总之，开设数据结构课程的主要目的包括两点：更好地分析数据对象的特性，从而选择适当的逻辑结构和存储结构，并写出相应的算法；进行复杂程序设计的训练过程，要求学生编写的程序代码结构清晰、正确易读、能上机调试并排除错误，存取时间最短，所占容量最小，初步掌握时间和空间分析技术。

4.3 程序设计语言

程序设计语言通常称为编程语言，是指一组用来定义计算机程序的语法规则。更简单地说，就是算法的一种描述。这种标准化的语言可以向计算机发出指令。依靠程序设计语言，人们把解决某一个或者某一类问题的算法，也可以说是步骤，告诉计算机，从而让计算机帮助我们解决人脑难以解决的问题。

如果说计算机的硬件是身体，那么程序就是计算机的灵魂，而程序设计语言就是组成灵魂的各种概念和思想。用户能够根据自己的需求来安装不同的程序，使计算机完成所需的功能，程序设计语言可以说是功不可没。

4.3.1 程序设计语言发展概述

程序设计语言的基础是一组记号和一组规则。程序设计语言一般都由3部分组成，即语法、语义及语用。语法就是在编写程序时所需要遵守的一些规则，也就是各个记号之间的组合规律。语法没有什么特殊含义，也不涉及使用者，但是编译器能够识别并编译的基础。语义表示的就是程序的含义，也就是按照各种方法所表示的各个记号的特殊含义。程序设计语言的语义又包括静态语义和动态语义。

静态语义是在编写程序时就可以确定的含义，而动态语义则必须在程序运行时才可以确定的含义。语义不清，计算机就无法知道所要解决问题的步骤，也就无法执行程序。语用表示了构成语言的各个记号和使用者的关系，涉及符号的来源、使用和影响。语用的实现有个语境问题。语境是指理解和设计程序设计语言的环境，包括编译环境和运行环境。

和自然语言一样，程序设计语言也经过了一步步的发展才逐渐完善的。从发展的历程看，程序设计语言的发展可以分为4个阶段。

第一代程序设计语言是机器语言。机器语言是由二进制的0和1代码指令构成，不同的CPU又有不同的指令系统。但由于人们习惯于十进制，所以用机器语言编写程序异常困难。尽管机器语言可以直接被计算机识别，但这种语言却非常难以编写、难以修改且难以维护。因此，这种语言并不利于推广。在以后的几十年中，这种语言渐渐被淘汰。

第二代程序设计语言是汇编语言。汇编语言也是面向机器的程序设计语言，具有很强的功能性，可以利用计算机硬件的所有特性，并能直接控制硬件的语言。汇编语言是机器语言的指令化，虽然汇编语言也和机器语言一样，存在着难学难用、容易出错、维护困难等缺点，但相对于机器语言，汇编语言更易于读/写、调试和修改，汇编程序翻译成的机器语言程序的效率高。在实际应用中，某些高级语言无法胜任的工作也可以利用汇编语言来实现。汇编语言虽然还是一种面向机器的低级语言，但更能发挥出硬件的特性。

第三代语言则是如今在使用的高级语言，其种类繁多，如目前流行的C#、Java、VB. NET、C/C++、Foxpro、Delphi、Python等，即使是C语言和C++语言，在语法规则上也有些差别。高级语言是相对机器语言、汇编语言等低级语言来说的。高级语言种类多，每种语言都有各自的语法与命令格式，高级语言最大的优点是在形式上接近自然语言和算术语言，概念上接近人们使用的概念。这使得高级语言很容易进行编写、修改与维护，通用性强、易于学习。因此，高级语言是一种面向用户的语言，即使不是程序员也可以编写程序。

高级语言并不能为计算机所识别，需要编译器的帮助。编译器既是编写程序的工具，也充当人和计算机进行交流的“翻译”。它可以将人们所编辑的高级语言转化为计算机所能识别的语言。和汇编语言相比，高级语言并不能直接控制硬件。所以，尽管高级语言好用，但它现在并不能完全取代汇编语言。不过，在高级语言中，用C语言编写的程序，经编译后生成的可执行代码比用汇编语言直接编写的代码运行效率仅低15%～20%。

程序设计语言就这样不断地发展着，人们预计第四代的程序设计语言将更加简洁。人们不需要描述具体的算法，只需要告诉计算机要做什么就可以。计算机则根据人们的要求自动生成一个算法。在某种意义上，这样的计算机已经具备了智能。相信在未来的日子里，程序设计语言会越来越简洁，每个人都可以根据自己的需要来设计出最适合的程序，这个社会也必将成为一个智能化的社会。

4.3.2 程序设计基础

1. 程序设计的定义

程序设计(Programming)是给出解决特定问题程序的过程，是软件构造活动中的重要组成部分。程序设计往往以某种程序设计语言为工具，给出这种语言下的程序。程序设计过程应当包括分析、设计、编码、测试、排错等不同阶段。专业的程序设计人员常被称为程序员。

2. 程序设计的步骤

(1) 分析问题。对于接受的任务要进行认真的分析，研究所给定的条件，分析最后应达到的目标，找出解决问题的规律，选择解题的方法，完成实际问题。

(2) 设计算法。即设计出解题的方法和具体步骤。

(3) 编写程序。根据得到的算法，用一种高级语言编写出源程序并通过测试。

(4) 对源程序进行编辑、编译和连接。

(5) 运行程序，分析结果。运行可执行程序，得到运行结果。能得到运行结果并不意味着程序正确，要对结果进行分析，看它是否合理。不合理要对程序进行调试，通过上机发现和排除程序中故障。

(6) 编写程序文档。许多程序是提供给别人使用的，如同正式的产品应当提供产品说明书一样，正式提供给用户使用的程序，必须向用户提供程序说明书。内容应包括程序名称、程序功能、运行环境、程序的装入和启动、需要输入的数据以及使用注意事项等。

3. 程序设计语言的种类

1) 汇编语言

汇编语言实质上和机器语言是相同的，都是直接对硬件操作，只不过指令采用了英文缩写的标识符，更容易识别和记忆。它同样需要编程者将每一步具体的操作用命令的形式写出来。汇编程序通常由3部分组成，即指令、伪指令和宏指令。

汇编程序的每一句指令只能对应实际操作过程中的一个很细微的动作，如移动、自增，因此汇编源程序一般比较冗长、复杂、容易出错，而且使用汇编语言编程需要有更多的计算机专业知识，但汇编语言的优点也是显而易见的，用汇编语言所能完成的操作不是一般高级语言所能实现的，而且源程序经汇编生成的可执行文件比较小，执行速度很快。

2) 脚本语言

脚本语言(Scripting Language)是为了缩短传统的编写-编译-链接-运行(Edit-Compile-Link-Run)过程而创建的计算机编程语言。此命名起源于一个脚本 screenplay，每次运行都会使对话框逐字重复。

早期的脚本语言经常被称为批量处理语言或工作控制语言。一个脚本通常是解释运行而非编译。

虽然许多脚本语言都超越了计算机简单任务自动化的领域，成熟到可以编写精巧的程序，但仍然还是被称为脚本。几乎所有计算机系统的各个层次都有一种脚本语言。包括操作系统层，如计算机游戏、网络应用程序、字处理文档及网络软件等。在许多方面，高级编程语言和脚本语言之间互相交叉，二者之间没有明确的界限。

脚本编程速度更快，且脚本文件明显小于同类C程序文件。这种灵活性是以执行效率为代价的。脚本通常是解释执行的，速度可能很慢，且运行时更耗内存。在很多案例中，如编写一些数十行的小脚本，它所带来的编写优势就远远超过了运行时的劣势，尤其是在当前程序员工资趋高和硬件成本趋低时。

3) 机器语言

由于计算机内部只能接受二进制代码，因此，用二进制代码0和1描述的指令称为机器指令，全部机器指令的集合构成计算机的机器语言，用机器语言编写的程序称为目标程序。只有目标程序才能被计算机直接识别和执行。但是机器语言编写的程序无明显特征，难以记忆，不便于阅读和书写，且依赖于具体机种，局限性很大，机器语言属于低级语言。

4）高级语言

高级语言是大多数编程者的选择。和汇编语言相比，它不但将许多相关的机器指令合成为单条指令，并且去掉了与具体操作有关但与完成工作无关的细节，如使用堆栈、寄存器等，这样就大大简化了程序中的指令。同时，由于省略了很多细节，编程者也就不需要有太多的专业知识。

高级语言主要是相对于汇编语言而言，它并不是特指某一种具体的语言，而是包括了很多编程语言，像最简单的编程语言 Pascal 语言也属于高级语言。

4. 常见的高级语言

1）C

C 语言是一种计算机程序设计语言，它既具有高级语言的特点，又具有汇编语言的特点。它由美国贝尔研究所的 D. M. Ritchie 于 1972 年推出，1978 年后，C 语言已先后被移植到大、中、小及微型机上，它可以作为工作系统设计语言，编写系统应用程序，也可以作为应用程序设计语言，编写不依赖计算机硬件的应用程序。它的应用范围广泛，具备很强的数据处理能力，不仅仅是在软件开发上，而且各类科研都需要用到 C 语言，适于编写系统软件、三维/二维图形和动画，具体应用如单片机以及嵌入式系统开发。

2）C++

C++是一种使用非常广泛的计算机编程语言。C++是一种静态数据类型检查的、支持多重编程范式的通用程序设计语言。它支持过程化程序设计、数据抽象、面向对象程序设计、泛型程序设计等多种程序设计风格。

3）C#

C#是微软公司发布的一种面向对象的、运行于. NET 框架之上的高级程序设计语言，于 2000 年 6 月发布，并在微软职业开发者论坛（PDC）上登台亮相。C#看起来与 Java 有着惊人的相似之处，它包括如单一继承、界面、与 Java 几乎同样的语法以及编译成中间代码再运行的过程。但是 C#与 Java 又有着明显的不同，它借鉴了 Delphi 的一个特点，与 COM（组件对象模型）是直接集成的，而且它是微软公司. NET Windows 网络框架的主角。

4）BASIC

BASIC（Beginners' All-purpose Symbolic Instruction Code，又译培基），意思就是“初学者的全方位符式指令代码”，是一种设计给初学者使用的程序设计语言。BASIC 是一种直译式的编程语言，在完成编写后无须经由编译及连接等步骤即可执行，但如果需要单独执行时仍然需要将其建立成可执行文档。

5）Pascal

Pascal 是一种计算机通用的高级程序设计语言。Pascal 的取名是为了纪念 17 世纪法国著名哲学家和数学家 Blaise Pascal。它由瑞士 Niklaus Wirth 教授于 20 世纪 60 年代末设计并创立。Pascal 语言语法严谨，层次分明，程序易写，具有很强的可读性，是第一个结构化的编程语言。

6) Java

Java是一种可以撰写跨平台应用软件的面向对象的程序设计语言，是由SUN Microsystems公司于1995年5月推出的Java程序设计语言和Java平台(即JavaSE、JavaEE、JavaME)的总称。Java技术具有卓越的通用性、高效性、平台移植性和安全性，广泛应用于个人PC、数据中心、游戏控制台、科学超级计算机、移动电话和互联网，同时拥有全球最大的开发者专业社群。在全球云计算和移动互联网的产业环境下，Java具备了显著优势和广阔前景。

7) 易语言

易语言是一门计算机程序语言，以“易”著称，以中文作为程序代码表达的语言形式。易语言的创始人是吴涛。早期版本的名字为E语言。易语言最早版本的发布可追溯至2000年9月11日。可以说，创造易语言的初衷是进行用中文来编写程序的实践。从2000年至今，易语言已经发展到一定的规模，在功能上、用户数量上都十分可观。

8) SQL

结构化查询语言(Structured Query Language，SQL)是一种数据库查询和程序设计语言，用于存取数据以及查询、更新和管理关系数据库系统；同时也是数据库脚本文件的扩展名。结构化查询语言是高级的非过程化编程语言，允许用户在高层数据结构上工作。它不要求用户指定对数据的存放方法，也不需要用户了解具体的数据存放方式，所以具有底层结构完全不同的数据库系统可以使用相同的结构化查询语言作为数据输入与管理的接口。结构化查询语言语句可以嵌套，这使它具有极大的灵活性和强大的功能。

SQL语言结构简洁、功能强大、简单易学，自从IBM公司于1981年推出以来，SQL语言得到了广泛的应用。如今无论Oracle、Sybase、Informix、SQL Server这些大型的数据库管理系统，还是Visual Foxpro、PowerBuilder这些计算机上常用的数据库开发系统，都支持SQL语言作为查询语言。

9) Python

Python是一门跨平台、开源、免费的解释型高级动态编程语言。它支持伪编译，将Python源程序转换为字节码来优化程序和提高运行速度，支持使用py2exe、Pyinstaller或cx_Freeze工具将Python程序转换为二进制可执行文件。Python支持命令式编程、函数式编程，完全支持面向对象程序设计。它的语法简洁清晰，拥有大量支持其他领域应用开发的成熟扩展库。它被誉为胶水语言，即可以把多种不同语言编写的程序融合到一起实现无缝拼接，更好地发挥不同语言和工具的优势，满足不同应用领域的需求。因此越来越多地被业内人士青睐，已成为编程语言中最流行的语言，特别是在人工智能领域，成为首选编程语言。

4.3.3 面向对象程序设计

1. 面向对象概念

面向对象程序设计(Object Oriented Programming，OOP)是一种计算机编程架构。OOP的一条基本原则是计算机程序是由单个能够起到子程序作用的单元或对象组合而成。OOP达到了软件工程的3个主要目标，即重用性、灵活性和可扩展性。为了实现整体运算，每个对象都能够接收信息、处理数据和向其他对象发送信息。

面向对象程序设计中的概念，主要包括对象、类、数据抽象、继承、动态绑定、数据封装、多态性、消息传递。这些概念具体地体现了面向对象的思想。

1）对象

可以对其做事情的一些东西。一个对象（Object）有状态、行为和标识3种属性。

2）类

类是指一个共享相同结构和行为的对象的集合。类（Class）定义了一件事物的抽象特点。通常来说，类定义了事物的属性和它可以做到的（它的行为）。举例来说，“狗”这个类会包含狗的一切基础特征，如它的孕育、毛皮颜色和吠叫的能力。类可以为程序提供模板和结构。一个类的方法和属性被称为“成员”。

3）封装

第一层意思：将数据和操作捆绑在一起，创造出一个新的类型的过程；第二层意思：将接口与实现分离的过程。

4）继承

继承是指类之间的关系，在这种关系中一个类共享了一个或多个其他类定义的结构和行为。继承描述了类之间的“是一种”关系。子类可以对基类的行为进行扩展、覆盖、重定义。

5）组合

组合既是类之间的关系也是对象之间的关系。在这种关系中一个对象或者类包含了其他的对象和类。组合描述了“有”关系。

6）多态

多态是类型理论中的一个概念，一个名称可以表示很多不同类的对象，这些类和一个共同超类有关。因此，这个名称表示的任何对象可以以不同的方式响应一些共同的操作集合。

7）动态绑定

动态绑定也称动态类型，是指一个对象或者表达式的类型直到运行时才确定。通常由编译器插入特殊代码来实现。与之对立的是静态类型。

8）静态绑定

静态绑定也称静态类型，是指在编译时确定的一个对象或者表达式的类型。

9）消息传递

消息传递是指一个对象调用了另一个对象的方法（或者称为成员函数）。

10）方法

方法也称为成员函数，是指对象上的操作，作为类声明的一部分来定义。方法定义了可以对一个对象执行哪些操作。

2. 面向对象设计的优点

面向对象的设计出现以前，结构化程序设计是程序设计的主流，结构化程序设计又称为面向过程的程序设计。在面向过程的程序设计中，问题被看作一系列需要完成的任务，函数（在此泛指例程、函数、过程）用于完成这些任务，解决问题的焦点集中于函数。其中函数是面向过程的，即它关注如何根据规定的条件完成指定的任务。

在多函数程序中，许多重要的数据被放置在全局数据区，这样它们可以被所有的函数访问。每个函数都可以具有自己的局部数据。

这种结构很容易造成全局数据在无意中被其他函数改动，因而程序的正确性不易保证。面向对象程序设计的出发点之一就是弥补面向过程程序设计中的一些缺点：对象是程序的基本元素，它将数据和操作紧密地连接在一起，并保护数据不会被外界的函数随意改变。

比较面向对象程序设计和面向过程程序设计，还可以得到面向对象程序设计的其他优点。

(1) 数据抽象的概念可以在保持外部接口不变的情况下改变内部实现，从而减少甚至避免对外界的干扰。

(2) 通过继承大幅减少冗余的代码，并可以方便地扩展现有代码，提高编码效率，也降低了出错的概率和软件维护的难度。

(3) 结合面向对象分析、面向对象设计，允许将问题域中的对象直接映射到程序中，减少软件开发过程中中间环节的转换过程。

(4) 通过对对象的辨别、划分可以将软件系统分割为若干相对独立的部分，在一定程度上更便于控制软件复杂度。

(5) 以对象为中心的设计可以帮助开发人员从静态（属性）和动态（方法）两个方面把握问题，从而更好地实现系统。

(6) 通过对象的聚合、联合可以在保证封装与抽象的原则下实现对象在内在结构以及外在功能上的扩充，从而实现对象由低到高的升级。

3. 最早的面向对象程序设计语言

1967 年 5 月 20 日，在挪威奥斯陆郊外的小镇莉沙布举行的 IFIP TC-2 工作会议上，挪威科学家 Ole-Johan Dahl 和 Kristen Nygaard 正式发布了 Simula 67 语言。Simula 67 被认为是最早的面向对象程序设计语言，它引入了所有后来面向对象程序设计语言所遵循的基础概念，即对象、类、继承。之后，在 1968 年 2 月形成了 Simula 67 的正式文本。

挪威科学家 Ole-Johan Dahl、Kristen Nygaard 在 1968 年，荷兰教授 E. W. Dijkstra 也是在同一年提出了“GOTO 语句是有害的”的观点，指出程序的质量与程序中所包含的 GOTO 语句的数量成反比，认为应该在一切高级语言中取消 GOTO 语句。这一观点在计算机学术界激起了强烈的反响，引发了一场长达数年的广泛的论战，其直接结果是结构化程序设计方法的产生。

相信当时没有任何人预见到当年发生的这两件事对后来计算机技术，特别是软件技术所产生的深远影响。尽管这两种方法的思想差异巨大，但是多年以后，无论是 Ole-Johan Dahl 和 Kristen Nygaard 还是 E. W. Dijkstra，都因其在这一年所取得的成就，获得了计算机界的诺贝尔奖——图灵奖。为了纪念挪威的这两位科学家的卓越贡献，在挪威研究基金会的筹划下，Simula 研究所于 2001 年 1 月正式成立。

随着计算机技术的迅猛发展，硬件成本不断降低，而软件成本却不断增加，因此，如何缩短软件生产周期和提高维护效率，研制出高质量的软件产品成为一个重要课题。

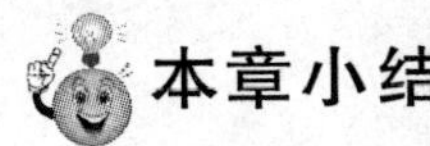

本章小结

本章介绍了计算机软件系统的整体概念，并介绍了典型的系统(操作系统和程序设计语言)。操作系统是最重要的系统软件之一，通过介绍操作系统的概念和资源管理的功能，以及常用的4种操作系统(MS-DOS、Windows、UNIX和Linux)，使读者对操作系统有了整体的认识。

程序设计语言翻译是理解软件开发和执行的重要环节，本章使读者了解程序设计语言翻译系统的概念及其翻译过程。另外，本章还介绍了算法与数据结构的概念，这些概念将贯穿计算机专业学习的始末，希望读者能明确掌握。

思考题与习题

1. 选择题

(1) 以下不是常用的算法描述方法的是(　　)。

A. 自然语言　　B. 结构图

C. 伪代码　　D. 计算机程序设计语言

(2) 以下不是微机操作系统的是(　　)。

A. Android　　B. Microsoft Windows

C. UNIX　　D. Linux

2. 分析与思考题

(1) 计算机软件分为哪几类？试列举每类软件中所知道的软件名称。

(2) 常见的操作系统有哪些？

(3) 什么是算法？

(4) 数据结构主要研究什么？开设数据结构课程的目的是什么？

第5章 数据库系统及其应用

学习要求

- 了解数据管理技术的产生和发展过程。
- 掌握数据库系统的基本概念。
- 掌握数据库的体系结构。
- 掌握基本的 SQL 语句。

计算机从科学计算领域诞生，随着计算机技术的蓬勃发展，在计算机的三大主要应用(科学计算、过程控制和数据处理)领域中，数据处理已成为计算机应用的主要方面，约占70%。把存储在某种存储介质上的能被识别的物理符号称为数据，如文字、数字等组成的文本数据或由图形、动画、声音、影像等组成的多媒体数据等。

人们通过对数据的处理获得有用的信息，作为人们行动或决策依据的信息。数据处理的目的是为了有效管理，为了挖掘数据背后的信息，从而指导判断和决策。数据库技术是专门研究数据管理的计算机技术。

本章结合对信息系统和数据管理的了解，对数据管理技术进行介绍。

5.1 数据管理技术的产生和发展

5.1.1 数据管理技术的产生

信息革命的核心是信息技术，信息技术对于企业公司系统组织管理的影响也是深远的。借助信息技术对企业系统运行进行有效管理和控制，能提高工作效率，更快、更好地应对市场的竞争和需求。

商业组织系统是一个使用各种资源生产商品并服务客户的系统。信息系统是商业组织系统中的重要子系统，它担负着对整个系统内部进行反馈和调控的作用。信息系统的功能是提供信息，支持组织机构的运行、管理与决策。信息系统包括系统硬件资源、系统软件资源、信息系统应用软件和系统管理4个部分。数据管理系统是构成信息系统的核心，也是最重要的应用软件。信息系统可分为3类，即数据处理系统、管理信息系统及决策支持系统。

5.1.2 数据管理技术的发展

计算机处理的对象是数据，因而如何管理好数据就是一个重要的问题。在20世纪50年代中期以前没有专门用于数据管理的软件。操作系统出现以后，可以通过操作系统管理数据。但是操作系统是以文件为单位进行管理的，文件之间没有联系，很难解决数据在多个文件中重复存储和数据不一致的问题。为此，20世纪60年代末提出了数据库的概念。

数据处理的中心是数据管理，它包括数据组织、分类、编码、存储、检索和维护。随着硬件、软件技术及计算机应用范围的发展，数据管理技术也经历了人工管理、文件管理和数据库管理3个阶段。

1. 人工管理阶段

计算机出现之前，人们利用纸张记录和存储数据，用简单计算工具（算盘、计算尺等）进行计算，用人的大脑对数据进行管理和利用。计算机出现后，20世纪50年代中期以前计算机主要用于科学计算。硬件方面只有卡片、纸带、磁带等，没有可以直接访问、直接存取的外部存取设备。软件方面也没有专门数据管理的软件，数据由用户自己管理，程序自行携带和管理需要处理的数据，给程序设计人员增加了大量工作。数据与相应的程序一一对应，如图5-1所示。

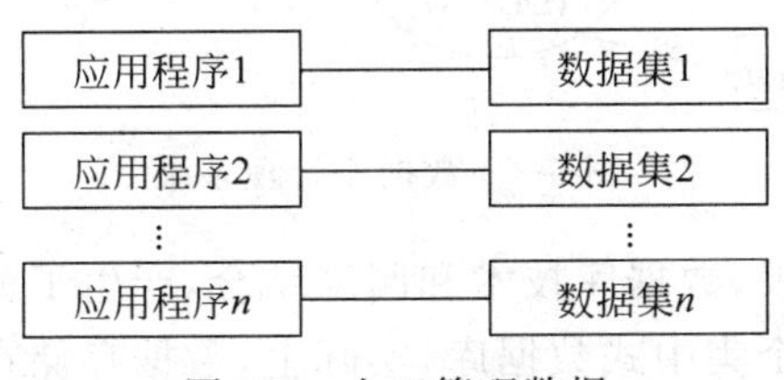

图5-1 人工管理数据

随着程序运行的结束，数据存储空间也被释放。由于数据不保存，数据也无法被其他程序重复使用，两组程序即使处理同样一组数据也必须各自输入和管理。人工管理阶段数据管理的特点是程序设计人员亲自管理数据，数据冗余度大，缺乏数据的独立性，无法共享数据。

2. 文件管理阶段

20世纪50年代后期到60年代中后期，计算机处理速度和存储能力有了很大提高，软件技术也得到很大发展，出现了操作系统和各种程序设计语言，以及专门管理外存的数据管理软件，实现了按文件访问的管理技术，如图5-2所示。

在这个阶段，程序与数据有了一定的独立性，程序与数据分开，有了程序文件与数据文件的区别。数据文件可以长期保存在外存上多次存取，进行如查询、修改、插入、删除等操作。但数据冗余度大，缺乏数据独立性，数据无法集中管理。

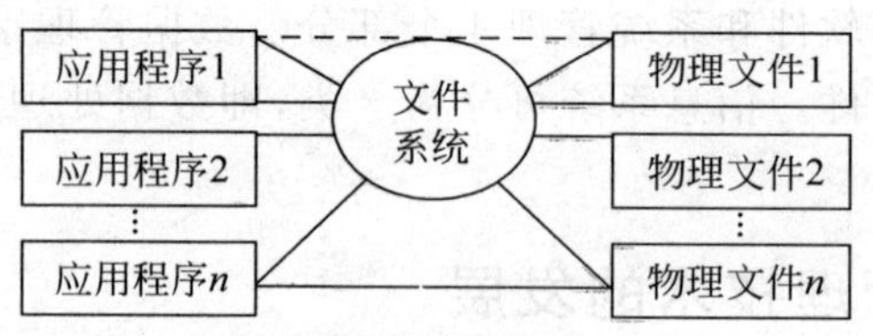

图 5-2 文件系统管理数据

3. 数据库管理阶段

20 世纪 60 年代后期以来，计算机软硬件技术飞速发展，计算机速度和存储能力不断提高，计算机用于数据处理的规模越来越大，数据量急剧增加。在实际应用中要求多个用户、多个程序共享数据，尽量减少数据的冗余，不但节省空间，更重要的是减少数据的不一致性。

然而，文件系统无法满足这些要求。为了解决多用户、多个程序共享数据的需求，数据库技术应运而生。数据库是通用化的相关数据集合，它不仅包括数据本身，而且包括数据之间的联系。为了让多种应用程序并发地使用数据库中具有最小冗余的共享数据，必须使数据与程序具有较高的独立性，需要一个软件系统对数据实行专门管理，提供安全性和完整性等统一控制，方便用户以交互命令或程序方式对数据库进行操作。为数据库的建立、使用和维护而配置的软件成为数据库管理系统（DBMS），如图 5-3 所示。

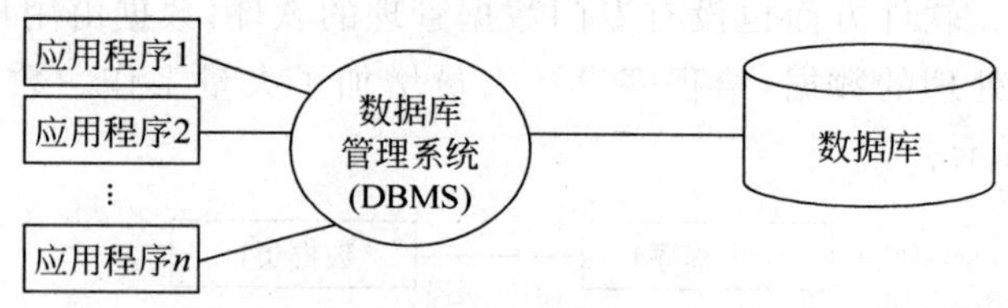

图 5-3 数据库管理系统

伴随着网络技术的发展，数据库技术和网络结合，产生了分布式数据库管理系统。分布式数据库在逻辑上像一个集中式数据库，实际上，数据存储在计算机网络的不同地域的节点上。每个节点有自己的局部数据库管理系统，它有很高的独立性。用户可以由分布式数据库管理系统，通过网络相互传输数据，如图 5-4 所示。

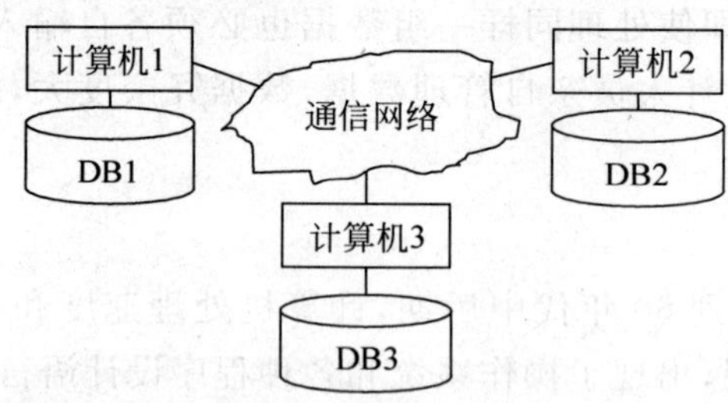

图 5-4 分布式数据库管理系统

此外，目前人们研究的网格技术也可实现对网络软硬件资源的共享和有效应用，这其中也包括对网络中的数据资源的利用和统一调度管理。可以说伴随计算机技术的发展，数据管理技术也在不断发展，对数据管理无论是数据范围、类别还是层次也在拓展和延伸，毕竟数据里隐含着大量有用的信息，需要挖掘。

面对数据库应用领域的不断扩展和用户要求的多样化、复杂化，传统数据库受到了严峻的挑战。而且数据库技术不断与网络通信技术、人工智能技术、面向对象程序设计技术、并行处理技术等新兴技术相互渗透、互相结合，更使数据库的研究不断往多元化、综合化的方向发展。

总结当前数据库的发展趋势和新兴研究方向，主要有以下两大类。

第一类：立足于数据库已有的成果和技术，让传统数据库管理系统与其他学科的新技术紧密结合，使传统数据库在不同层次上得到扩充，丰富和发展数据库系统的概念、功能和技术。如数据库技术与分布处理技术相结合，出现了分布式数据库系统；数据库技术与并行处理技术相结合，出现了并行数据库系统；数据库技术与人工智能技术相结合，出现了知识库系统和主动数据库系统；数据库技术与多媒体技术相结合，出现了多媒体数据库系统；数据库技术与模糊技术相结合，出现了模糊数据库系统等。

第二类：立足于新的应用需求和计算机未来的发展，研究全新的数据库系统。数据库的发展集中表现在数据模型的发展。数据模型从最初的层次模型、网状模型发展到关系模型。关系理论的研究和关系数据库管理系统研制的巨大成功进一步促进了关系数据库的发展，使关系模型成为具有统治地位的数据模型。然而随着数据库应用领域对数据库需求的增多，传统的关系数据模型暴露出了许多弱点，如对复杂对象的表示能力差、语义表达能力较弱、缺乏灵活丰富的建模能力等。为了使数据库用户能够直接以他们对客观世界的认识方式来表达他们所要描述的世界，人们提出并发展了许多新的数据模型，如语义数据模型和面向对象数据模型等。

5.1.3　数据库管理系统的功能

由于不同的数据库管理系统（Database Management System，DBMS）要求的硬件资源、软件资源环境不同，其功能与性能也存在差异，但一般来说，DBMS 的功能主要包括以下 6 个方面。

1. 数据定义

数据定义包括定义构成数据库结构的模式、存储模式和外模式；定义各个外模式与模式之间的映射；定义模式与存储模式之间的映射；定义有关的约束条件。例如，为保证数据库中数据具有正确语义而定义的完整性规则，为保证数据库安全而定义的用户口令和存取权限等。

2. 数据操纵

数据操纵包括对数据库数据的检索、插入、修改和删除等基本操作。

3. 数据库运行管理

对数据库的运行进行管理是 DBMS 运行时的核心部分，包括对数据库进行并发控制安全性检查、完整性约束条件的检查和执行、数据库的内部维护（如索引、数据字典的自动维护）等。所有访问数据库的操作都要在这些控制程序的统一管理下进行，以保证数据的安全性、完整性、一致性以及多用户对数据的并发使用。

4. 数据组织、存储和管理

数据库中需要存放多种数据，如数据字典、用户数据、存取路径等，DBMS负责分门别类地组织、存储和管理这些数据，确定以何种文件结构和存取方式物理地组织这些数据，如何实现数据之间的联系，以便提高存储空间利用率和提高随机查找、顺序查找以及增、删、改等操作的效率。

5. 数据库的建立和维护

建立数据库包括数据库初始数据的输入与数据转换等。维护数据库包括数据库的转储与恢复、数据库的重组织与重构造、性能的监视与分析等。

6. 数据通信接口

DBMS需要提供与其他软件系统进行通信的功能。例如，提供与其他DBMS或文件系统的接口，从而能够将数据转换为另一个DBMS或文件系统能够接收的格式，或者接收其他DBMS或文件系统的数据。

一个设计优良的DBMS应该具有友好的用户界面、比较完备的功能、较高的运行效率、清晰的系统结构和开放性。开放性是指数据库设计人员能够根据自己的特殊需要，方便地在一个DBMS中加入一些新的工具模块，这些外来的工具模块可以与该DBMS紧密结合，一起运行。现在人们越来越重视DBMS的开放性，因为DBMS的开放性为建立以它为核心的软件开发环境或规模较大的应用系统提供了极大的方便，也使DBMS本身具有更强的适应性、灵活性和可扩展性。

5.2 数据库系统中的基本概念

数据、数据库、数据库管理系统和数据库系统是与数据库技术密切相关的4个基本概念。

5.2.1 数据、信息与数据处理

数据：在数据管理中，一切能被计算机接收且能被处理的都是数据。

信息：信息是人们消化理解的数据。数据与信息既有联系又有区别。信息是一个抽象概念，是反映现实世界的知识，是被加工成特定形式的数据，用不同的数据形式可以表示同样的信息内容。

信息与数据的关系：信息＝数据＋处理。

数据处理：数据是重要的资源，数据处理可定义为对数据的收集、存储、加工、分类、检索、传播等一系列活动。

5.2.2 数据库

在学习数据库应用系统之前，首先了解一下什么是“数据库”。

下面举个例子来说明这个问题。每个人都有很多亲戚和朋友，为了保持与他们的联

系，常常用一个笔记本将他们的姓名、地址、电话等信息都记录下来，这样要查谁的电话或地址就很方便了。这个“通信录”就是一个最简单的“数据库”，每个人的姓名、地址、电话等信息就是这个数据库中的“数据”。可以在笔记本这个“数据库”中添加新朋友的个人信息，也可以由于某个朋友的电话变动而修改他的电话号码这个“数据”。不过说到底，使用笔记本这个“数据库”还是为了能随时查到某位亲戚或朋友的地址、邮编或电话号码这些“数据”。

实际上，“数据库”就是为了实现一定的目的按某种规则组织起来的“数据”的“集合”，这样的数据库在生活中随处可见。更准确地说，数据库就是长期储存在计算机内、有组织的、可共享的数据集合。数据库中的数据按一定的数据模型组织、描述和储存，具有较小的冗余度、较高的数据独立性和易扩展性，并可为各种用户共享。

5.2.3 数据库管理系统

数据库管理系统是数据库系统的核心，是为数据库的建立、使用和维护而配置的软件，由一个互相关联的数据集合和一组用于访问这些数据的程序组成。它建立在操作系统的基础上，是位于操作系统与用户之间的 层数据管理软件，负责对数据库进行统一的管理和控制。用户发出的或应用程序中的各种数据操作命令，都要通过数据库管理系统来执行。数据库管理系统还承担着数据库的维护工作，能够按照数据库管理员所规定的要求，保证数据库的安全性和完整性。

数据处理的中心是数据管理，它包括数据组织、分类、编码、存储、检索和维护。随着硬件、软件技术及计算机应用范围的发展，数据管理技术经历了人工管理、文件管理和数据库管理 3 个阶段。

数据库系统一般由数据库、数据库管理系统、支持数据库运行的硬件、应用系统、数据库管理员和用户构成。从数据库最终用户的角度看，可以将数据库系统的体系结构分为单用户结构、主从式结构、分布式结构、客户机/服务器结构和浏览器/服务器结构等。

下面来看另一个例子。图书管理员在查找一本书时，首先要通过目录检索找到那本书的分类号和书号，然后在书库找到那一类书的书架，并在那个书架上按照书号的大小次序查找，这样很快就能找到所需要的书。这里的图书就类似于存储数据的“文件”，图书管理员就类似于前面介绍的管理数据的“一组程序”，而“图书馆”就类似于这里的“数据库”。

数据库里的数据像图书馆里的图书一样，也要让人能够很方便地找到才行。如果所有的书都不按规则，胡乱堆在各个书架上，那么借书的人根本就没有办法找到想要的书。同理，如果把很多数据胡乱地堆放在一起，让人无法查找，这种数据集合也不能称为“数据库”。图书管理员要做的事情很多，他要检查输入的数据是否合法(数据的定义问题)，如何摆放最好(数据的组织问题)，如何更快地找到用户所需要的数据并提取出来(数据的存储路径和操作问题)，数据如何不被非法提取(数据的安全性问题)等。

有时候可能会有多个读者来借书，为了提高效率，图书管理员可以一次拿几张借书单，顺路把客户需要的图书都提取出来(这涉及并发控制问题)。总之，图书管理员所做的事情就是数据库管理系统所要做的。

设计数据库管理系统的目的是为了管理大量的数据。对数据的管理既涉及数据存储结构的定义,又涉及数据操作机制的提供。另外,数据库管理系统还必须保证所存储数据的安全性。如果数据被多用户共享,那么系统还必须设法避免多用户操作时可能产生的异常结果,这就是并发控制。

数据库管理系统的优点主要有以下几点。

(1) 减少数据冗余。数据冗余或者重复是指相同的数据字段重复地出现在不同的文件中,其形式通常也各不相同。这就浪费了存储空间,也会因为数据的不一致而出现错误。

(2) 改善数据的完整性。数据的完整性是指数据是精确、兼容且最新的。在旧系统中,当一个文件中做了修改而其他可能相关的文件中并没有做修改时就会出现错误。在数据库管理系统里,数据冗余的减少会增强数据的完整性。

(3) 加强安全性。虽然多个部门可以共享数据,但是可以访问特殊信息的用户还是需要加强限制,保证合法的用户在限定范围内访问数据。

(4) 数据维护更容易。数据库管理系统为添加、编辑以及删除记录提供了标准操作,也可以核对输入数据是否适合字段的类型、是否完整。数据备份功能方便用户在主系统发生故障时也可以访问数据。

需要注意的是,日常生活中常说的“数据库系统”在大多数时候都是指 DBMS,但是严格地说,数据库系统(DBS)是指在计算机系统中引入数据库后的系统。一般由数据库、数据库管理系统(及其开发工具)、应用系统、数据库管理员和最终用户构成。应当指出的是,数据库的建立、使用和维护等工作只靠 DBMS 是远远不够的,还要有专门的人员来协助管理,这些人就是数据管理员。

5.2.4 数据库系统

数据库系统(DataBase System,DBS)是指系统开发人员利用数据库系统资源开发出来的,面向某一类实际应用的应用软件系统。很多信息系统属于数据库系统。信息系统可分为面向外部、实现信息服务的开放式信息系统;面向内部业务和管理的管理信息系统。从实现技术角度而言,都是以数据库为基础和核心的计算机应用系统。

广义地看,数据库系统则是由数据库、数据库管理系统、支持数据库运行的硬件、应用系统、数据库管理员(DBA)和用户构成。其中,数据库是一个结构化的数据集合。数据库管理系统则是专门对数据进行管理的一个软件。硬件是数据库赖以存在的物理设备。应用系统则是用户为了满足特定的应用环境而开发的系统。数据库管理员是工作在数据库管理系统之上的人员,而用户则是应用系统的使用者。

数据库(系统)结构分为以下 3 级(自顶向下)。

(1) 面向用户或应用程序员的用户级:外模式(数据库查询使用视图的操作等)。

(2) 面向建立和维护数据库人员的概念级:模式(数据库设计、数据库管理员)。

(3) 面向系统程序员的物理级:内模式,数据库系统内部数据的逻辑结构和物理结构。

如图 5-5 所示，通常使用者（应用程序员）和数据库设计者（应用架构者）及管理者（DBA）只涉及数据库系统的上面两级，深入研究数据库系统和数据库系统实现者（系统程序员）进入最底层一级。

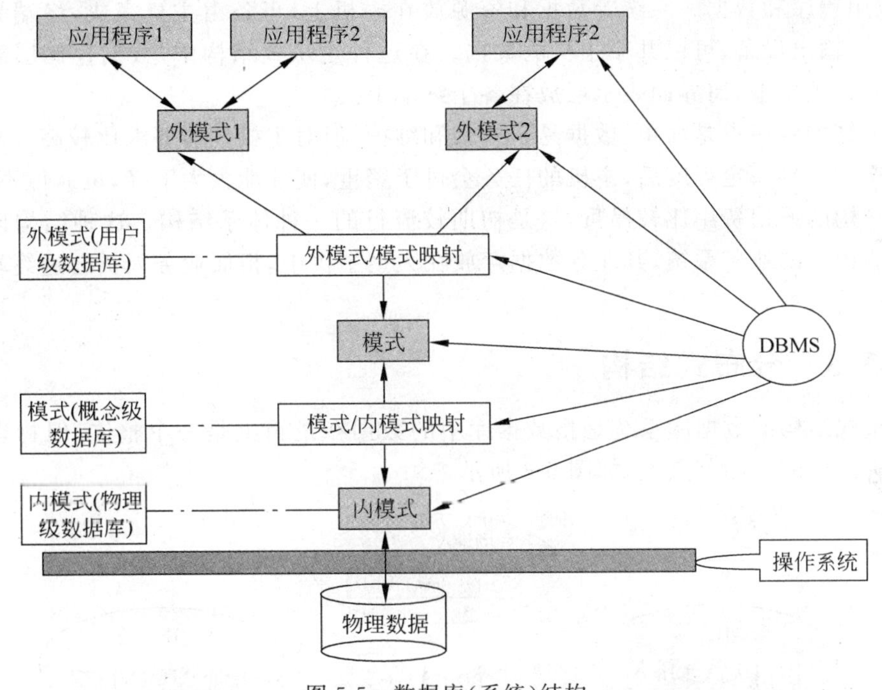

图 5-5 数据库（系统）结构

5.3 数据库的体系结构

一个数据库应用系统包括数据存储层、业务处理层和界面表示层 3 个层次。数据库系统体系结构就是指数据库应用系统中数据存储层、业务处理层、界面表示层等之间的布局和分布。

数据库系统体系结构可以从不同层次或不同角度来分析。从数据库最终用户角度来看，数据库系统外部的体系结构，可分为单用户结构、主从式结构、分布式结构、客户/服务器结构和浏览器/服务器结构等。下面对这几种不同的体系结构进行讨论。

5.3.1 单用户结构

单用户结构的数据库系统是一种比较简单的数据库系统，通常称为桌面型数据库管理系统。这种桌面型数据库管理系统已经基本上实现了 DBMS 应该具备的功能。

单用户结构的特点是整个数据库系统包括操作系统、DBMS、应用程序和数据库等都安装在一台计算机上，由一个用户独占，不同机器间不能共享数据，容易造成数据大量冗余，主要适合于个人计算机用户。

单用户结构中，数据存储层、业务处理层和界面表示层都存在于一台计算机上。

5.3.2 主从式结构

主从式结构的数据库系统是一种采用大型主机和终端结合的系统，这种结构将操作系统、应用程序和数据库系统等数据和资源放在主机上，事务由主机完成，终端只是作为一种输入/输出设备，可以共享主机的数据。在这种主从式结构中，数据存储层和业务处理层都放在主机上，而界面表示层放在各个终端上。

这种结构的优点是简单，数据易于管理和维护，但对主机性能要求比较高。缺点是当终端用户增加到一定程度后，主机的任务会过于繁重，使性能大大下降，可靠性不够高，并且这种结构的通信费用比较昂贵，这是初期较流行的一种体系结构。这种结构比较典型的有一些银行的业务系统，其业务数据存放在大型主机中，柜面业务人员通过终端实现对主机数据的共享。

5.3.3 分布式结构

分布式结构的数据库系统是指数据库中的数据在逻辑上是一个整体，但物理地分布在计算机网络的不同节点上，如图 5-6 所示。

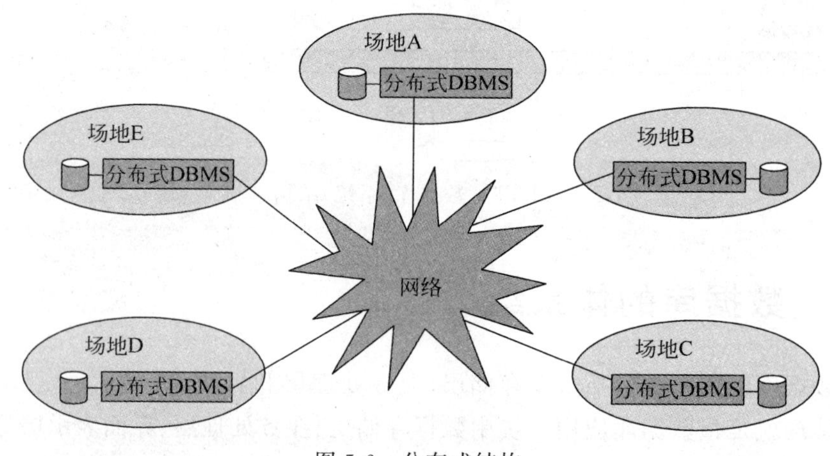

图 5-6 分布式结构

分布式结构的数据库系统由多台计算机组成，每台计算机都配有各自的本地数据库。在分布式结构的数据库系统中，大多数处理任务由本地计算机访问本地数据库完成局部应用；对于少量本地计算机不能胜任的处理任务，通过网络存取和处理多个异地数据库中的数据执行全局应用。

分布式结构的优点是满足了地理上分散的公司、团体和组织对数据库应用的需求，体系结构灵活、经济性能好。其缺点是由于数据的分散存放，给数据的处理、管理与维护带来困难。而且当用户需要经常访问远程数据时，系统效率会明显地受到网络传输的制约。分布式结构大量用于跨不同地区的公司、团体等。

5.3.4 客户/服务器结构

客户/服务器(Client/Server，C/S)结构是当前非常流行的一种结构。在这种结构中网络某个(些)节点上的计算机专门用于执行 DBMS 功能,称为服务器。其他节点上的计算机安装 DBMS 的外围应用开发工具以及用户的应用系统,称为客户机。客户机提出请求,服务器对客户机的请求做出响应。

在客户/服务器结构的数据库系统中,数据存储层处于服务器上,业务处理层和界面表示层处于客户机上。客户机支持用户应用,负责管理用户界面、接收用户数据、生成数据库服务请求等;服务器则接收客户机的请求,处理请求并返回执行的结果。

这种结构的优点是不需要将大量数据在网络上传输,减少了网络的数据传输量,提高了系统的性能、吞吐量和负载能力。数据库更加开放,可移植性高,因为客户机与服务器一般都能在多种不同的硬件和软件平台上运行,并且可以使用不同厂商的数据库应用开发工具。但这种结构本身也有缺点,如系统安装复杂,工作量大;应用维护困难,难以保密,造成安全性差;相同的应用程序要重复安装在每一台客户机上,从总体来看,浪费了系统资源。特别是当系统规模达到数百台或数千台客户机,它们的硬件配置、操作系统又常常不同,要为每一台客户机安装应用程序和相应的工具模块,其安装维护代价便不可接受了。

客户/服务器结构也可分为集中的和分布的。集中的客户/服务器结构只有一台数据库服务器、多台客户机。分布的客户/服务器结构在网络中有多台数据库服务器,它是客户/服务器结构与分布式结构数据库的结合。

5.3.5 浏览器/服务器结构

由于客户/服务器(C/S)结构需要配置和维护多个客户端支撑软件,不但会造成客户机臃肿,而且给应用程序的维护工作带来了很大的不便。随着互联网浏览器功能越来越强大,在许多场合下可以用浏览器取代客户/服务器结构的客户端软件,因此,人们提出了一种改进的结构——浏览器/服务器(B/S)结构。这种结构中统一用浏览器作为客户端,实现用户的输入/输出。

应用程序的业务逻辑和数据处理都在服务器端安装和运行,因此,服务器端除了要有数据库服务器保存数据并运行基本的数据操作外,还要有处理客户端提交的处理要求的应用服务器。这种结构的数据存储层处于数据库服务器上,主要执行数据逻辑,运行 SQL 式存储过程;业务处理层位于应用服务器上,主要执行业务逻辑,向数据库发送请求;而界面表示层位于客户机,实现用户引导,向应用服务器发送请求并显示处理结果。

浏览器/服务器结构采用浏览器作为客户端,界面统一,容易为用户所掌握,大大减少了用户培训时间。并且由于所有业务逻辑和数据处理均在服务器端执行,大大减少了系统开发和维护的代价,能够支持数万甚至更多的用户。这种结构已成为目前最流行的数据库体系结构。

C/S 和 B/S 结构的比较

1. C/S 结构的优缺点

1) 服务器处理任务相对较轻

由于客户端分担了一部分功能,服务器处理任务相对来说减轻了一点,特别是胖客户端更是如此。因为服务器处理任务的轻重最主要的决定因素还是它所处理的数据量,所以处理任务相对减轻了。

2）安全性问题

如果在局域网使用C/S结构,客户端被专人、特定位置使用,则安全性可以得到保障;如果在互联网上使用,就必须保障客户端的安全、数据库服务器的安全和C/S通信的安全。如一种常见的安全威胁是对于通用软件,任何人都可以下载安装客户端,进而破解,从而建立与数据库服务器的非法连接,进行非法操作,这时服务器端应该能够识别这种错误。遗憾的是,似乎这方面做得不够好,看满天飞的网游外挂就可以了解一斑。

3）系统开发、维护、升级和培训的成本高

现在的软件系统越来越大、越来越复杂,系统的开发时间、开发成本直接影响企业的发展,C/S结构的系统需要仔细地把任务逻辑在客户端和服务器端进行合理地分配,并进行通信,业务进行变化时又需重新设计,所以开发成本比较高。

C/S结构的软件需要针对不同的操作系统开发不同版本的软件,每台客户机需要安装专门的客户端,而且当系统升级时每一台客户机需要重新安装客户端,其维护和升级成本非常高。对于特定的客户端有特定的功能和操作方式,所以客户的培训成本也不可忽视。

2．B/S结构的优缺点

1）服务器处理任务相对较重

由于B/S结构的软件系统的绝大部分功能是在服务器端实现,全部用户提交数据的处理和储存都在服务器端进行的,所以服务器处理任务相对较重。一旦数据库服务器崩溃,所有数据将丢失,所以数据库的备份恢复必不可少。

2）安全性问题

因为绝大部分基于B/S结构的系统是在Internet上运行的,是一种开放式的结构,所以服务器端尽可能保证网络连接的安全、操作系统本身的安全、Web服务器的安全和数据库服务器的安全。

目前,客户端只有浏览器,而服务器端相对来说是不可见的,浏览器对自身的安全有一定保护规制,而且现在大部分服务器是采用相对安全的技术和专业人士维护,似乎比C/S结构更安全。

3）系统开发、维护、升级和培训的成本低

B/S结构系统一个极大的优点就是维护和升级方式简单。由于B/S结构的固有特点,所以无论客户的规模有多大,系统都只需要在服务器端维护升级就可以了,所有的客户端只是浏览器,不需要做任何维护。这样极大地减少了维护设计的费用和时间。还有一个好处是客户端只是一个浏览器,所以对客户只需要很少的培训就可以了。

通过对上面的分析可知,C/S和B/S结构各有千秋。显然,在企业应用中不存在解决所有商业问题的最佳的C/S或B/S结构,在设计某个实际系统时,项目的负责人必须综合考虑多方面的问题。要对实际商业问题有精确、深入的分析,与客户进行有效的沟通,结合物理和本身的一些制约因素。

综合考虑系统开发、维护、升级和培训的费用以及系统的可用性、开放性、易于扩展性和系统的集成性。目前,比较多的应用模式一般是企业分为内部网、外部网。内部网基于C/S结构,可以灵活地进行企业内部数据的处理和办公自动化,快速进行针对性的数据处理。外部网基于B/S结构,部门之间进行信息交流整合,实现信息的网上发布,能够为用户提供动态的信息和数据处理服务,加强了用户与企业及企业内部之间的信息交流,降低了日常工作成本,提高了企业经济效益和竞争力。

5.4 数据模型

数据库是数据的一个集合,它不仅要反映数据本身的内容,而且要反映数据之间的关系。由于计算机不可能直接处理现实世界中的具体事物,所以人们必须事先把具体事物转成计算机能够处理的数据。模型是对现实世界的抽象。

在数据库技术中,使用模型的概念描述数据库的结构与语义,对现实世界进行抽象。通俗地讲,数据模型就是现实世界的模拟。数据模型应满足3个方面要求:①能比较真实地模拟现实世界;②容易为人所理解;③便于在计算机上实现。一种数据模型要很好地满足这3个方面的要求,目前尚很困难。

DBMS的功能主要包括数据定义、数据操纵、数据库运行管理、数据组织存储和管理、数据库的建立和维护、数据通信接口。数据模型就是现实世界的模拟。概念模型是按用户的观点对数据建模,强调其语义表达能力,概念应该简单、清晰、易于用户理解,它是对现实世界的第一层抽象,是用户和数据库设计人员之间进行交流的工具。逻辑数据模型是数据库系统中用以提供信息表示和操作手段的形式框架,是用户和数据库之间相互交流的工具。

在数据库系统中针对不同的使用对象和应用目的采用不同的数据模型。

不同的数据模型实际上提供了模型化数据和信息的不同工具。根据模型应用的不同目的,可以将这些模型划分为两类,即概念模型和结构模型,它们分属于不同的层次。在进行数据库设计时,使用数据模型工具抽象、表示和处理现实世界中的数据和信息。这要经历两个阶段:从现实世界到信息世界;再由信息世界到计算机世界。在第一阶段中,按照用户的观点对现实世界数据进行描述,形成概念模型。在第二阶段中,按照计算机系统的观点对信息世界数据进行描述,形成计算机世界数据模型或结构模型。

5.4.1 概念模型

概念模型是独立于计算机系统的数据模型,完全不涉及信息在计算机中的表示,只是用来描述某个特定组织所关心的信息结构。概念模型是按用户的观点对数据建模,强调其语义表达能力,概念应该简单、清晰、易于用户理解,它是对现实世界的第一层抽象,是用户和数据库设计人员之间进行交流的工具。这一类模型中最著名的是"实体联系模型"。

5.4.2 逻辑模型

逻辑模型是直接面向数据库的逻辑结构,它是对现实世界的第二层抽象。这类模型直接与数据库管理系统有关,也称为“逻辑数据模型”或“结构数据模型”。这类模型有严格的形式化定义,以便于在计算机系统中实现。它通常有一组严格定义的无二义性语法和语义的数据库语言,人们可以用这种语言来定义、操纵数据库中的数据。

逻辑模型是数据库系统中用以提供信息表示和操作手段的形式框架,是用户和数据库之间交流的工具。用户要把数据存入数据库,只要按照数据库所提供的逻辑数据模型,使用相关的数据描述和操作语言就可以把数据存入数据库,而无须过问计算机是如何管理这些数据的细节。

目前,数据库管理软件中常用的数据模型有 3 种,即层次模型、网状模型和关系模型。

层次模型是把数据之间的关系纳入一种一对多的层次框架来加以描述,如学校、企事业单位的组织结构就是一种典型的层次结构。层次模型对于表示具有一对多联系的数据是很方便的,但要表示多对多联系的数据就不很方便。层次数据库是最老且最为简单的一种。在 20 世纪 70 年代,这一系统很好地应用在大型机的磁带存储系统之上,现在仍然使用在一些旅客预订系统上。在层次数据库中,由于数据间的关系都是预先确定的,访问数据与更新数据都很快。然而,由于结构必须在开始时就定义好,这一形式也比较呆板。

网状模型是可以方便、灵活地描述数据之间多对多联系的模型。它用一个矩形框表示客观世界的一个实体,这些实体之间的联系通过连线来表示。网状数据库部分解决了层次数据库的问题。网状数据库类似于层次数据库,但每个子记录都可以有多于一个的父记录。因此,它比层次结构的数据库更加灵活。然而,与层次数据库一样,它仍然需要在开始时就构建好结构,用户必须非常熟悉数据库结构。

关系模型是把存放在数据库中的数据和它们之间的联系看作一张张二维表。这与人们日常习惯很接近。关系数据库比层次数据库以及网状数据库更为灵活,关系数据库能将不同文件中的数据通过关键词以及常见的数据元素相互联系或者连接起来。在微型机上最常用的数据库管理软件都是支持关系模型的关系数据库系统。其中,Oracle、Sybase、Informix 和 SQL Server 是目前世界上最流行的数据库管理软件,它们将 SQL 作为数据描述、操作、查询的标准语言。

5.4.3 物理模型

数据库在物理设备上的存储结构与存取方法称为数据库的物理结构,它依赖于给定的数据库管理系统和计算机系统。在关系数据库系统中,存储结构与存取方法主要由数据库管理系统自动完成。逻辑模型与 DBMS 无关,但它的建立参照了一个特定的数据模型,如关系模型、层次模型或网状模型,而数据库物理设计是面向特定的 DBMS 系统,所以在进行物理设计时必须首先确定使用的数据库系统是什么。

5.5 基本的 SQL 语句

数据库设计是对一个给定的应用环境构造最优的数据库模式,建立数据库及其应用系统,使之能够有效地存储数据,满足各种用户的应用需求的过程。在数据库设计过程中主要有 6 个阶段，即需求分析、概念结构设计、逻辑结构设计、物理结构设计、数据库实施和数据库运行与维护。SQL 是目前关系数据库的标准语言，它集数据查询、数据操纵、数据定义和数据控制功能于一体，具有功能强大、简洁易学的特性。

结构化查询语言(Structured Query Language，SQL)由 Boyce 和 Chamberlin 在 1974 年提出。由于它功能丰富，语言简洁，备受用户欢迎。经过各计算机公司的不断修改和完善，使其最终成为关系数据库的标准语言。

SQL 是一个非过程化的语言，用户只需提出“做什么”，而不必关心“怎么做”。大大减轻了用户的负担。SQL 语句有以下 3 种类型。

(1) 数据操纵语言 DML，用于检索查询和更改数据库记录。

(2) 数据定义语言 DDL，用于定义数据库结构。

(3) 数据控制语言 DCL，用于控制对数据库的访问。

它们各自包含的 SQL 语句及其功能如表 5-1 所示。

表 5-1　SQL 语句及其功能

类型	基本语句	功　能
DDL	CREATE TABLE	创建数据库表，用字段建立表结构
	ALTER TABLE	修改表结构，添加、修改、删除字段
	DROP TABLE	删除表
	CREATE INDEX	表的一个或多个字段建立索引
DCL	GRANT. REVOKE	用于安全，授予或取消访问权限
	COMMIT，ROLLBACK	用于事务处理，保存或不保存事务中的修改
	LOCK	用于并发控制，允许程序锁定数据库的一部分直到事务完成
DML	INSERT	在数据库表中插入新记录
	UPDATE	修改数据库中的字段值
	DELETE	删除数据库表中一个或多个记录
	SELECT	在一个或多个数据库表中检索数据并显示

1. 数据操纵语句

数据查询是数据库的核心操作，下面以数据操纵语言(DML)为例说明 SQL 的形式和简单应用。

1) SELECT 语句

SELECT 语句的一般格式：

```
SELECT[ALL|DISTINCT]<目标列表达式>[,<目标列表达式>...]
FROM <表名>[,<表名>...]
[WHERE <条件表达式>]
[GROUP BY <列名 1 >[HAVING <条件表达式>]]
[ORDER BY <列名 2 >[ASC|DESC))]]
```

其中，方括号中是可选项，尖括号中是必选项。SELECT 语句的基本功能是根据 WHERE 子句中的条件表达式，从 FROM 子句指定的数据表中找出满足条件的记录，并按 SELECT 子句规定的目标列显示查询结果。

SELECT 语句中各部分含义如下：ALL|DISTINCT 表示有两种选择，其中，ALL 表示查询结果中所有记录，DISTINCT 表示去掉查询结果中的重复记录；“目标列表达式”表示查询结果中包含的列名；用 * 代表全体列；FROM 说明要查询的数据来源于哪些表；WHERE 说明要查询的数据应满足的条件；GROUP BY 说明对查询结果按指定列分组，该属性值相同的记录为一个组；HAVING 必须与 GROUP BY 连用，表示提取分组的条件，只有满足 HAVING 条件的分组才会出现在查询结果中；ORDER BY 表示对查询结果按指定列进行排序，ASC|DESC 表示排序方式，ASC 表示升序，DESC 表示降序。

例 5-1

查询“产品”表中单价＞100 的产品名和单价信息。

```
SELECT 产品名,单价
FROM 产品  WHERE 单价> 100
```

例 5-2

查询“产品”表中单价＞100 的产品名和单价信息，且按单价的降序显示。

```
SELECT 产品名,单价
FROM 产品  WHERE 单价> 100  ORDER BY 单价  DESC
```

2）INSERT 语句

INSERT 语句的一般格式：

```
INSERT INTO <表名>[(<列名 1>[,<列名 2>...])]
VALUES (<常量 1>[,<常量 2>...])
```

INSERT 语句的基本功能是将新记录插入指定表中，＜列名 i＞是要插入记录的第 i 个列名，而＜常量 i＞是第 i 个列的值。若未指定列名，则表示插入全体列，并在 VALUES 子句中给出全体列的值。

例 5-3

在“产品”表中插入一个新产品记录(产品号：N5，产品名：微波炉，单价：750)。

```
INSERT INTO 产品(产品号,产品名,单价)
VALUES('N5','微波炉',750)
```

3）UPDATE 语句

UPDATE 语句的一般格式：

```
UPDATE <表名> SET <列名 1> = <表达式 1>[,<列名 2>: <表达式 2>...]
[WHERE <条件>]
```

UPDATE 语句的基本功能是修改指定表中满足 WHERE 子句条件的各记录指定列的值，其中 SET 子句指定用表达式的值替换相应列原值。

例 5-4

将“产品”表中产品名为空调器的单价改为 1800。

```
UPDATE 产品 SET 单价 = 1800 WHERE 产品名 = '空调器'
```

4）DELETE 语句

DELETE 语句的一般格式：

```
DELETE FROM <表名>
[WHERE <条件>]
```

DELETE 语句的基本功能是删除指定表中满足 WHERE 子句条件的各个记录。若省略 WHERE 子句表示删除指定表中全体记录。

例 5-5

删除“产品”表中产品号为 N4 的记录。

```
DELETE FROM 产品 WHERE 产品号 = 'N4'
```

2. 数据定义语句

数据定义语言(Data Definition Language，DDL)是 SQL 语言集中负责数据结构定义与数据库对象定义的语言，由 CREATE、ALTER 与 DROP 这 3 个语法所组成，最早是由 Codasyl (Conference on Data Systems Languages)数据模型开始，现在被纳入 SQL 指令中作为其中一个子集。目前，大多数的 DBMS 都支持对数据库对象的 DDL 操作，部分数据库(如 PostgreSQL)可把 DDL 放在交易指令中。

1）CREATE 语句

CREATE 语句的一般格式：

```
CREATE 数据库对象
```

其中，“数据库对象”代表了不同的创建类型。

CREATE DATABASE：表示创建一个数据库。

CREATE TABLE：表示创建一个数据库表。

CREATE VIEW：表示创建一个视图。

CREATE INDEX：为数据库表创建一个索引。

CREATE PROCEDURE：表示创建一个存储过程。

CREATE DOMAIN：表示创建一个数据值域。

CREATE 语句的基本功能是负责数据库对象的建立，包括数据库、数据表、数据库索引、预存程序、用户函数、触发程序或是用户自定型别等对象，都可以使用 CREATE 指令来建立。

例 5-6

创建销售 Sales 数据库，数据库名称为 Sales_dat，文件名称为 saledat。

```
CREATE DATABASE Sales
ON ( NAME = Sales_dat, FILENAME = 'saledat.mdf')
```

其中的 ON 为数据库文件的声明。

2）ALTER 语句

ALTER 语句的一般格式：

```
ALTER 数据库对象
```

ALTER 语句的基本功能是负责数据库对象修改的指令，相较于 CREATE 需要定义完整的数据对象参数，ALTER 则是可依照要修改的幅度来决定使用的参数。

例 5-7

在数据表 doc_exa 中加入一个新的字段，名称为 column_b，数据型别为 varchar(20)，允许 NULL 值。

```
ALTER TABLE doc_exa ADD column_b VARCHAR(20) NULL
```

3）DROP 语句

DROP 语句的一般格式：

```
DROP 数据库对象
```

DROP 语句的基本功能是删除数据库对象的指令，并且只需要指定要删除的数据库对象名称即可，在 DDL 语法中算是最简单的。

例 5-8

删除 myTable 数据表。

```
DROP TABLEmyTable
```

3. 数据控制语句

数据控制语言 DCL(Data Control Language)用来授予或回收访问数据库的某种特权，并控制数据库操纵事务发生的时间及效果，对数据库实行监视。

1）GRANT 授权语句

GRANT 语句的一般格式：

```
GRANT 权限 1[ ,权限 2... ]
ON 数据库名.表名
TO 用户 1[,用户 2...]
(WITH GRANT OPTION)
```

GRANT 授权语句的基本功能是确定单个用户或用户组对数据库对象的访问权限。WITH GRANT OPTION 的含义是获得某种权限的用户还可以把这种权限再授予其他用户。如果在定义权限时没有指定 WITH GRANT OPTION,则获得某种权限的用户只能使用该权限,不能传播该权限。例如:

```
GRANT CREATE ,ALTER,INSERT,UPDATE,SELECT
 ON TEST.*
 TO user@'localhost';
```

该条语句是授权在 localhost 主机上的 user 用户对 test 数据库的所有表的 CREATE(创建)、ALTER(修改)、INSERT(插入)、UPDATE(更新)、SELECT(选择)的权限。

2) REVOKE 回收权限语句

REVOKE 语句一般格式:

```
REVOKE   权限 1[ ,权限 2... ]
ON       数据库名.表名
TO       用户 1[,用户 2...]
```

REVOKE 语句的基本功能是回收单个用户或用户组对数据库对象的访问权限。例如:

```
REVOKE ALL ON TEST.* FROM user @'localhost';
```

该语句是收回在 localhost 主机上的 user 用户对 test 数据库的所有表的所有权限。其中 All 表示所有权限。

在收回权限时,DBMS 采用级联收回的策略,即在收回某一用户的权限时,同时也收回了该用户授权给其他用户的权限。如例 5-9 和例 5-13 所示,在收回 U3 权限的同时也收回了 U3 授予其他用户的权限。

3) ROLLBACK 回退语句

ROLLBACK 语句一般格式:

```
ROLLBACK [WORK]
TO [SAVEPOINT]
```

回退语句使数据库状态回到上次最后提交的状态点 SAVEPOINT。

4) COMMIT 提交事务语句

COMMIT 语句一般格式:

```
COMMIT [WORK]
```

数据库在插入、删除和修改操作时,只有事务提交到数据库才算完成。在事务提交前,只有操作数据库的人才有权看到所做的事情,其他人只有在提交完成后才可以看到。提交数据有三种类型:显式提交、隐式提交及自动提交。

(1) 显式提交

用 COMMIT 命令直接完成的提交为显式提交。其格式为

```
SQL>COMMIT
```

(2) 隐式提交

用 SQL 命令间接完成的提交为隐式提交。这些命令是 ALTER、AUDIT、COMMENT、CONNECT、CREATE、DISCONNECT、DROP、EXIT、GRANT、NOAUDIT、QUIT、REVOKE、RENAME。

(3) 自动提交

若把 AUTOCOMMIT 设置为 ON，则在插入、修改、删除语句执行后，系统会自动进行提交，这就是自动提交。其格式为

```
SQL > SET AUTOCOMMIT ON
```

例 5-9

把查询 Student 表的权限授予用户 U1。

```
GRANT SELECT
ON TABLE Student
TO U1
```

例 5-10

把查询 Student 表和修改学号的权限授予用户 U2。

```
GRANT UPDATE(Sno),SELECT
ON TABLE Student
TO U2
```

例 5-11

把对表 SC 的 INSERT 权限授予 U3 用户，并允许将此权限再授予其他用户。

```
GRANT INSERT
ON TABLE SC
TO U3
WITH GRANT OPTION
```

例 5-12

收回用户 U2 修改学生学号的权限。

```
REVOKE UPDATE(Sno)
ON TABLE Student
FROM U2
```

例 5-13

收回用户 U3 对 SC 表的 INSERT 权限。

```
REVOKE INSERT
```

```
ON TABLE SC
FROM U3
```

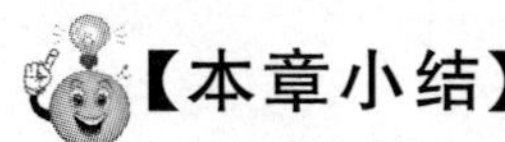

本章对数据库系统、数据库基本模型结构以及关系型数据库语言进行了讲述，丰富对信息系统的认识，掌握数据库系统对整个系统内部进行反馈和调控的作用。在数据库技术中，使用模型的概念描述数据库的结构与语义，对现实世界进行抽象。

【思考题与习题】

1. 选择题

(1) 下面不是数据管理技术经历的阶段的是(　　)。

A. 文件管理　　B. 人工管理　　C. 系统管理　　D. 数据库管理

(2) (　　)是数据库系统的核心，是为数据库的建立、使用和维护而配置的软件。

A. DBA　　B. DBMS　　C. 数据模型　　D. SQL 语言

(3) 数据库系统与文件系统的主要区别是(　　)。

A. 数据库系统复杂，而文件系统简单

B. 文件系统不能解决数据冗余和数据独立性问题，而数据库系统可以解决

C. 文件系统只能管理程序文件，而数据库系统能够管理各种类型的文件

D. 文件系统管理的数据量较少，而数据库系统可以管理庞大的数据量

(4) 下列(　　)不是 DBMS 的优点。

A. 减少数据冗余　　B. 改善数据完整性　　C. 增加数据冗余　　D. 加强安全性

(5) 要保证数据库的逻辑数据独立性，需要修改的是(　　)。

A. 模式与外模式的映射　　B. 模式与内模式之间的映射　　C. 模式　　D. 三层模式

(6) 下列不属于结构化语言 SQL 类型的是(　　)。

A. DDL　　B. DCL　　C. DEL　　D. DML

(7) 常见的数据模型有 3 种，它们是(　　)。

A. 网状、关系和语义　　B. 层次、关系和网状　　C. 环状、层次和关系　　D. 字段名、字段类型和记录

2. 分析与思考题

(1) 与使用或者管理某机构数据库的人进行交谈。确定该数据库都由哪些记录类型组成？哪个部门使用该数据库？使用了哪种数据库结构？存储设备的类型和大小是什么？采用服务器了吗？数据库管理软件采用的是什么系统？目前这个系统有什么优缺点？

(2) 上网收集有关数据挖掘的技术介绍，讨论数据挖掘技术可以在哪些方面和领域应用。

第6章

计算机网络及其应用

学习要求

- 了解计算机网络的主要功能及计算机网络分类。
- 掌握计算机网络基本原理。
- 了解计算机网络设备及局域网的组建过程。

当代社会中,计算机网络已深入人们生活的方方面面,计算机网络方便了人们生活、学习和出行。从某种意义上讲,计算机网络的发展水平反映了一个国家信息化的水平,而且标志着其国力及现代化程度。

6.1 计算机网络的概念及组成

6.1.1 计算机网络概念

利用通信设备和网络软件,把物理上分散的多台计算机连接起来,以实现通信和资源共享的系统,称为计算机网络,如图6-1所示。

图6-1 通过网络连接的用户

6.1.2 计算机网络的组成

计算机网络由通信子网、资源子网和通信协议构成，如图 6-2 所示。

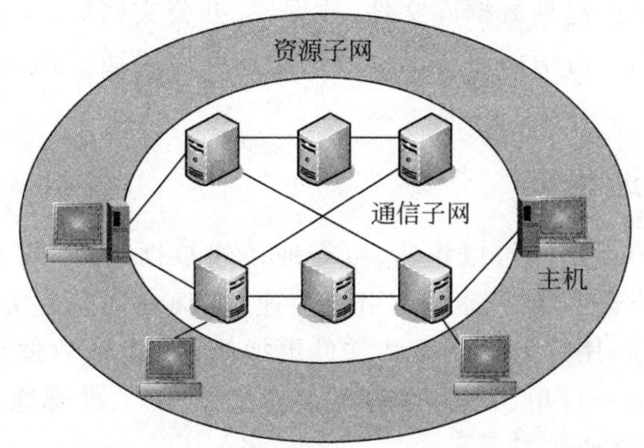

图 6-2 计算机网络的组成

1. 通信子网

实现计算机网络中通信功能的设备以及软件的集合，称为通信子网。由网络节点、通信链路和信号变换器组成。

2. 资源子网

资源子网是通过通信子网连接在一起的计算机，向网络用户提供可共享的设备及其软件的集合。

3. 通信协议

通信协议是网络中的计算机完成通信或服务所必须遵循的规则和约定。

6.2 计算机网络的功能

计算机网络是计算机技术与通信技术的产物。它增强了计算机的功能，使计算机的作用范围超越了地理位置的限制，计算机网络具有单台计算机所不能比拟的功能。计算机网络的主要功能是实现计算机间资源共享、网络通信以及对计算机的集中管理。此外，还有负荷均衡、分布处理和提高系统安全性与可靠性等功能。

6.2.1 资源共享

人们建立计算机网络的主要目的之一是共享资源。计算机资源包括软硬件资源和数据资源。对于那些比较昂贵的硬件，如巨型计算机、海量存储器、高速激光打印机、大型绘图仪和一些特殊的外部设备等，单个用户不可能拥有，通过共享硬件可以提高资源的利用率，降低硬件资源投入。软件资源（如大型软件和大型数据库等）和数据资源的共享，可减少软件开发过程中投入的劳动，提高工作效率，避免重复投入。

(1) 共享硬件资源。包括各类计算机、大容量存储设备、计算机外部设备，如彩色打印机、静电绘图仪等。

(2) 共享软件资源。包括各种应用软件、工具软件、系统开发所用的支撑软件、语言处理程序、数据库管理系统等。

(3) 共享数据资源。包括数据库文件、数据库、办公文档资料、企业生产报表等。

(4) 共享信道资源。通信信道为电信号的传输介质。通信信道共享是计算机网络中最重要的共享资源之一。

6.2.2 网络通信

计算机网络中的节点之间可以快速、可靠地传递数据、程序或文件。例如,可以通过电子邮件(E-mail)使地理上相距遥远的用户快速、准确地通信;文件传送服务(FTP)可以实现文件的实时传递,用户复制和查找文件更加便利;电子数据交换(EDI)可以实现在商业部门或公司之间进行订单、发票、单据等商业文件安全、准确地交换。另外,人们可以使用 IP 电话进行相互交谈等。

6.2.3 分布处理

对于综合性大型问题,根据一定的算法把要处理的任务分散到各台计算机上,不仅可以降低软件设计的复杂性,还可以提高工作效率、降低成本。各计算机连成网络也有利于共同协作进行重大科研课题的开发和研究。借助网络技术可以将许多小型机或微型机连成具有高性能的分布式计算机系统,使它可以解决复杂问题,从而大大降低费用。

6.2.4 集中管理

没有联网的计算机是一个"信息孤岛",它无法与外界互通有无,要分别管理这些计算机。而对联网后的计算机,可在某个中心位置实现对整个网络的控制管理,如数据库情报检索系统、交通运输部门的订票系统、军事指挥系统等。

6.2.5 均衡负荷

当网络中某台计算机的任务负荷过重时,通过网络和应用程序的控制与管理,将任务分散到网络中比较空闲的计算机上去处理或由网络中比较空闲的计算机分担负荷,由多台计算机共同完成。这样,整个网络资源能互相协作,消除了网络中的计算机忙闲不均,既影响任务又不能充分利用计算机资源的情况,提高了整个系统的利用率,如通过国际互联网中的计算机分析地球以外空间的声音等。

6.3 计算机网络的发展

6.3.1 面向终端的计算机网络

面向终端的计算机网络是以计算机为中心的远程联机系统,它通过通信线路把地理位置上分散的终端与主机连接起来形成网络实现通信。终端是没有处理能力的,人们在终端上传输指令和数据,通过通信线路将指令和数据传送给主机,主机执行指令进行数据处理,再将处理结果传送给终端,在终端上显示结果或将结果打印出来。美国军方在1954 年推出的半自动地面防空系统(SAGE)就是面向终端的计算机网络,如图 6-3 所示。

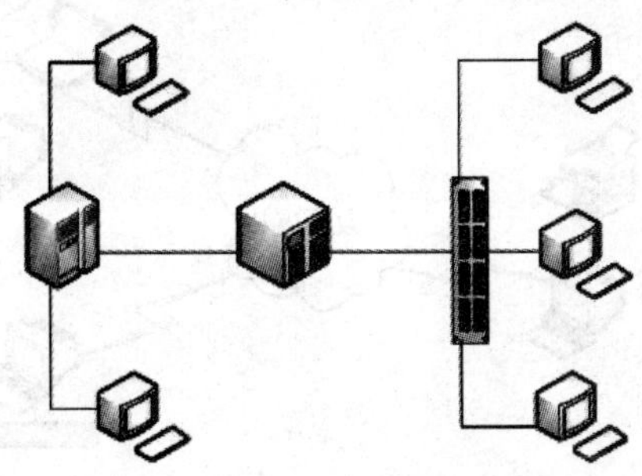

图 6-3　面向终端的计算机网络

6.3.2　共享主机的计算机网络

将多台主机通过通信线路连接起来,可以实现资源共享,就形成了第二代计算机网络。ARPANET 是第二代计算机网络的典型代表,如图 6-4 所示。

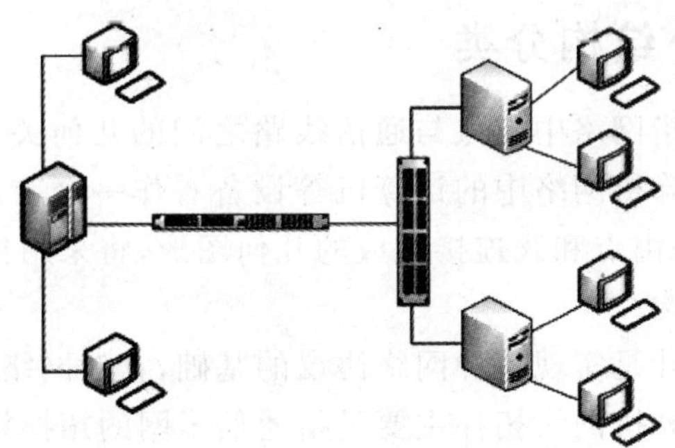

图 6-4　共享主机的计算机网络

6.3.3　标准的计算机网络

20 世纪 70 年代以后,局域网得到了快速发展。由于各供应商的网络产品在技术、结构等方面差别迥异,没有统一的标准,给用户使用带来了很大困难。1984 年,国际标准化组织颁布了计算机互联的标准框架——开放系统互联参考模型(OSI)。到了 20 世纪 80 年代中期,ISO 等机构以 OSI 参考模型为参考,制定了一系列协议标准,形成了一个 OSI 基本协议集。OSI 标准保证各厂家生产的计算机和网络产品之间可以互联,推动了网络技术的应用和发展。这就是第三代计算机网络。

6.3.4　国际计算机网络

20 世纪 90 年代,计算机网络发展成了全球的网络——互联网(Internet),如图 6-5 所示。这就是第四代计算机网络。

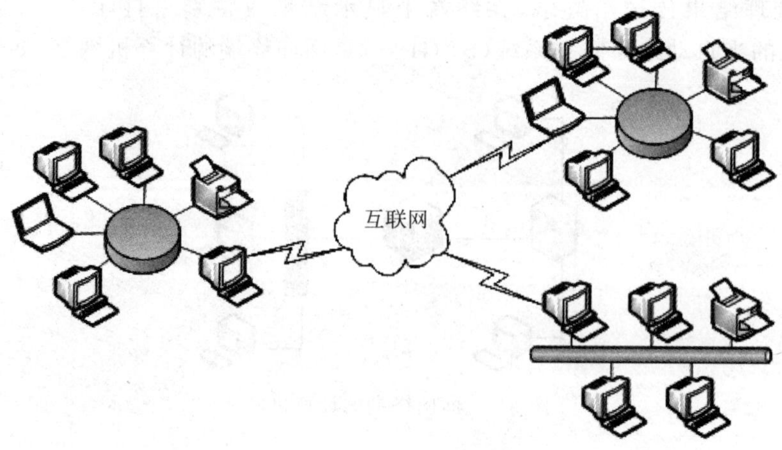

图 6-5　国际计算机网络

6.4　计算机网络的类型

6.4.1　按拓扑结构分类

计算机网络拓扑是指网络中节点与通信线路之间的几何关系,它反映了网络中各实体间的结构关系。把计算机网络中的计算机等设备看作一个节点,而把网络中的通信媒体看成线,整个网络就是由点和线连接组成的几何图形,将采用拓扑学方法抽象出来的网络结构称为网络拓扑结构。

计算机网络拓扑设计是实现各种网络协议的基础,它对网络性能、系统可靠性与通信费用都有重大影响。计算机网络拓扑主要是指通信子网的拓扑构型。

按计算机网络的拓扑结构可分为星状、树状、环状、总线和网状。

1. 星状拓扑结构

星状拓扑结构中,任一节点的信息都与中心节点主机连接,呈辐射状排列在中心主机节点周围,如图 6-6 所示。这种类型的网络中主机负担较重,通信速率较慢,当终端数目很多时系统效率急剧降低。这种结构易于检测和隔离故障,依赖中心节点。单个节点的故障不会影响到网络的其他部分,但中心节点故障会导致整个网络瘫痪。

2. 树状拓扑结构

树状拓扑结构中,节点按层次连接,主要在上、下节点间进行信息交换。这种网络的通信线路总长度较短,成本低,易扩充,路径查找比较方便,然而除了叶子节点及其相连的路线外,其他节点或与其相连的线路故障都会使整个网络受到影响,如图 6-7 所示。

3. 环状拓扑结构

环状拓扑结构中,每个节点首尾相连形成一个环形,网络中数据沿着一个方向环绕逐个节点进行传输,如图 6-8 所示。这种网络属于集中分层管理模式。网络中,数据可以单向或双向传送,传输速率较快,网络中不会发生信息碰撞问题,也没有信息反射现象。

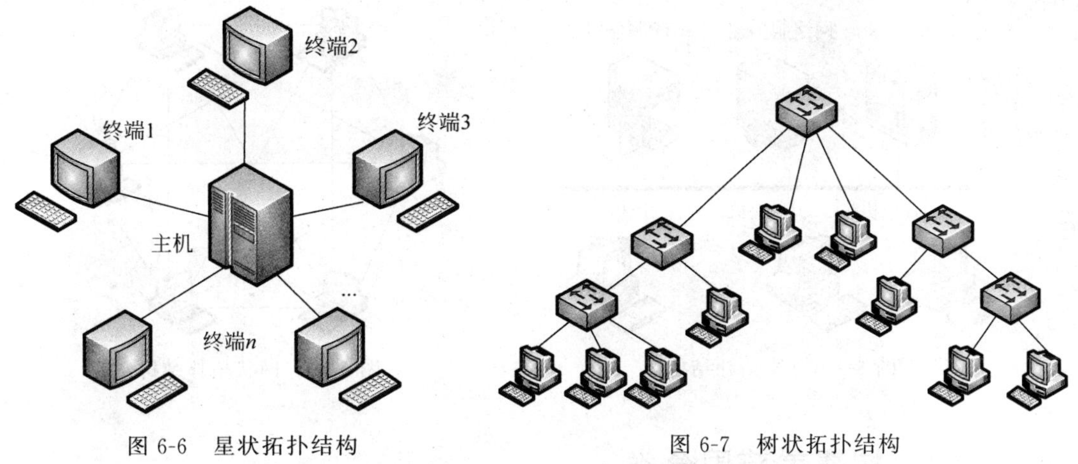

图 6-6　星状拓扑结构　　　　图 6-7　树状拓扑结构

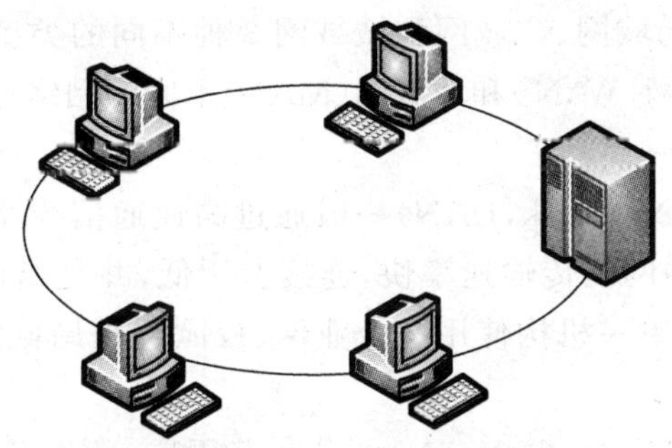

图 6-8　环状拓扑结构

然而这种网络的资源共享能力较差，一旦网络中根节点出现故障，则会造成整个网络瘫痪。这种结构消除了用户通信时对中心系统的依赖，但存在维护困难、不易扩充等缺陷。

4. 总线拓扑结构

总线拓扑结构中，所有节点均通过称为总线的传输线路挂接到网络中，如图 6-9 所示。节点间关系平等。它的优点是网络结构简单，数据传输速率快，各型号设备终端均可联网，网络可重构，可扩展性强。缺点是几台设备同时发送数据时产生矛盾，若系统总线某个节点出现故障，不影响整个网络的工作。总线状拓扑结构是一种广播式网络，采用具有冲突检测的载波监听多路（CSMA/CD）访问方式。以太网（Ethernet）是总线拓扑结构。

5. 网状拓扑结构

网状拓扑结构中，每个节点都是对等的，任一节点既可以作为客户访问其他节点，也可以作为服务器向其他节点提供服务，如图 6-10 所示。

此种网络模型中，节点间要频繁地发送信息，安装复杂，使用介质较多。但系统可靠性高，容错能力强，常用于主干网。

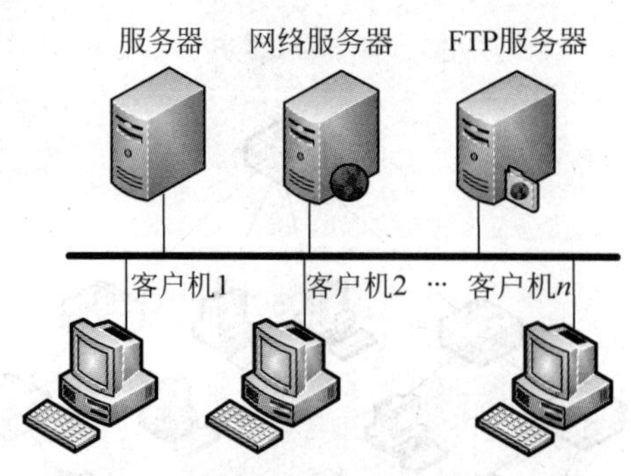

图 6-9 总线拓扑结构

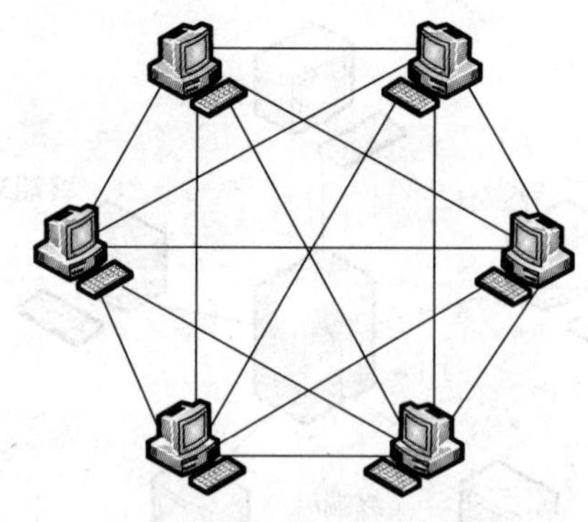

图 6-10 网状拓扑结构

6.4.2 按覆盖范围分类

按覆盖范围可分为局域网、广域网和城域网 3 种不同的类型。

局域网(LAN)、广域网(WAN)和城域网(MAN)不同的网络连接起来就组成了互联网。

1) 局域网

局域网(Local Area Network,LAN)一般通过高速通信线路相连,但地理上分布范围较小,如 1km 左右。这种网的传输速率快,连接费用低,并且错误率很低。

局域网是专用的,由单一机构使用。企业网、校园网是局域网的典型代表。

2) 广域网

广域网(Wide Area Network,WAN)的分布范围广,覆盖范围为几千千米,可以跨城市、跨地区、覆盖整个国家乃至全球。Internet 国际互联网是广域网的典型代表。这种网络的传输速率远远低于局域网。

3) 城域网

城域网(Metropolitan Area Network,MAN)是作用范围在 LAN 与 WAN 之间的高速网络,是位于一座城市的一组局域网。它的覆盖范围为几十千米,属于大型的 LAN,其传输速率比局域网慢。

6.4.3 按使用范围分类

按使用范围可分为公用网和专用网两类。

(1) 公用网一般为国家的邮电部门建造的网络。

(2) 专用网是某个部门为单位的特殊工作需要而建造的网络,这种网络不对本单位以外的人提供服务,如部队、铁路和电力等系统都有本系统专用的网络。

6.5 计算机网络的基本原理

6.5.1 网络的层次结构

网络中信息的传送需要历尽“千辛万苦”。首先,要传送的消息先经过计算机网络每一层的传递，用层层包装将其包裹，然后再被传送到接收方，而接收方需要层层打开包装发掘出原始信息，如图 6-11 所示。

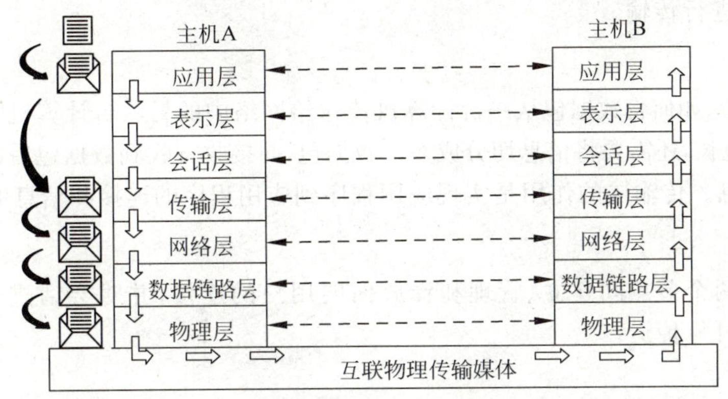

图 6-11　OSI 参考模型

图 6-11 中双向箭头线表示概念上的通信线路，空心箭头表示实际通信线路。主机 A 要在网络中传送的信息在应用层包装之后经由表示层和会话层送至传输层，继续对其进行包装，依次送至网络层、数据链路层和物理层，对其层层包装后，最终经过物理介质传送至主机 B。

为何网络中要传递的信息需要层层包装呢？这是因为信息在网络中的传送就像寄快递一样，需要在信息上标出发信人与收信人，方便快递员识别信息的收发地址。为了保证信息准确无误地传递，需要在快递外包装上写明传递信息的特征，方便验证信息在传递时是否出错。另外，包装箱目的在于方便拆分，确定不同长度的数据按照某种标准进行拆分，同时方便信息的传输和纠错。

1. 物理层

物理层是 OSI 参考模型的最底层，它实现 01 串在传输介质上的传输。实际物理环境中，信号都是连续型的，而非离散型的，因而要解决的首要问题是在物理层传送信号时如何表示 0 和 1。如可以将某一特定频率定义为 0，而另一特定频率定义为 1。因而物理层中将数字信号转换为模拟信号，传输介质上最终传输的是模拟信号。总的来说，物理层关心的是链路的机械、电气、功能和规程特性。

2. 数据链路层

在物理层上，我们知道如何传送一个 0 或 1 信号，然而如何较可靠地传输一串 01 呢？数据链路层的目标就是将一串 01 信息正确地传送到目的地址。为了正确地传送信息，在本层将 01 串首尾添加一些额外信息，若传送过程中受到干扰，则可通过数据链路层上加的信息位检测错误。

3. 网络层

实际情况中，两台计算机并不一定是直接连接的，可能需要经由跨市、跨省、跨国甚至跨洋的网络来实现连接。网络层的任务是找到对方计算机在网络中的位置，然后将数据传送给它。计算机的位置就是 IP 地址，它就像门牌号一样，指示计算机在网络中的地址。信息发送之前，要加上接收方的 IP 地址，指出信息传送的目的地。

为了避免通信子网中出现过多的数据包而造成网络阻塞，通过路径选择算法(路由)将数据包送到目的地。计算机网络中路由器可完成信息的中转。网络中，数据以标准的数据包为单位进行传输。

4. 传输层

在网络层中，如何将数据包从一台计算机传送给网络中的另一台计算机呢？如果要传送的信息比数据包长，还需要将信息切分成多个数据包，而接收方收到数据包后需要再将信息还原为原始的信息。传输层的作用是实现应用程序到应用程序的连接和信息的切分与重组。

5. 会话层

会话层在两个节点间建立、管理和释放面向用户的连接，并对会话进行管理和控制，保证会话数据可靠传送。

6. 表示层

表示层主要负责数据格式的转换、压缩与解压缩、加密与解密。

OSI 参考模型中，表示层以下的各层主要负责数据在网络中准确无误地传输。然而数据准确无误地传输并不意味着数据所表示的信息不会出错。表示层就专门负责这些有关网络中计算机信息表示方式的问题。

表示层还负责数据的加密，保护传输过程中的数据。数据在发送端被加密，在接收端解密。使用加密密钥对数据进行加密和解密。表示层还负责文件的压缩，通过算法压缩文件的大小，降低传输费用。

7. 应用层

应用层是 OSI 参考模型的最高层，是用户与网络的接口。该层通过应用程序完成网络用户的应用需求，如文件传输、QQ、浏览器、收发电子邮件等。该层之下的层，如传输层、网络层、数据链路层和物理层都有标准统一的数据处理模式。为了实现与本层之下的所有层有效地对接，针对不同的应用程序设计不同的协议。

通信过程好比人类开会解决问题，两类通信的区别与联系如表 6-1 所示。

表 6-1 人类通信与计算机通信的区别与联系

人类通信	计算机通信	异同点
开会地点	目的地址	无论是人类还是计算机，在通信时都需要遵守通信规则。人类通信时可以灵活变更通信规则，而计算机通信则不可以随便变更规则
如何进入会议室	路由	
会议何时开始	通信确认	
主持者的声音	传输介质	
主持者表达意见	传输信息	
主持者关注与会人员的反应	监听	
主持者受到干扰	环境噪声	
主持者语速恒定	通信速率	

6.5.2 计算机网络协议

计算机网络中，为了使不同设备之间能正确地传送信息，必须有一套关于信息传输顺序、信息格式和信息内容等的约定。这些规则、标准或约定就称为网络协议。

计算机网络协议包含很多内容,为了减少设计的复杂性,近代计算机网络都采用层次结构,将一个复杂的问题分解为若干个较简单的问题,使之容易实现。这种层次结构中,每层都以前一层为基础,每层都有相应的通信协议,相邻层之间的通信约束称为接口。分层之后,相似的功能出现在同一层内,每一层仅与其相邻上下层通过接口通信,使用下层提供的服务并向上层提供服务。

6.5.3 计算机网络体系结构

计算机网络的各个层和在各个层上使用的全部协议统称为网络系统的体系结构。当前主要有两种计算机网络体系结构,即 OSI 参考模型和 TCP/IP 参考模型。

1) OSI 参考模型

国际标准化组织 ISO 提出了开放系统互联参考模型(OSI),它定义了第一个在世界范围内被广泛接受的网络体系结构,如图 6-11 所示。

2) TCP/IP 参考模型

TCP/IP 协议是目前最流行的网络协议,虽然它不是国际标准,但已经被公认为工业标准或“事实标准”。Internet 的核心协议就是 TCP/IP。与 OSI 参考模型不同,TCP/IP 体系结构将网络划分为 4 层。

(1) 应用层。与 OSI 参考模型参考模型的应用层、表示层及会话层相对应。

(2) 传输层。与 OSI 参考模型的传输层相对应。

(3) 互联层。与 OSI 参考模型的网络层相对应。

(4) 网络接口层。与 OSI 参考模型的数据链路层及物理层相对应。

6.6 计算机网络设备

计算机网络设备是指将网络终端中的信号通过通信设备进行转换、放大等处理,并在网络传输介质上进行传输的设备。常见的网络通信设备有服务器、调制解调器、网卡、集线器、交换机、路由器、防火墙等。

6.6.1 服务器

1. 服务器的概念

服务器是指网络上专用于提供特定的服务,存储了所有必要信息的计算机或其他网络设备,如图 6-12 所示。服务器可分为数据库服务器、文档服务器和打印机服务器等。

服务器由处理器、硬盘、内存、系统总线等构成,由于服务器是针对具体的网络应用特别制定的,因而在处理能力、稳定性、可靠性、安全性、可扩展性、可管理性等方面要求很高。一般而言,服务器比客户机拥有更强的处理能力、更多的内存和硬盘空间。

图 6-12 服务器

2. 服务器的特点

服务器是网络的中枢和信息化的核心，具有高性能、高可靠性、高可用性、I/O 吞吐能力强、存储容量大、联网和网络管理能力强等特点。

3. 服务器的分类

按应用层次，服务器可分为入门级、工作组级、部门级和企业级；按处理器架构，服务器可分为 X86、IA64 和 RISC 类；按服务器的处理器所采用的指令系统，服务器可分为 CISC、RISC 和 VLIW；按用途，服务器可分为通用型和专用型；按服务器的机箱架构，服务器可分为台式服务器、机架式服务器、机柜式服务器和刀片式服务器。

6.6.2 调制解调器

调制是指把数字信号转换成电话线上传输的模拟信号；解调是指把模拟信号转换成数字信号，合称调制解调器。调制解调器是一种接入设备，如图 6-13 所示。许多接入方式都离不开调制解调器，如 ISDN、DSL 等。

6.6.3 网卡

网络接口卡(NIC，网卡，网络适配器)是一种连接设备，是计算机或其他网络设备所附带的适配器，用于计算机和网络间的接口。网卡能够使工作站、打印机或其他节点通过网络介质收发数据，如图 6-14 所示。

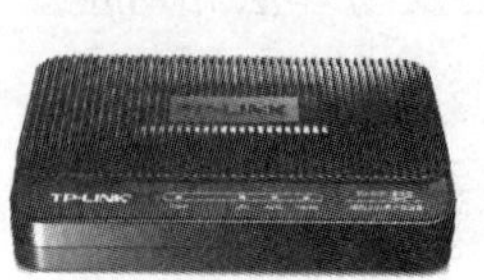

图 6-13 调制解调器

图 6-14 网卡

每一种网卡都是针对特定类型的网络设计的，如以太网、无线局域网等。网卡使用物理层和数据链路层的协议标准进行运作。网卡主要定义了与网络线进行连接的物理方式和在网络上传输二进制数据流的组帧方式。它还定义了控制信号，为数据在网络上进行传输提供时间选择的方法。

6.6.4 集线器

集线器属于硬件网络底层设备。集线器的主要功能是对接收到的信号进行再生整形放大，以扩大网络的传输距离，同时把所有节点集中在以它为中心的节点上。

集线器基本上不具有类似于交换机的“智能记忆”能力和“学习”能力。它不具备 MAC 地址表，因而它本身不能识别目的地址，而是采用广播的方式发送。在这种工作模式下，同一时刻网络上只能传输一组数据帧的通信，一旦数据发生碰撞则需要重试。

集线器只与它的上联设备进行通信，同层的各端口之间不会直接进行通信，而是通过上联设备再将信息广播到所有端口上。集线器属于 OSI 参考模型中的物理层，如图 6-15 所示。

6.6.5 交换机

交换机是一种基于 MAC 地址识别的、能完成封装转发数据包功能的网络设备。它能为接入交换机的任意两个网络节点提供独享的电信号通路，它可以"学习"MAC 地址，并将其存放在内部地址表中，通过在数据帧的收发双方之间建立临时的交换路径，使数据帧直接由源地址到达目的地址，如图 6-16 所示。

图 6-15 集线器

图 6-16 交换机

6.6.6 路由器

路由器是连接互联网中不同传输速率、运行于各种环境的各局域网、广域网间的连接设备。它能够把数据包按照一条最优的路径转发至目的网络。路由器属于 OSI 参考模型的网络层设备，如图 6-17 所示。

图 6-17 路由器

路由器工作在 OSI 体系结构中的网络层，它可以在多个网络上交换和路由数据包。路由器通过在相对独立的网络中交换具体协议的信息来实现这个目标。路由表中有网络地址、连接信息、路径信息和发送代价等。路由器比网桥慢，主要用于广域网间或广域网与局域网间的互联。桥由器(Brouter)是网桥和路由器的合并。

6.6.7 防火墙

在网络设备中，防火墙是指硬件防火墙。它把防火墙程序做到芯片里面，由硬件执行这些功能，能减少 CPU 的负担，使路由更稳定。硬件防火墙是保障内部网络安全的一道屏障。

6.7 局域网组建实例

将 3 台计算机按图 6-18 所示的对等网模型组成一个星状拓扑结构的简单局域网，各台计算机之间可实现资源共享。

1. 硬件设备连接

按照图 6-18 所示的要求，先将网卡安装在各计算机主板的扩展插槽上，再利用网线将交换机的 LAN 口与计算机网卡接口连接起来，通过线缆将打印机与主机互联，确定所有的 LAN 接口与计算机网卡通过网线相连。

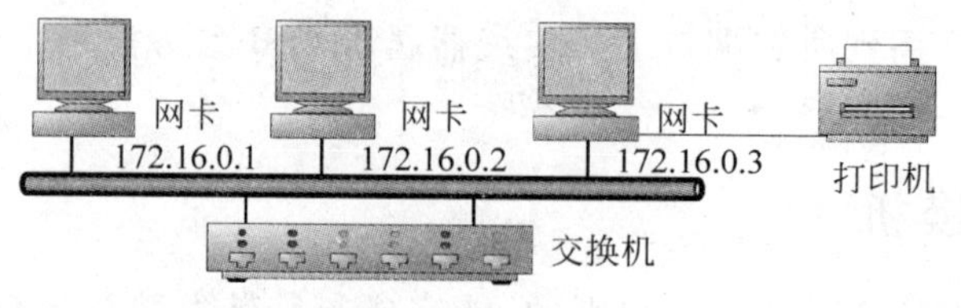

图 6-18 局域网结构

2. 协议安装与配置

网内的计算机使用相同的协议才可实现相互通信。目前，局域网中多采用 TCP/IP 协议。当网卡安装并驱动完成后，重新启动计算机，Windows 操作系统会自动检测到网卡的存在，Windows 会创建一个局域网连接，如图 6-19 所示(连接名称为本地连接)，TCP/IPv4 作为默认的网络协议被安装，并将网卡绑定到 TCP/IP 上。

正如每个人都有一个身份证号码一样，在网络中也要为计算机设置一个唯一的身份标志，这就是 IP 地址。

为计算机设置 IP 地址，选择图 6-19 中的“Internet 协议(TCP/IP)”选项，单击“属性”按钮，进入“Internet 协议(TCP/IP)属性”对话框，按图 6-20 所示输入 IP 地址和子网掩码。

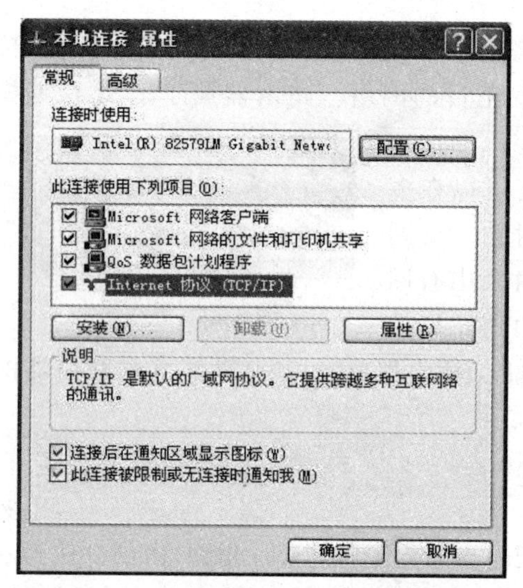

图 6-19 建好的局域网连接

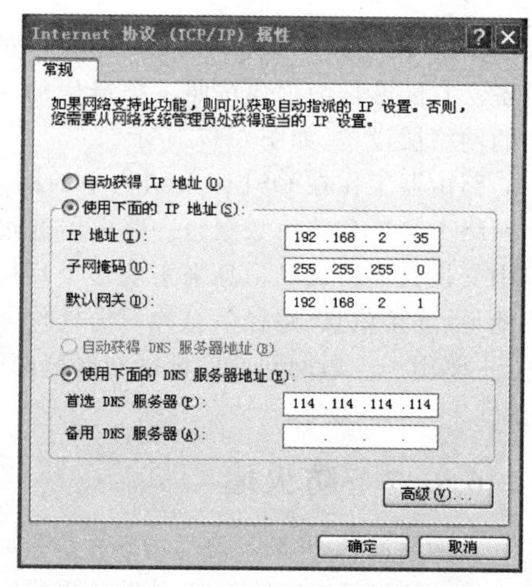

图 6-20 设定 IP 地址和子网掩码

3. 设置对等网模式

Windows 的对等网是基于工作组的，为了使网络上的计算机之间能相互访问，应将这些计算机设置为同一工作组，并为每台计算机标识一个唯一的名称。

右击桌面上的“我的电脑”图标，打开“系统属性”对话框，选择“更改设置”选项卡。单击“更改”按钮，打开图 6-21 所示的对话框，在对应的文本框内设置计算机名和工作组的名称(默认名为 Workgroup)，用于在网络上标识计算机。

4. 网络的连通性测试

网络配置好后，一定要测试它是否通畅。一个简单的方法是通过网络任务的“查看工作组计算机"来查看,若在当前的计算机上能查找到其他计算机,则表示网络是通畅的,如图 6-22 所示。

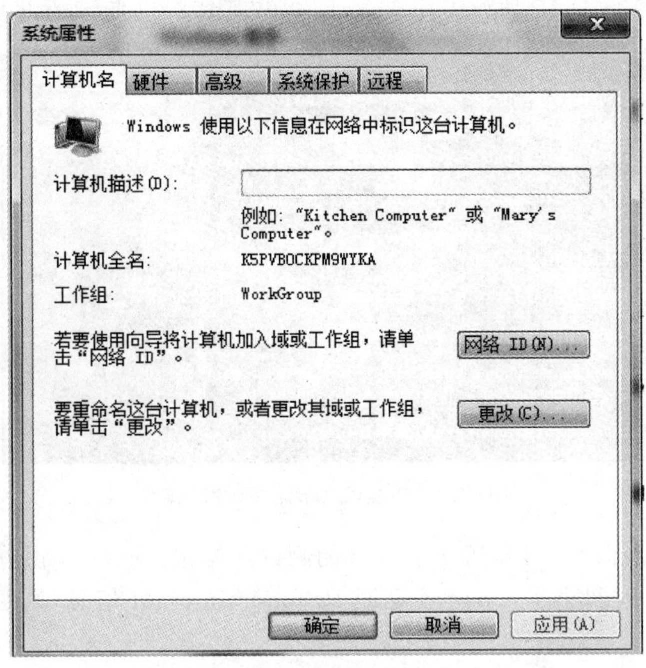

图 6-21 设置对等模式

图 6-22 查看工作组计算机

也可用 Windows 的 Ping 命令检查网络,其使用格式为:Ping 目标计算机的 IP 地址。若要检查与计算机 172.16.0.1 的连接是否正常,可在 DOS 命令方式下输入 Ping 172.16.0.1。如果 TCP/IP 协议工作正常,则会出现图 6-23 所示的内容。

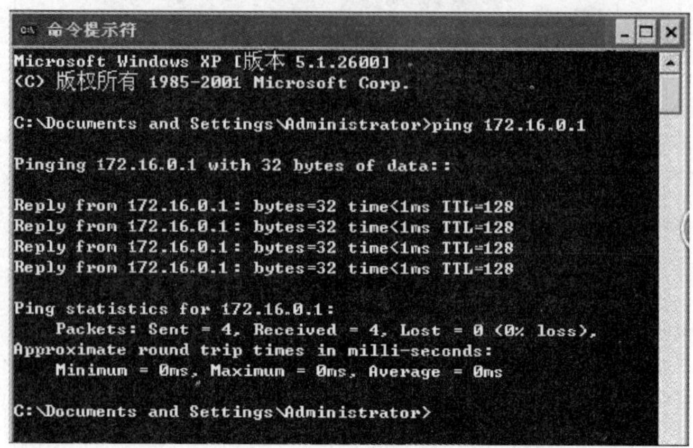

图 6-23 Ping 命令测试网络连通性

Ping 自动向目标的主机发送 4 个 32B 的测试数据包,time<1ms 表示与对方主机之间往返一次所用的时间小于 1ms;若返回 Request time out 信息,则意味着目的站点在 1ms 内没有响应。

若局域网内 Ping 不通,则需要在以下几个方面查找原因:网线是否连通、网卡配置是否正确、IP 地址是否被占用等;如果执行 Ping 成功而网络不通,那么问题可能出在网络系统的软件配置方面。

5. 设置网络共享资源

在对等网模式下,每台计算机既是服务器也是工作站,不需要专用服务器来管理网络资源,网络中的计算机可直接相互通信。每个用户可以将计算机上的文档和资源指定为可被网络上的其他用户访问的共享资源。

【本章小结】

本章介绍了计算机网络的概念,阐述了计算机网络的功能,根据不同分类标准计算机网络的分类方法,使读者了解了计算机网络的体系结构和基本原理,同时介绍了计算机网络设备,并给出了计算机网络组建实例。

【思考题与习题】

1. 选择题

(1) 利用通信设备和网络软件,把位置分散的多台计算机连接起来,以实现(　　)共享的系统,称为计算机网络。

A. 通信　　　　B. 资源　　　　C. 通信和资源

(2)(　　)拓扑结构中,所有节点均通过称为总线的传输线路挂接到网络中。

A. 星状　　B. 树状　　C. 环状　　D. 总线

(3) 集线器的主要功能是对接收到的信号进行(　　),以扩大网络的传输距离,同时把所有节点集中在以它为中心的节点上。

A. 再生　　B. 整形

C. 放大　　D. 再生、整形、放大

(4) OSI 参考模型中,(　　)以下的各层主要负责数据在网络中准确无误地传输。

A. 物理层　　B. 数据链路层　　C. 表示层　　D. 应用层

(5)(　　)是 OSI 参考模型的最高层,是用户与网络的接口。

A. 应用层　　B. 数据链路层　　C. 表示层　　D. 物理层

2. 分析与思考题

(1) 计算机网络的功能是什么?

(2) 按计算机网络覆盖的地理范围分类,网络有哪几种类型?

(3) 按计算机网络的拓扑结构分类,网络有哪几种类型?

(4) 按计算机网络的使用范围分类,网络有哪几种类型?

(5) 简述计算机网络的层次结构及各层的功能。

(6) 计算机网络设备有哪些?

(7) 试着自己建立一个局域网。

第7章 计算机信息安全技术

学习要求

- 了解计算机信息安全的概念。
- 了解密码技术。
- 了解防火墙技术。
- 了解计算机病毒防范技术。

7.1 信息安全概述

随着计算机技术的不断发展，计算机的普及度越来越高，无法想象生活中如果没有计算机将会怎样。人们越来越多地依赖计算机，可以放心地将一些隐秘的信息交给它去处理，这是因为有信息安全技术的支持。信息安全技术在人们生活中的地位越来越重要。

计算机信息安全技术是由密码技术、防火墙技术和计算机病毒防范技术等组成的计算机综合应用学科。

7.1.1 信息安全的定义

信息安全是指保护信息网络的硬件、软件及其系统中的数据，使其免遭偶然的或者恶意的破坏、更改、泄露，保证系统可靠、正常地运行，信息服务不中断。

无论信息入侵方采用何种手段，他们都是通过破坏信息的安全特性来达到目的的。计算机信息安全的特性主要包括以下几个方面。

(1) 真实性。对信息的来源进行判断，能区分出伪造的信息。

(2) 保密性。保证机密信息不被窃听，或即便被窃听，窃听者也无法了解信息的真正含义。

(3) 完整性。保证数据的一致性，防止数据被非授权用户篡改。

(4) 可用性。保证合法用户对信息和资源的使用不会被不正当地拒绝。

(5) 不可抵赖性。建立有效的责任机制,防止用户否认其行为。

(6) 可控制性。可以控制授权范围内的信息流向及行为方式,保证合法用户能正确使用而不出现拒绝访问。

(7) 可审查性。若出现网络安全问题,则提供可调查的依据和手段,并能判断数据或程序是否已被篡改和破坏。

7.1.2 计算机信息安全的隐患

信息技术已深入人们生活中的方方面面,它给人们生活带来了便利,然而任何技术都是一把双刃剑,信息技术安全方面的威胁,若处理不好会给人们生活带来灾难。因此,管理人员应掌握本单位部门、员工、各程序所面临的各种威胁,以便对信息安全做出正确的决策。

计算机网络是自由的、开放的网络,这给不法分子提供了可乘之机,导致大量网络用户的信息被非法占用。计算机网络的安全隐患越来越严重,主要包括以下几个方面。

1. 操作系统不完善

计算机操作系统的内部结构非常复杂,为了弥补自身的漏洞,操作系统经常需要进行升级。而不论升级后的系统多么完美,还是会出现漏洞,并且没有一种补丁可以一次性修复系统本身的所有漏洞。网络管理员在维护操作系统时,需要设置一些免费密码,这就给破坏者创造了机会,使计算机网络暴露在病毒的威胁之下。

2. 网络协议漏洞

计算机网络协议存在漏洞。攻击者会根据网络协议中不同层次的漏洞进行攻击,从而破坏计算机,这些都会对计算机用户造成不同程度的损失。

3. 病毒的传播

病毒是计算机网络安全的最大威胁。感染上病毒的计算机轻则系统速度变慢,重则会造成系统崩溃,丢失计算机内部文件,最严重的就是对计算机硬件造成损坏。因而,必须采取必要的措施保证计算机网络不受病毒的侵害。

4. 网络管理人员技术水平不高

现今大多数网络管理人员都没有接受过正规的培训,由于在实际工作中专业技术水平很低,会出现很多不必要的失误。

5. 黑客攻击

黑客对计算机网络的攻击是造成威胁的另一个重要因素。如今很多网络都遭遇过黑客攻击,而这又成为蕴藏着巨大商机的新行业。黑客利用自身精湛的专业知识通过网络漏洞进入他人计算机系统,从中谋取利益,给众多网络用户造成了巨大的经济损失。

7.1.3 计算机信息安全的对策

对于一个单位的组织机构而言,要应对计算机信息安全问题,就应建立一个全方位的计算机信息安全保障体系,主要从技术、管理和人员 3 个层面进行。

1. 技术保障

采用各种技术方面的措施保障信息系统安全运营，检测、预防、应对信息安全问题。一般来说，技术方面的保障多由一些安全设备来实现。

（1）防火墙与入侵检测系统。在网络边界部署防火墙和入侵检测系统，将防火墙置于可信网与不可信网的交界，通过检测和阻断网络层的非法数据来保护组织内的网络环境。防火墙通过设定规则来抵御静态攻击，入侵检测系统通过监控、分析网络流量来检测已存在的攻击模式和异常行为。

（2）杀毒软件。在主机上安装杀毒软件。杀毒软件可扫描磁盘文件，过滤可疑文件，发现、清除潜在的计算机病毒。

（3）审计系统。将审计系统接入网络中，审计网络活动。审计系统可截取网络中的会话数据，对其进行解析、重组、记录，及时发现网络中的非法活动。

（4）访问控制。分级处理组织机构的信息资源，确保不同权限的人访问不同级别的信息资源。

（5）加密、认证技术。对存储的信息进行加密、传输的数据进行认证，保证信息的机密性，鉴别参与者与信息的真伪。加密、认证的相关技术有虚拟专用网络 VPN、数字证书和 IPSec 等。

2. 管理保障

管理在计算机信息安全领域中起着重要的作用。信息安全管理措施主要包括以下3个方面。

（1）实施标准的治理方案。为避免不同权限的人员错误的行为造成系统停运，采取标准的 IT 治理方案。

（2）建立安全的基线配置。对于任何一个将成为 IT 基础设施的设备，强制其采用标准的安全配置。

（3）建立一个标准的事件响应流程。没有绝对安全的系统，所以应建立一个标准的事件响应流程应对突发状况，如系统遭受攻击等。

3. 人员保障

IT 人员与信息安全人员是计算机信息安全的最后一道屏障。若 IT 人员与信息安全人员不能很好地协同工作，则整个组织会遭受更大的安全威胁。故为了避免类似情况发生，应采取下列措施。

（1）组建专门的信息安全运行管理团队。由团队专业人员对信息安全设备进行管理和维护。

（2）培养员工的安全意识。提高员工对信息安全事件的防范和应对能力。

（3）完善与信息安全相关的奖惩机制，建立竞争机制，在精神上和物质上对促进信息安全工作的员工加以奖励。

7.2 密码技术

7.2.1 概述

密码技术是保障信息安全的核心基础。解决数据的机密性、完整性、不可否认性以及身份识别等问题均需以密码技术为基础。

作为一门科学,密码学已有上千年的历史。它与数学、统计学、组合数学及随机过程紧密相连。早在1949年前,密码学主要应用于军事和外交领域。而且战争中,为了保密,一个国家或情报机构破解了一个密码体系,是不会让对手知道的,更不会公开。1940—1945年间,英国人就能破解ENIGMA加密的报文,而德国人一直认为它不可破解,直到第二次世界大战结束。

密码技术包含密码学和密码分析学两个分支。密码学是对信息进行编码实现信息隐藏的一门科学;而密码分析学是分析如何破解密码的学问。二者相互独立、相互促进。

采用密码技术可以隐藏和保护机密信息,使未经授权者不能提取信息,如图7-1所示,需要隐藏的消息称为“明文”;明文经加密后变成另一种隐蔽的形式就是“密文”。这种变换称为“加密”;加密的逆过程,即从密文恢复出对应的明文的过程称为“解密”。

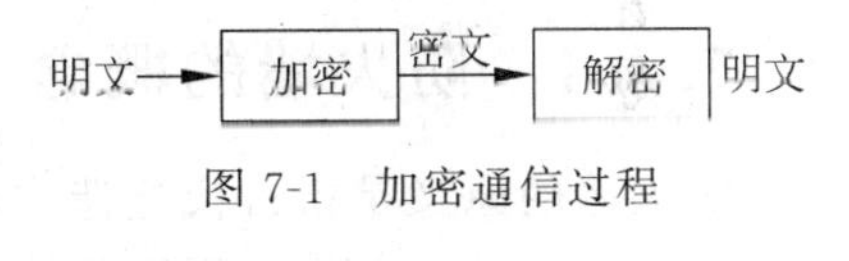

图7-1 加密通信过程

7.2.2 密码体制

密码体制分为对称密码体制和非对称密码体制。

1. 对称密码体制

对称密码是一种传统密码,也称为私钥密码体制。在该加密体系中,加密和解密采用相同的密钥。由于加密过程和解密过程使用相同的密钥,通信双方必须保存他们共同的密钥,双方必须信任对方不会将密钥泄露出去,从而实现数据的机密性和完整性。

典型的对称密码算法有DES(Data Encryption Standard,数据加密标准)算法及其变形Triple DES(三重DES)和GDES(广义DES)等。DES标准由美国国家标准局提出,主要应用于银行业的电子资金转账(EFT)领域。DES的密钥为56位长。

对称密码算法计算开销小,算法简单,加密速度快,是目前用于信息加密的主要算法。然而对称密码技术也存在着明显的缺陷。

(1) 进行安全通信前需要以安全方式进行密钥交换。这一步在某些情况下可行,而在某些情况下却非常困难,甚至难以实现。

(2) 规模复杂。比如说,A与B之间的密钥必须不同于A和C之间的密钥;否则给B的消息的安全性就会受到威胁。有n个用户的团体中,A至少需要保持$n-1$个密钥。当n为1000时,这个团体则共需要近50万个不同的密钥。

2. 非对称密码体制

针对私钥密码体制的上述缺陷,人们提出了非对称密码(公钥密码)体制。在公钥加密系统中，加密和解密是相对独立的，会使用两把不同的密钥，加密密钥（公开密钥）向公众公开，任何人都可以使用，而解密密钥只有解密人自己知道，非授权者无法根据公开的加密密钥推算出解密密钥。典型的非对称密码有 RSA 系统、背包密码、McEliece 密码、Diffe_Hellman、Rabin、椭圆曲线、EIGamal 算法等。

非对称密码体制的优点如下。

（1）在多人间进行保密信息传输所需的密钥组和数量较小。

（2）密钥的发布不成问题。

（3）公开密钥系统可实现数字签名。

缺点是，公开密钥加密比私有密钥加密的速度慢。

综上所述，对称密钥加密和解密使用相同的密钥，它具有算法加密处理简单、加解密速度快、密钥较短、发展历史悠久等特点，而非对称密钥算法加密和解密速度较慢，密钥尺寸大，发展历史较短。

7.3 防火墙技术

7.3.1 防火墙的概念

防火墙的原义是指古代建造木质结构房屋时，为防止火灾的发生和蔓延，建筑工匠们将坚固的石块堆砌在房屋周围作为屏障，称这种防护物为“防火墙”。

网络防火墙是指隔离本地网络与外界网络之间的一道防御系统。防火墙可隔离企业内部网络与外部网络，通过限制网络互访用来保护内部网络，防止发生不可预测的、有潜在破坏性的侵入。

7.3.2 防火墙的基本特征

防火墙有以下 3 个方面的特性。

（1）防火墙是内部网络和外部网络之间数据流的必经之路。防火墙在网络中所处的位置决定了它是企业部门内部、外部网络之间通信的唯一通道，故它可以全面、有效地保护企业内部网络不受侵害。

美国国家安全局制定的《信息保障技术框架》认为，防火墙适用于用户网络系统的边界，是保护用户网络边界安全的设备。防火墙通过允许、拒绝或重新定位经过防火墙的数据流，来实现对进出内部网络的服务和访问的审计与控制。

（2）防火墙过滤掉所有不符合安全策略的数据流。防火墙最基本的功能是确保网络流量的合法性，并在此前提下将网络的流量快速地从一条链路转发到另一条链路上去。

（3）防火墙应具有较强的抗攻击能力。能担当企业内部网络安全防护重任的角色特点决定了防火墙必须具有较强的抗攻击能力。防火墙就像一个安全卫士一样，无时无刻不面临黑客的攻击、入侵，故它自身务必具有较强的抗击入侵能力。其中，防火墙操作系统本身的安全性非常关键。其次就是防火墙自身具有非常少的服务功能，除了专门的嵌入系统外，再无其他应用程序在防火墙上运行。

1986 年,美国 Digital 公司在 Internet 上安装了全球第一个商用防火墙系统,自此防火墙技术得到了突飞猛进的发展。目前,有数十家公司推出了功能不同的防火墙系统。

第一代防火墙,又称为包过滤防火墙,主要通过检查数据包源地址、目的地址、端口号等参数来决定是否允许该数据包通过,对其进行转发,然而这种防火墙很难抵御 IP 地址欺骗等攻击,而且审计功能较差。

第二代防火墙,也称为代理服务器,它可控制网络服务层,在外部网络向被保护的内部网络申请服务时充当代理,可以有效地防止对内部网络的直接攻击,安全性较高。

第三代防火墙,也称为状态监控功能防火墙,它提高了防火墙的安全性,可以对每一层的数据包进行检测和监控。

随着网络攻击手段和信息安全技术的不断发展,新型的功能更加强大、安全性更高的防火墙技术已问世,且已超出了传统意义上防火墙的范畴,并演变成一个全方位的安全技术集成系统,称为第四代防火墙,它可以抵御目前常见的网络攻击手段,如 IP 地址欺骗、特洛伊木马攻击、口令探寻攻击等。

7.3.3 防火墙的主要功能

防火墙是网络信息安全的第一道屏障。一个机构的防火墙在本机构的私有网络和外部网络间建立一个检查点。这个检查点是所有流量的必经之路。一旦建立了这些检查点,防火墙设备就可以监视、过滤所有流入和流出的网络流量。只有经过精心筛选的数据包才能通过防火墙,因而网络环境更安全。若防火墙禁止了众多不安全的 NFS 协议进出受保护网络,就可以保证内部网络免受外部攻击者利用这些脆弱的协议进行攻击。

防火墙可强化网络安全策略。以防火墙为中心的安全方案配置,可将所有安全软件(如口令、加密、身份认证等)配置在防火墙上。

防火墙可对网络存取和访问进行监控审计。由于所有的访问都经过防火墙,防火墙可将这些访问记录在日志中,同时提供网络使用情况的统计数据。一旦发生可疑动作,防火墙可进行适当的报警,并提供网络是否受到监听和攻击的详细信息。另外,收集一个网络的使用和误用情况也很重要。这样可以明确防火墙是否能够抵挡攻击者的探测和攻击,以及防火墙的控制是否充足。

防火墙可以防止内部信息外泄。防火墙在企业的内部网络周围建立了一个受保护的边界,并且对于公网隐匿了内部系统的信息。当远程节点侦测内部网络时,它们只能看到防火墙。内部细节被很好地隐蔽起来。

除安全作用外,防火墙还可以支持虚拟专用网(Virtual Private Network,VPN)。通过 VPN,将企事业单位在地域上分布在世界各地的 LAN 或专用子网,通过 Internet 有机地连成一个整体,而不必使用昂贵的专用通信线路。

7.3.4 防火墙的分类

防火墙的种类繁多,有作为软件运行在普通计算机上的,有作为固件设置在路由器中的。

1. 按照软硬件功能分配分类

其主要有软件防火墙、硬件防火墙和芯片级防火墙。

1）软件防火墙

软件防火墙运行于特定的计算机上，它需要客户预先安装好计算机操作系统，一般来说这台计算机就是整个网络的网关。常用的“个人防火墙”属于这类。软件防火墙就像其他的软件产品一样需要先在计算机上安装并做好配置才可以使用。典型的软件防火墙产品有 Checkpoint。

2）硬件防火墙

此处的硬件防火墙，区别于芯片级防火墙，二者最大的差别在于，是否基于专用的硬件平台。目前，市场上大多数防火墙都是这类硬件防火墙，都基于 PC 架构，它们与普通家庭用的 PC 没有太大区别。这些 PC 架构计算机上运行一些经过裁剪和简化的操作系统，最常用的有 UNIX、Linux 和 FreeBSD 系统。这类防火墙没有自己的内核，所以仍会受到操作系统本身安全性的影响。

3）芯片级防火墙

芯片级防火墙是基于专门硬件平台的。专用芯片 ASIC 的防火墙速度更快，处理能力更强，性能更高。这类防火墙将用操作系统固化于硬件上，本身的漏洞较少，但价格相对较高。

2. 按照检查协议深度分类

其主要有过滤型防火墙、代理型防火墙等技术。

1）过滤型防火墙

包过滤型防火墙工作在 OSI 参考模型的网络层和传输层，它根据数据包头源地址、目的地址、端口号和协议类型等标志确定是否允许通过。如图 7-2 所示。对于每个接收到的包（数据包、解析包）防火墙要做出允许或拒绝的决定。针对每个数据包的包头，按照包过滤规则进行判定，对符合通行规则的包，按照路由信息继续转发到相应的目的地，否则就丢弃。

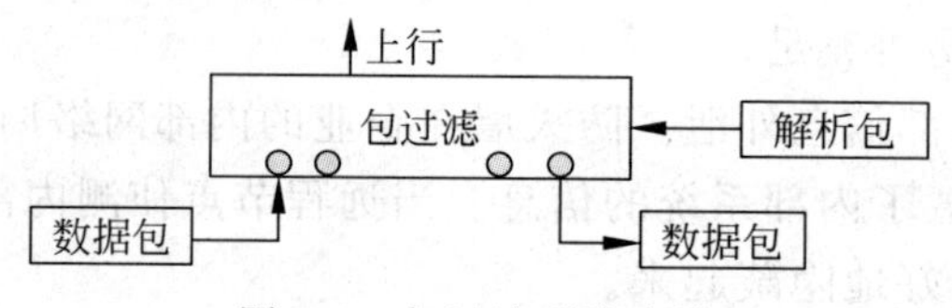

图 7-2 包过滤型防火墙

包过滤型防火墙是一种通用、廉价和有效的安全保障方法。在防火墙技术发展过程中，包过滤技术出现了两种不同版本，即第一代静态包过滤和第二代动态包过滤。

2）代理型防火墙

代理型防火墙工作在 OSI 参考模型的应用层。它完全“阻隔”了网络通信流，通过对每种应用服务编制专门的代理程序，实现监视和控制应用层通信流的作用。在代理型防火墙技术的发展过程中，经历了两个不同的版本，即第一代应用网关型代理防火墙和第二代自适应型代理防火墙。

7.4 计算机病毒防范技术

7.4.1 计算机病毒

国外最流行的定义为：计算机病毒是一段寄生在其他程序上的可以实现自我繁殖的程序代码。《中华人民共和国计算机信息系统安全保护条例》中的定义为："计算机病毒是指编制或者在计算机程序中插入的破坏计算机功能或者数据，影响计算机使用并且能够自我复制的一组计算机指令或者程序代码。"

1. 计算机病毒的特点

(1) 破坏性。计算机病毒可以破坏计算机，使计算机运行速度变慢、死机、蓝屏，从而影响PC用户的正常使用。

(2) 寄生性。计算机病毒寄生在正常程序中，可以跟随正常程序一起运行，而且病毒在运行之前不易被发现。

(3) 潜伏性。一些计算机病毒像定时炸弹一样，可预先设定让病毒在某一时间发作。如黑色星期五病毒，等到条件具备的时候一下子就爆炸开来，可对系统造成大规模破坏。

(4) 隐蔽性。计算机病毒具有较强的隐蔽性，有的可通过杀毒软件查出来，有的根本就查不出来，通常这类病毒处理起来很棘手。

(5) 传染性。计算机病毒在一定条件下可以进行自我复制，能对其他文件或系统进行非法操作，并使之成为一个新的传染源。

(6) 触发性。计算机病毒的发作一般都需要一个激活条件，它可能是某个日期、时间、特定程序的运行或程序的运行次数等。

(7) 不可预见性。计算机病毒永远超前于防毒软件。从理论上来讲，没有任何杀毒软件可清除所有的病毒。

2. 计算机病毒的构成及表现

计算机病毒主要由潜伏机制模块、传染机制模块和表现机制模块构成。

(1) 潜伏机制主要完成初始化、隐藏和捕捉功能。潜伏机制模块随着感染的宿主程序进入内存，初始化它的运行环境，使病毒相对独立于宿主程序，为传染机制做准备。之后利用各种隐藏方式躲避检测。不断地捕捉感染目标，将其交给传染机制；不断地捕捉触发条件，将其交给表现机制。

(2) 传染机制主要完成判断和感染功能。传染机制首先通过感染标记判断候选目标是否已被感染，若发现候选目标未被感染，则对其进行感染。

(3) 表现机制主要完成判断和表现功能。表现机制先对触发条件进行判断，然后根据不同的触发条件决定何时表现、如何表现。

7.4.2 计算机病毒的危害

计算机病毒的危害主要表现在以下三大方面。

(1) 破坏系统文件或数据，造成用户数据丢失或损毁。

(2) 抢占系统网络资源,导致网络拥塞或系统瘫痪。

(3) 破坏系统软件或计算机硬件,使计算机无法启动。

7.4.3 计算机病毒的防治

计算机病毒的防治包含两方面含义:一是健全法律制度,从管理方法上预防;二是加大技术支持与研发力度,开发出新型防治病毒的软件、硬件产品,从技术方法上防范。只有将二者有机结合起来,才能有效地防止计算机病毒的传播。

1. 防御计算机病毒的管理措施

(1) 保存一个写保护的、无病毒的、带有各种 DOS 命令文件的系统启动盘,用于清除计算机病毒、维护系统。

(2) 下载来历不明的软件时要慎重,下载前要使用最新的防病毒软件来扫描。

(3) 尊重知识产权,使用正版软件,不使用任何破解软件,不使用来历不明移动存储器,不打开来历不明的 E-mail。

(4) 为防止重要数据丢失,应备份。

(5) 重点保护共享数据的网络服务器,控制写的权限,不在服务器上运行可疑软件和来历不明的软件。

(6) 避免访问没有安全保障的小网站;不轻易打开陌生人发来的链接,不轻易接收陌生人传过来的文件或程序。

(7) 加强教育和宣传工作,使计算机用户明白编制计算机病毒软件是不道德的、是犯罪行为。从伦理上和社会舆论上扼杀病毒的产生。

(8) 建立健全相应的法律制度,保障计算机系统的安全。

综上所述,完善的管理制度,可人为地根除或减少病毒的制造源和传染源。

2. 防御计算机病毒的技术措施

1) 硬件防御

硬件防御是指通过硬件的方法预防计算机病毒入侵系统,主要采用防病毒卡。防病毒卡作为 ROM 插件,在系统启动时就获得控制权,使机器具有了免疫力,只要系统中运行的程序含有病毒,就会被防病毒卡发现,防毒卡会给出警告信息,并在内存中将病毒清除掉。

2) 软件防御

软件防御是指通过软件的方法预防计算机病毒侵入系统或彻底清除已经感染的病毒;对于暂时无法彻底清除的病毒,软件自动将其隔离,不影响文件的正常操作。常用的防病毒软件有 KV3000、瑞星、卡巴斯基、金山毒霸、360 安全卫士等。

7.5 信息隐藏技术

7.5.1 信息隐藏概述

信息隐藏也称为数据隐藏,是指将特定的信息嵌入数字化宿主信息中,从而保证被隐藏的信息不会引起监控者的注意和重视，从而减少被攻击的可能性。

信息隐藏起源于古老的隐写术。公元前 440 年，古希腊战争中，为了安全地传送军事情报，奴隶主剃光奴隶的头发，将情报文在奴隶的光头上，待头发长起后再将奴隶派到另一个部落，实现部落间秘密通信。

我国古代也早有以藏头诗、藏尾诗等形式，将要表达的“密语”隐藏在诗文或画卷中的特定位置，从而实现秘密通信。比如“芦花丛中一扁舟，俊杰俄从此地游，义士若能知此理，反躬难逃可无忧。”就是一首藏头诗，它要传递的信息是卢俊义反。图 7-3 所示为信息隐藏的流程。

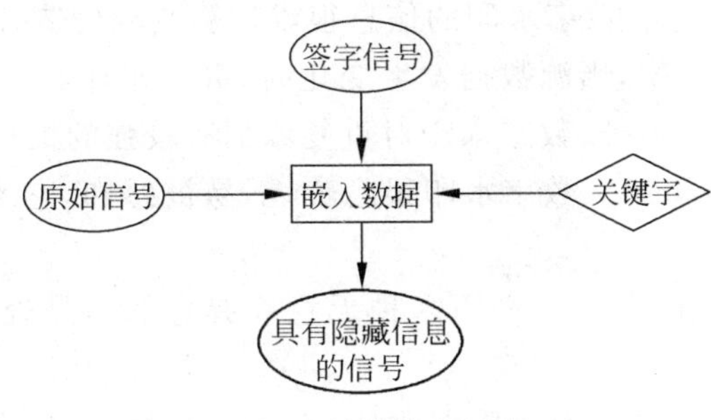

图 7-3　信息隐藏流程

信息隐藏术与密码术目标是一致的，即信息保密，然而二者的设计思想却完全不同。密码术通过设计加密技术，使机密信息不可读，而对于非授权者来讲，虽然他无法获知保密信息的具体内容，却能意识到保密信息的存在。而信息隐藏术则致力于通过设计精妙的方法，使得非授权者无法得知保密信息存在与否。相对于现代密码学而言，信息隐藏的最大优势在于它并不限制对主信号的存取和访问，而是致力于签字信号的安全保密性。

假设 A 需要秘密传递一些消息给 B，A 需要从一个随机消息源中抽取一个无关紧要的消息 C（该消息称为载体对象，Cover Message）。秘密信息（Secret Message）M 被嵌入载体对象 C 中，伪装为对象 C1。无论从感官（如视觉和感受声音）上，还是从计算机的分析上，都不可能把伪装对象 C1 与载体对象 C 区分开来。并且对伪装对象 C1 的正常处理，不应破坏隐藏的秘密信息。因而实现了信息的秘密通信。秘密信息 M 的嵌入过程中，密钥不是必需的。以示区别，称信息隐藏的密钥为伪装密钥 k。信息隐藏需要两个算法，即信息嵌入算法与信息提取算法，如图 7-4 所示。

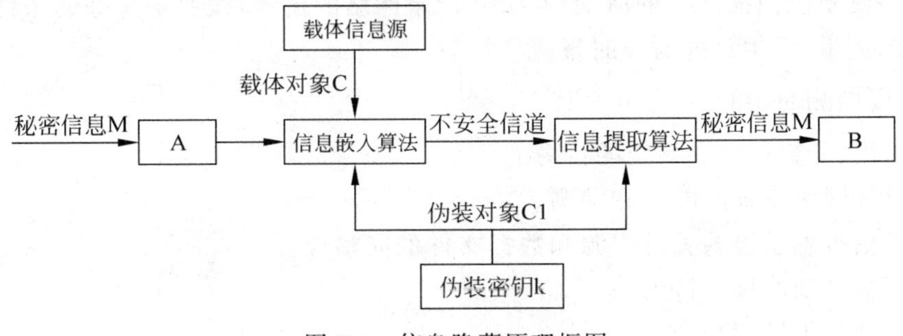

图 7-4　信息隐藏原理框图

7.5.2 数字水印

数字水印(Digital Watermarking)技术是指将一些标识信息(即数字水印)直接嵌入数字载体(如多媒体、文档等)中,但不影响原内容的使用价值,并不容易被探知和再次修改。数字水印可被生产方识别和辨认。通过这些隐藏在多媒体中的信息,可以达到确认内容创建者、购买者、传送隐秘信息或者判断载体是否真实完整。数字水印是实现防伪溯源、版权保护的有效方法,是信息隐藏技术领域的重要研究内容。

数字水印技术主要有以下几个方面的特点。

(1) 安全性(Security)。数字水印的信息很难被篡改或伪造,因而很安全。而且数字水印技术具有较低的误检率,当源数据发生变化时,数字水印相应地发生变化,从而可以检测到原始数据的变更。另外,数字水印对重复添加有较强的抵抗性。

(2) 隐蔽性(Invisibility)。数字水印很隐蔽,不易被感知,它不影响被保护数据的正常使用。

(3) 鲁棒性(Robustness)。在经历多种无意或有意的信号处理之后,数字水印仍可被准确鉴别。

(4) 敏感性(Sensitivity)。对于脆弱水印,在经过分发、传输、使用过程后,数字水印能够准确地判断数据是否被篡改,而且可判断出数据被篡改位置、篡改的程度甚至可以恢复原始信息。

7.6 入侵检测技术

7.6.1 入侵检测技术概述

1. 入侵检测系统

入侵检测系统(Intrusion Detection System,IDS)是指为保障计算机系统的安全而对网络传输实施监测,及时发现网络中可疑的或异常现象并发出警报或采取主动措施的系统。

入侵检测系统位于防火墙之后,它实时监测网络的活动,记录和禁止网络活动,因而可看作防火墙的延续。入侵检测系统与防火墙是相互独立的。

入侵检测系统扫描网络的活动,监听并记录网络的流量,按照定义好的条件过滤由网卡到网线的流量,发生意外时及时报警。

2. 入侵检测的功能

(1) 监测、分析用户和系统的行为。

(2) 设计网络系统的配置和漏洞。

(3) 评估敏感系统的关键资源和数据文件的完整性。

(4) 识别已知的攻击行为。

(5) 统计分析异常行为。

(6) 审计跟踪并识别违反安全法规的行为。

3. 入侵检测系统的需求特性

(1) 可靠性。入侵检测系统可以在无人监控的情况下无故障地运行。

(2) 有效性。入侵检测系统出错或漏报情况可控制在允许的范围内。

(3) 安全性。入侵检测系统不会被欺骗，可以保护其自身的安全。

(4) 可用性。入侵检测系统的程序尽可能小，不会因为入侵检测系统的运行而降低信息系统的性能。

(5) 容错性。即使在系统崩溃的情况下，入侵检测系统仍能保留下来。

7.6.2　入侵检测系统的组成

入侵检测系统主要由探测器、分析器和用户接口构成。

1. 探测器

探测器主要用于收集数据。它收集输入数据流中的系统数据，包括数据包、日志文件以及系统调用记录等，将这些数据发送至分析器进行分析处理。

2. 分析器

分析器也称为检测引擎，它用十从一个或多个探测器接收信息，分析是否有非法入侵活动。通过指示信号标志是否发生入侵行为。指示信号中可能包含相关的证据信息。而分析器也可能提供对入侵活动需要采取的应对措施等信息。

3. 用户接口

入侵检测系统的用户接口便于用户观察系统的输出信号，从而控制系统的行为。一些系统中，也把用户接口叫作“管理器”“控制台”等。

此外，一些入侵检测系统可能会包含“蜜罐”诱饵机。作为诱饵，可嗅探攻击者的攻击行为，向入侵检测系统提供攻击行为的过程及相关信息。入侵检测框架如图 7-5 所示。

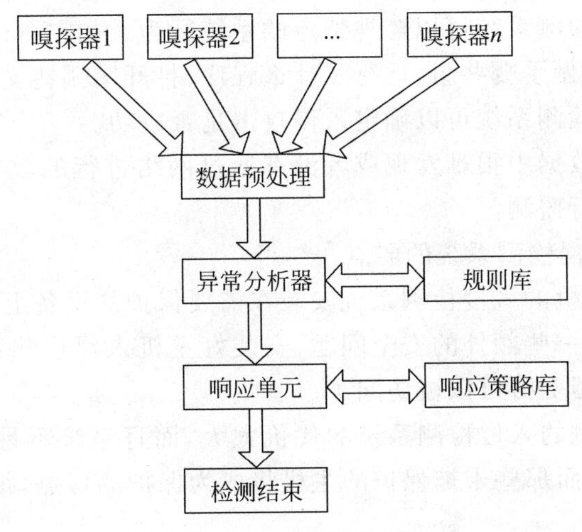

图 7-5　入侵检测框架

7.6.3 入侵检测系统的类型

入侵检测系统主要有基于主机的IDS、基于网络的IDS和基于分布式的IDS这3种类型。

1. 基于主机的IDS(Host-based IDS,HIDS)

一般来说,基于主机的入侵检测产品安装在需要重点监测的主机上,对主机系统与本地用户进行检测。在每台需要保护的主机上运行代理程序(Agent),以主机的审计数据、系统日志、应用程序日志等为数据源,主要对主机的网络实时连接以及主机文件进行分析和判断,一旦发现某个主题活动十分可疑,则IDS就会采取相应的措施进行处理。基于主机的入侵检测系统结构如图7-6所示。

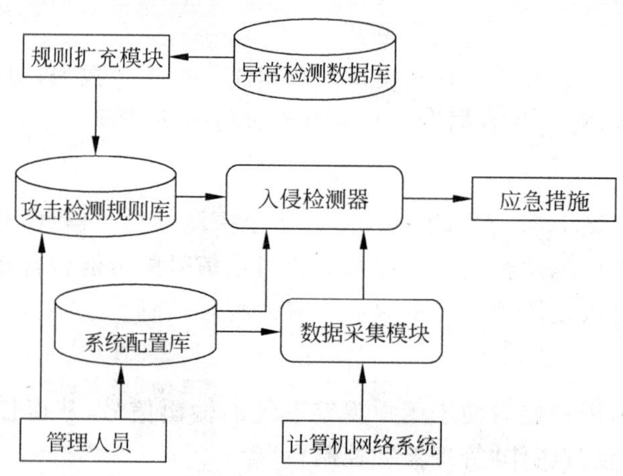

图7-6 基于主机的入侵检测系统结构

1) 基于主机的入侵检测系统的优点

基于主机的入侵检测系统可以监视特定的系统行为。如它可以监视所有用户的登录与退出,分辨出入侵者做了哪些事、运行了什么程序、打开了哪些文件等。

基于主机的入侵检测系统可以确定入侵攻击是否成功。

对于那些在网络数据中很难发现或者没有通过网络进行的攻击,可以借助基于主机的入侵检测系统来进行监测。

2) 基于主机的入侵检测系统的弱点

一般来说,基于主机的入侵检测系统安装在需要保护的设备上,而这会降低系统的效率。另外,这也带来了一些额外的安全问题,安装好主机入侵检测系统后,原本不允许安全管理员访问的服务器变得可以被访问了。

全面安装基于主机的入侵检测系统的代价太大,而且系统不易维护和升级。因而只能选择部分主机保护,而那些未被保护的主机将成为保护的盲点,很容易成为入侵者攻击的目标。

基于主机的入侵检测系统仅仅监测本身的主机,而不关注网络上的情况,这使得入侵行为的工作量会随着主机数目的增加而增加。

3）基于主机的入侵检测系统的局限性

(1) 资源局限性。由于基于主机的入侵检测系统被安装到受保护的主机上，这决定了所占用的资源不能太多，因而限制了使用的检测方法和处理的性能。

(2) 操作系统局限。基于主机的入侵检测系统的安全性取决于它所在主机的操作系统的安全性，若其所在系统被攻破，基于主机的入侵检测系统将很快被清除。

(3) 系统日志限制。基于主机的入侵检测系统通过系统日志来发现可疑的行为，然而有些日志不够翔实，或者根本没有日志。有些攻击行为本身不会被系统日志记录下来。若系统未安装第三方日志系统，则系统自身的日志系统很快会遭受到入侵者的攻击或修改，更糟糕的是，入侵检测系统通常不支持第三方日志系统。

(4) 被篡改过的系统核心能够骗过文件检查。若入侵者修改系统核心，则可以骗过检查文件一致性的工具。

(5) 网络检测局限。有些基于主机的入侵检测系统可以检查网络状态，但这将带来基于网络的入侵检测系统所面临的很多问题。

2. 基于网络的 IDS（Network-based IDS，NIDS）

基于网络的入侵检测系统一般放置在较重要的网段内，用于监视网络中的各类数据包。它对所有的或者可以的数据包进行特征分析，若发现数据包与系统内置的某些规则吻合，则入侵检测系统发出警报，并切断网络连接。当前，绝大多数入侵检测产品都是基于网络的。图 7-7 所示为基于网络的入侵检测系统结构。

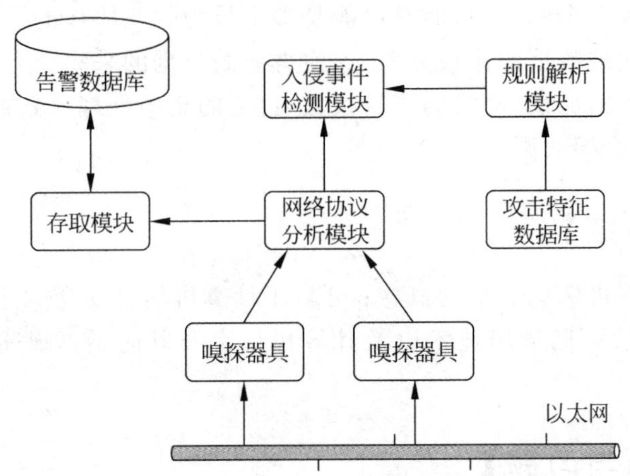

图 7-7　基于网络的入侵检测系统结构

1）基于网络的入侵检测系统的优点

基于网络的入侵检测系统可以检测出来自网络的攻击，可以检测到非法的访问。

基于网络的入侵检测系统无须改变服务器等主机的配置，因而不会影响这些机器的 CPU、I/O 及硬盘等资源的使用，也就不会影响业务系统的性能。

不像路由器、防火墙等设备那样，会成为系统中的关键路径，因而基于网络的入侵检测系统不会是影响系统正常业务的关键活动。安装基于网络的入侵检测系统的主机比安装基于主机的入侵检测系统的主机所承担的风险要小得多。

近年来，基于网络的入侵检测系统有朝着专业设备发展的趋势，势必会使这类设备的安装和使用越来越简单、便捷。

2）基于网络的入侵检测系统的弱点

基于网络的入侵检测系统仅检测与它直接连接的网段的通信，而不检测与之分布在不同网段的数据包。在使用以太网连接的网络中就会产生检测范围问题。若安装多台网络入侵检测系统的设备则会大大增加成本。

基于网络的入侵检测系统为了提高性能，多采用特征检测方法，可以检测出一些普通的入侵，而对于那些复杂的、需要进行大量计算和分析的入侵则很难检测。

基于网络的入侵检测系统有时需要将大量的数据传回系统进行分析，因而监听过程中可能会产生大量的数据流量，而一些系统在实际使用过程中可能会采取一定的方法来减少传回的数据量，这可能会导致系统的协同工作能力较弱。

基于网络的入侵检测系统很难处理加密的会话过程，当前通过加密通道入侵的还不多，然而随着 IPv6 的普及，这个问题会越来越严重。

3. 基于分布式的 IDS

随着技术的不断发展，需求的不断增加，网络的结构越来越复杂，规模越来越大，这会导致需要更多类型的入侵检测技术。

若系统的弱点或漏洞分散在网络中的各台主机上，那么这些弱点可能会被入侵者利用起来一起攻击网络，而这种入侵行为不会被入侵检测系统发现。

入侵行为不再是单个的行为，而有可能是多个行为相互协作的攻击结果。

入侵检测所依赖的数据源比较分散，这使得原始数据的采集变得异常困难。

网络传输速率不断加快，网络的流量很大，过去的集中处理原始数据的方法会带来入侵检测的瓶颈，可能会导致漏检。

【本章小结】

本章介绍了计算机信息安全的概念；分析了计算机信息安全的隐患以及信息安全的对策；介绍了密码技术、防火墙技术以及计算机病毒及其防治；阐述了信息隐藏技术和入侵检测技术。

【思考题与习题】

1. 选择题

(1) 对称密码是一种传统密码，也称为(　　)体制。在该加密体系中，加密和解密采用相同的密钥。

A. 私钥密码　　　　B. 公钥密码

(2) (　　)是指将一些标识信息直接嵌入数字载体中，但不影响原内容的使用价值，并不容易被探知和再次修改。

A. 密码技术　　　　B. 数字水印技术　　　　C. 入侵检测技术

(3) 入侵检测系统主要由(　　)组成。

A. 服务器　　B. 分析器

C. 用户接口　　D. 探测器、分析器和用户接口

(4) 一般来说,基于主机的入侵检测产品安装在需要重点检测的(　　)上,对主机系统与本地用户进行检测。

A. 主机　　B. 服务器　　C. 网络

(5) 绝大多数入侵检测产品都是基于网络的。(　　)是OSI参考模型的最高层,是用户与网络的接口。

A. 主机　　B. 分布式　　C. 网络

2. 分析与思考题

(1) 计算机信息安全的隐患有哪些?

(2) 简述计算及信息安全的对策。

(3) 什么是防火墙?有哪几类防火墙?它的功能是什么?

(4) 什么是计算机病毒?如何防治计算机病毒?

(5) 什么是信息隐藏技术?

(6) 什么是入侵检测技术?入侵检测技术有哪几类?

第8章 人工智能

学习要求

- 了解什么是人工智能。
- 了解人工智能的发展过程。
- 了解人工智能的研究途径。
- 了解人工智能的应用领域。

人工智能是计算机学科的一个分支，20 世纪 70 年代以来，它与空间技术、能源技术一并被称为世界三大尖端技术，也被认为是 21 世纪三大尖端技术(基因工程、纳米科学、人工智能)之一。近 30 年来它得到了迅速的发展，在很多学科领域都获得了广泛应用，并取得了丰硕的成果，人工智能已逐步成为一个独立的分支，无论在理论上还是在实践上都已自成一个系统。

8.1 人工智能概述

人工智能(Artificial Intelligence,AI)是研究、开发用于模拟、延伸和扩展人的智能的理论、方法、技术及应用系统的一门技术科学。人工智能可以对人的意识、思维的信息过程进行模拟。人工智能不是人的智能，但能像人那样思考，也可能超过人的智能。如图 8-1 所示，虽然不同领域对人工智能有着不同的阐释，但归根到底都是指计算机对于人类智能的一种模拟状态。

当今，人工智能主要是利用电子技术成果和仿生学方法，从大脑的结构方面模拟人脑的活动，即结构模拟。

人脑是智能活动的物质基础，是由上百亿个神经元组成的复杂系统。结构模拟是从单个神经元入手的，先用电子元件制成神经元模型，然后把神经元模型连接成神经网络(脑模型)，以完成某种功能，模拟人的某些智能。例如，1957 年美国康奈尔大学罗森布莱

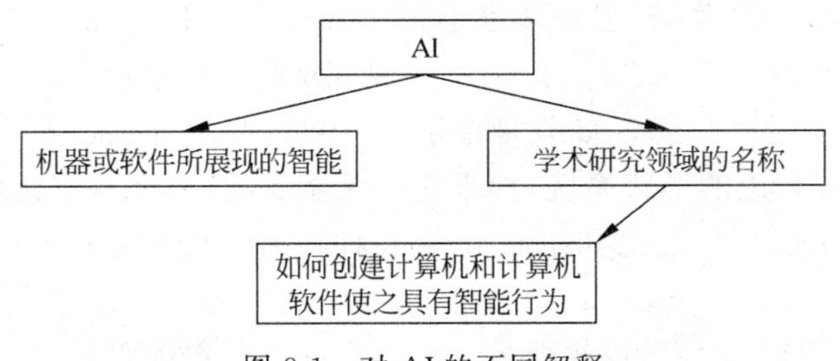

图 8-1 对 AI 的不同解释

特等人设计的“感知机”；1975 年，日本的福岛设计的“认知机”（自组织多层神经网络）。

人工智能科学技术发展的产物，它大大延伸了人们自己的手脚功能，是为了延伸思维器官和放大智力功能而产生和发展起来的。

控制论、信息论是“智能模拟”的科学依据，“智能模拟”是控制论、信息论最重要的实践结果。

8.2 人工智能的发展历史

1956 年，美国的明斯基（M. Minsky）、西蒙（H. Simon）及麦卡锡（J. McCarthy）等在达特茅斯夏季人工智能研究项目（Dartmouth Summer Research Project on Artificial Intelligence）中提出了人工智能的概念，使人工智能成为计算机科学的一个分支。半个多世纪过去了，虽然计算机在数值计算、自动控制、信息处理和决策支持等方面表现出了优异的性能，但是计算机并未达到人们所期望的具有人类智能的高度。人工智能的发展经历了多个时期，至今仍旧在不断前进着。

8.2.1 萌芽期

人工智能的研究不仅与对人的思维研究直接相关，而且和许多其他学科领域关系密切。因此，说到人工智能的历史，应当上溯到历史上一些伟大的科学家和思想家所做的贡献，他们为人工智能研究积累了充分的条件和基础理论。

早期的各种思想启蒙对后期的人工智能研究起到了很重要的引领作用。例如，希腊伟大的哲学家、思想家 Aristotle（亚里士多德）（公元前 384—322 年），他的主要贡献是为形式逻辑奠定了基础。形式逻辑是一切推理活动的最基本的出发点。

在他的代表作《工具论》中就给出了形式逻辑的一些基本规律，如矛盾律、排中律，并且实际上已经提到了同一律和充足理由律。此外，亚里士多德还研究了概念、判断问题，以及概念的分类和概念之间的关系，判断问题的分类和它们之间的关系。其最著名的创造就是提出人人熟知的三段论。英国的哲学家、自然科学家 Bacon（培根）（1561—1626 年），他的主要贡献是系统地给出了归纳法，成为和 Aristotle 的演绎法相辅相成的思维法则。Bacon 的另一个功绩是强调了知识的作用。Bacon 的著名警句是“知识就是力量”。

德国数学家、哲学家 Leibnitz（莱布尼茨）（1646—1716 年）提出了关于数理逻辑的思想，把形式逻辑符号化，从而能对人的思维进行运算和推理。他曾经做出了能进行四则运算的手摇计算机。英国数学家、逻辑学家 Boole(布尔)(1815—1864 年)初步实现了莱布尼茨的思维符号化和数学化的思想,提出了一种崭新的代数系统——布尔代数。

美籍奥地利数理逻辑学家 Godel(哥德尔)(1906—1978 年)证明了一阶谓词的完备性定理:任何包含初等数论的形式系统,如果它是无矛盾的,那么一定是不完备的。这个定理的意义在于,人的思维形式化和机械化的某种极限,在理论上证明了有些事是做不到的。

图 8-2 所示为英国数学家、逻辑学家、计算机科学家和密码学家 Turing(图灵)(1912—1954 年),1936 年他提出了一种理想计算机的数学模型(图灵机),1950 年提出了图灵试验,发表了"计算机与智能"的论文。如图 8-3 所示,图灵试验是指当一个人与一个封闭房间里的人或者机器交谈时,如果他不能分辨自己的问题回答是计算机还是人给出时,则称该机器是具有智能的。为了纪念图灵,将当今世界上计算机科学最高荣誉奖励命名为"图灵奖"。

图 8-2 图灵

以往图灵试验几乎是衡量机器人工智能的唯一标准,但是从 20 世纪 90 年代开始,现代人工智能领域的科学家开始对此试验提出异议:反对封闭式的、机器完全自主的智能;提出与外界交流的、人机交互的智能。于是,人们开始更严谨地追寻人工智能标准。

美国数学家 Mauchly(莫奇利)于 1946 年发明了电子数字计算机 ENIAC;美国神经生理学家 McCulloch 建立了第一个神经网络数学模型。从某种意义上可以说近代人工智能的发展,首先是从人工神经网络研究开始的。但是由于某种原因,神经网络的研究一度跌入低潮。美国数学家 Shannon(香农)(见图 8-4)在 1948 年发表了《通信的数学理论》,标志着"信息论"的诞生。

图 8-3 图灵试验

图 8-4 香农

美国数学家、计算机科学家 McCarthy(麦卡锡)是人工智能的早期研究者。1956 年,他和其他一些学者联合发起召开了世界上第一次人工智能学术大会,在他的提议下,会上正式决定使用"人工智能"这个词来概括这个研究方向。参加大会的有众多数学家、心理学家、神经生理学家、计算机科学家等以及不同学科领域的领先人物。McCarthy 也被尊为"人工智能之父"。

8.2.2 形成期

在 1956 年的这次会议之后，人工智能迎来了其发展的第一次小高峰。在这段长达 10 余年的时间里，计算机被广泛应用于数学和自然语言领域，用来解决代数、几何和英语问题。这让很多研究学者看到了机器向人工智能发展的信心。甚至在当时，有很多学者认为："20 年内，机器将能完成人能做到的一切。"在美国很快形成了 3 个从事人工智能研究的中心：以西蒙和纽威尔为首的卡内基—梅隆大学研究组；以麦卡锡、明斯基为首的麻省理工学院研究组；以塞缪尔为首的 IBM 公司研究组。随后，这几个研究组相继在思维模型、数理逻辑和启发式程序方面取得了一批显著的成果。

1956 年，纽威尔和西蒙研制了一个"逻辑理论家"(简称 LT)程序，它将每个问题都表示成一个树形模型，然后选择最可能得到正确结论的那一枝来求解问题，证明了怀特黑德与罗素的数学名著《数学原理》的 38 个定理。1963 年，他们对程序进行了修改，证明了全部定理。这一工作受到了人们的高度评价，被认为是计算机模拟人的高级思维活动的一个重大成果，是人工智能的真正开端。

1956 年，塞缪尔利用对策论和启发式搜索技术编制出西洋跳棋程序 Checkers。该程序具有自学习和自适应能力，能在下棋过程中不断积累所获得的经验，并能根据对方的走步，从许多可能的步数中选出一个较好的走法。这是模拟人类学习过程第一次卓有成效的探索。这台机器不仅在 1959 年击败了塞缪尔本人，而且在 1962 年击败了美国一个州的跳棋冠军，在世界上引起了轰动。这是人工智能的一个重大突破。

1958 年，麦卡锡研制出表处理程序设计语言 LISP，它不仅可以处理数据，而且可以方便地处理各种符号，成为人工智能程序语言的重要里程碑。目前，LISP 语言仍然是研究人工智能和开发智能系统的重要工具。

1960 年，纽威尔、肖和西蒙等通过心理学实验，发现人在解题时的思维过程大致可以分为 3 个阶段。

(1) 想出大致的解题计划。

(2) 根据记忆中的公理、定理和解题规划，按计划实施解题过程。

(3) 在实施解题过程中，不断进行方法和目标分析，修改计划。

这是一个具有普遍意义的思维活动过程，其中主要是方法和目的的分析(也就是人们在求解数学问题通常使用试凑的办法进行的试凑是不一定列出所有的可能性，而是用逻辑推理来迅速缩小搜索范围的办法进行的)，基于这一发现，他们研制了"通用问题求解程序 GPS"，用它来解决不定积分、三角函数、代数方程等 11 种不同类型的问题，并提出启发式搜索概念，从而使启发式程序具有较普遍的意义。

1961 年，明斯基发表了一篇名为"迈向人工智能的步骤"的论文，对当时人工智能的研究起到了推动作用。

正是由于人工智能在 20 世纪五六十年代的迅速发展和取得的一系列研究成果，使科学家们欢欣鼓舞，并对这一领域给予了过高的希望。到了 20 世纪 70 年代初，人工智能在经历一段比较快速的发展时期后，很快就遇到了许多问题。由于人工智能研究遇到了困难，使得人工智能在 20 世纪 70 年代初走向低落。但是，人工智能的科学家没有被一时的困难所吓倒，他们在认真总结经验教训的基础上，努力探索使人工智能走出实验室，走向实用化的新道路，并取得了令人鼓舞的进展。

特别是专家系统的出现，实现了人工智能从理论研究走向实际应用，从一般思维规律探索走向专门知识应用的重大突破，是人工智能发展史上的重大转折，将人工智能的研究推向了新高潮。

8.2.3 发展期

在这一时期，人工智能在新方法、程序设计语言、知识表示、推理方法等方面取得了重大进展。例如，20 世纪 70 年代许多新方法被用于 AI 开发，著名的如 Minsky 的构造理论。另外，David Marr 提出了机器视觉方面的新理论。例如，如何通过一幅图像的阴影、形状、颜色、边界和纹理等基本信息辨别图像，通过分析这些信息，可以推断出图像可能是什么，法国马赛大学的柯尔麦伦和他领导的研究小组于 1972 年研制成功的第一个 PROLOG 系统，成为继 LISP 语言之后的另一种重要的人工智能程序语言；明斯基 1974 年提出的框架理论；绍特里夫于 1975 年提出并在 MYCIN 中应用的不精确推理；杜达于 1976 年提出并在 PROSPECTOR 中应用的贝叶斯方法等。

人工智能的科学家们从各种不同类型的专家系统和知识处理系统中抽取共性，总结出一般原理与技术，使人工智能又从实际应用逐渐回到一般研究。围绕知识这一核心问题，人们重新对人工智能的原理和方法进行了探索，并在知识获取、知识表示以及知识推理过程中的利用等方面开始出现一组新的原理、工具和技术。

1977 年，在第五届国际人工智能联合会(IJCAI)的会议上，费根鲍姆教授在一篇题为“人工智能的艺术：知识工程课题及实例研究”的特约文章中，系统地阐述了专家系统的思想，并提出了知识工程(Knowledge Engineering)的概念。

费根鲍姆认为，知识工程是研究知识信息处理的学科，它应用人工智能的原理和方法，对那些需要专家知识才能解决的应用难题提供了求解的途径。恰当地运用专家知识的构成与解释(包括专家知识的获取、表示、推理过程)，是设计基于知识的系统的重要技术问题。至此，围绕着开发专家系统而开展的相关理论、方法、技术的研究形成了知识工程学科。知识工程的研究使人工智能的研究从理论转向应用，从基于推理的模型转向基于知识的模型。

随着第五代计算机的研制，为了适应人工智能和知识工程发展的需要，日本 1982 年开始了第五代计算机研制计划，即知识信息处理计算机系统 KIPS，其目的是使逻辑推理达到与数值运算一样快。虽然此计划最终失败，但它的开展掀起了一股研究人工智能的热潮。

20 世纪 80 年代末，以美国麻省理工学院布鲁克斯(R. A. Brooks)教授为代表的行为主义学派提出了“无须表示和推理”的智能，认为智能只在与环境的交互中表现出来，并认为研制可适应环境的“机器虫”比空想智能机器人要好。

以后，人工智能学术界充分认识到，已有的人工智能方法仅限于在模拟人类智能活动中使用成功的经验知识处理简单的问题，开始在符号机理与神经网络机理的结合及引入 Agent 系统等方面进一步开展研究工作。1987 年，美国召开第一次神经网络国际会议，宣告了这一新学科的诞生。此后，各国在神经网络方面的投资逐渐增加，神经网络迅速发展起来。

20 世纪 90 年代,人工智能出现新的研究高潮,由于网络技术特别是国际互联网技术的发展,人工智能开始由单个智能主体研究转向基于网络环境下的分布式人工智能研究。不仅研究基于同一目标的分布式问题求解,而且研究多个智能主体的多目标问题求解,以及面向应用的人工智能。Hopfield 多层神经网络模型的提出使人工神经网络研究与应用出现了欣欣向荣的景象。人工智能已深入社会生活的各个领域。

美国人工智能协会

美国人工智能协会(American Association for Artificial Intelligence,AAAI)成立于 1979 年,是一个非营利性的科学社团组织,主要致力于让机器产生智慧思考和智能行为的研究。此外,提升公众对人工智能的理解,对人工智能实践人员的教学和培训,为人工智能领域的研究者和投资者提供指导等也是 AAAI 的实践内容。

AAAI 主要活动包括组织和创办研讨会、座谈会和主题论坛;为所有会员发行季刊杂志,出版著作、会议录和技术报告;为在人工智能领域做出贡献的会员及有发展潜力的学生授予荣誉和奖学金等。

网站(http://www.aaai.org/)内容丰富,涵盖以下几大方面。

人工智能主题——关于人工智能学习。

出版物——关于人工智能期刊、会议录和技术报告等。

荣誉——关于授予荣誉和奖学金。

资源——关于人工智能政策方针和总统致辞信息。

会员制度——关于加入 AAAI 会员的信息。

人工智能会员图书馆——关于人工智能技术论文的摘要和全文。

会议——关于 AAAI 会议信息。

组织——关于 AAAI 职能人员的信息。

8.3 人工智能的研究途径

传统的人工智能方法有两个:一个是符号主义;另一个则是连接主义。目前这两个方法都遇到了困难。用传统方法建立在计算机基础上的人工智能只能模拟人类的部分智能。事实上,人工智能远非只与计算机科学相关,计算机也不是人工智能的终极机器。必须从研究人类智能的本质开始,开展思维科学的研究,创造新的人工智能研究方法和途径。

符号主义、连接主义和行为主义这 3 种方法并存。对此,中国学者认为这 3 种方法各有优缺点,他们提出了综合集成的方法,即不同的问题用不同的方法来解决,或用联合(混合、融合)的方法来解决,再加上人工智能系统引入交互机制,系统的智能化水平将会大为提高。目前,人工智能研究途径主要从以下几个方面来考虑。

8.3.1 心理模拟——符号推演

心理模拟(功能模拟)法就是以人脑的心理模型为依据,将问题或知识表示成某种逻辑网络,采用符号推演的方法,实现搜索、推理、学习等功能,从宏观上模拟人脑的思维,实现人工智能。采用这一途径与方法的原因是:人脑的意识活动是在心理层面上进行的,心理层面上的思维过程可以用语言符号表达;心理学、逻辑学、语言学学科的一些理论和方法可以借鉴或直接使用;计算机方便对符号型知识的表示与处理,可以直接运用人类已有的显示知识。

以功能模拟和符号推演研究人工智能者,被称为心理学派、逻辑学派、符号主义。早期代表人物有纽威尔(Allen Newell)、肖(Shaw)、西蒙(Herbert Simon),后来还有费根鲍姆(E. A. Feigenbaum)等。代表理念是"物理符号系统假设",即认为人对客观世界的认知基元是符号,认知过程是符号处理的过程;而计算机可以处理符号,所以可以用计算机通过对符号推演的方式来模拟人的逻辑思维过程,实现人工智能。符号推演方法擅长实现人脑的高级认知功能。

8.3.2 生理模拟——神经计算

"生理模拟——神经计算"就是从人脑的生理层面,即微观结构和工作机理入手,以智能行为的生理模型为依据,采用数值计算的方法模拟脑神经网络的工作过程,实现人工智能。具体来讲,就是用人工神经网络作为信息和知识的载体,用被称为神经计算的数值计算方法来实现网络的学习、记忆、联想、识别和推理等功能,从而模拟人脑的智能行为,使计算机表现出某种智能。

擅长模拟人脑的形象思维,便于实现人脑的低级感知功能。采用结构模拟,用神经网络和神经计算的方法研究人工智能者,被称为生理学派、连接主义。其代表人物有McCulloch、Pitts(MP 模型)、F. Rosenblatt(感知器)、T. Kohonen、J. Hopfield(全连接网络模型)等。

8.3.3 行为模拟——控制进化

基于"感知—行为"模型的研究途径和方法,称为行为模拟法。这种方法是用模拟人和动物在与环境的交互、控制过程中的智能活动和行为特性,如反应、适应、学习、寻优等,来研究和实现人工智能。以行为模拟方法研究人工智能者被称为行为主义、进化主义、控制论学派。

基于这一方法研究人工智能的典型代表要算 MIT 的 R. Brooks 教授,他研制的六足行走机器人(也称为人造昆虫或机器虫)曾引起人工智能界的轰动。这个机器虫可以看作新一代的"控制论动物",它具有一定的适应能力,是一个运用行为模拟即控制进化方法研究人工智能的代表作。

行为主义曾激烈地批评传统的人工智能对真实世界的客观事物和复杂境遇做了虚假的、过分简化的抽象。

8.3.4 群体模拟——仿生计算

“群体模拟——仿生计算”就是模拟生物群落的群体智能行为,从而实现人工智能。例如,模拟生物种群有性繁殖和自然选择现象而出现的遗传算法,进而发展为进化计算;模拟人体免疫细胞群而出现的免疫计算、免疫克隆计算及人工免疫系统;模拟蚂蚁群体觅食活动过程的蚁群算法;模拟鸟群飞翔的粒群算法和模拟鱼群活动的鱼群算法等。

这些算法在解决组合优化等问题中表现出卓越的性能,而对这些群体智慧的模拟是通过一些如遗传、变异、选择、交叉、克隆等算子或操作来实现的,统称其为仿生计算。仿生计算的特点是,其成果可以直接付诸应用,解决工程问题和实际问题。

8.3.5 博采广鉴——自然计算

人工智能的这些研究途径和方法的出现并非偶然。因为至今人们对智能的科学原理还未完全弄清楚,在这种情况下研究和实现人工智能的一个自然的思路就是模拟自然计算。自然计算就是模仿或借鉴自然界的某种机理而设计计算模型,这类计算模型通常是一类具有自适应、自组织、自学习、自寻优能力的算法,如模拟退火算法、量子聚类算法、神经计算、进化计算、免疫计算、生态计算、量子计算、分子计算、DNA 计算和复杂自适应系统等都属于自然计算。

8.3.6 原理分析——数学建模

“原理分析——数学建模”就是通过对智能本质和原理的分析,直接采用某种数学方法来建立智能行为模型。例如,人们用概率统计原理处理不确定性信息和知识,建立了统计模式识别、统计机器学习和不确定性推理的一系列原理与方法。又如,人们用数学中的距离、空间、函数、变换等概念和方法,开发了几何分类、支持向量机等模式识别和机器学习的原理与方法。

总之,尽管人工智能的发展经历了曲折的过程,但它在自动推理、认知建模、机器学习、神经元网络、自然语言处理、专家系统、智能机器人等方面的理论和应用上都取得了称得上具有“智能”的成果。许多领域将知识和智能思想引入自己的领域,使一些问题得以较好地解决。应该说,人工智能的成就是巨大的,影响是深远的。

8.4 人工智能的研究和应用领域

8.4.1 人工神经网络

神经网络的发展有着非常广阔的科学背景,是众多学科研究的综合成果。神经生理学家、心理学家与计算机科学家共同研究得出结论:人脑是一个功能特别强大、结构异常复杂的信息处理系统,其基础是神经元及其互联关系。因此,对人脑神经元和人工神经网络的研究可能创造出新一代人工智能机——神经计算机。

8.4.2 机器人学

人工智能研究日益受到重视。机器人学是另一个分支，其中包括对操作机器人装置程序的研究。这个领域所研究的问题从机器人手臂(见图 8-5)移动到实现机器人目标动作序列的最佳规划方法，范围很广。机器人和机器人学的研究促进了许多人工智能思想的发展。一些技术可用来模拟世界的状态，用来描述从一种世界状态转变为另一种世界状态的过程。

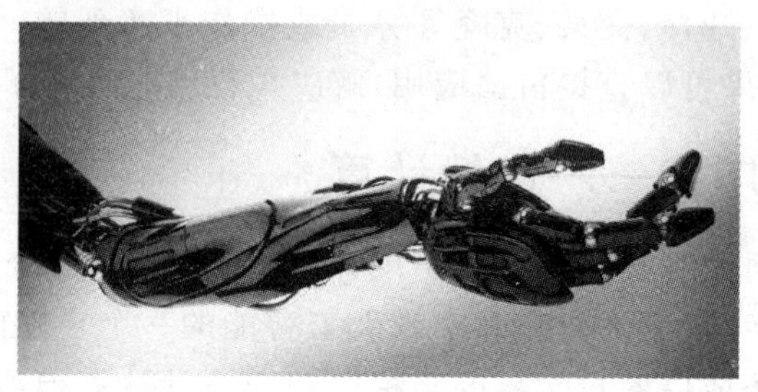

图 8-5 机器人手臂

8.4.3 模式识别

计算机应用领域的不断开拓急切地要求计算机能更有效地感知如声音、文字、图像、温度、震动等信息资料，于是模式识别便得到迅速发展。“模式”(Pattern)一词的本意是指完美无缺地供模仿的一些标本。模式识别就是指识别出给定物体所模仿的标本。人工智能所研究的模式识别是指用计算机代替人类或帮助人类感知模式，是对人类感知外界功能的模拟，研究的是计算机模式识别系统，也就是使一个计算机系统具有模拟人类通过感官接收外界信息、识别和理解周围环境的感知能力。

模式识别过程与人类的学习过程相似，如图 8-6 所示，以“语音识别”为例，语音识别就是让计算机能听懂人说的话，一个重要的例子就是七国语言(英、日、意、韩、法、德、中)口语自动翻译系统。该系统实现后，人们出国预订旅馆、购买机票、在餐馆对话和兑换外币时，只要利用电话网络和国际互联网，就可以用手机、电话等与“老外”通话。

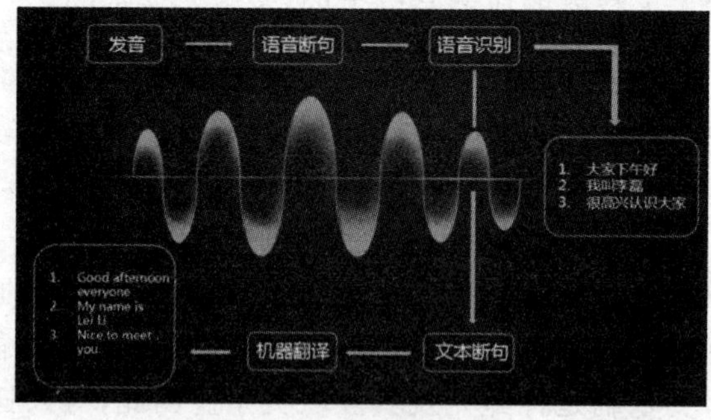

图 8-6 语音识别

8.4.4 机器视觉

机器视觉或计算机视觉已从模式识别的一个研究领域发展为一门独立的学科，其主要研究目标是使计算机具有通过二维图像认知三维环境信息的能力，这种能力不仅包括对三维环境中物体形状、位置、姿态、运动等几何信息的感知，还包括对这些信息的描述、存储、识别与理解。

在视觉方面，已经给计算机系统装上电视输入装置以便能够“看见”周围的东西。视觉是感知问题之一，在人工智能中研究的感知过程通常包含一组操作。例如，可见的景物由传感器编码，并被表示为一个灰度数值的矩阵。这些灰度数值由检测器加以处理。检测器搜索主要图像的成分，如线段、简单曲线和角度等。这些成分又被处理，以便根据景物的表面和形状来推断有关景物的三维特性信息。例如，在图像、图形识别方面有指纹识别、染色体识字符识别等；在航天与军事方面有卫星图像处理、飞行器跟踪、成像精确制导、景物识别、目标检测等；在医学方面有图像的脏器重建、医学图像分析等；在工业方面有各种监测系统和生产过程监控系统等。

8.4.5 智能控制

人工智能的发展促进自动控制向智能控制发展。智能控制是一类无须(或需要尽可能少的)人的干预就能够独立地驱动智能机器实现其目标的自动控制。或者说，智能控制是驱动智能机器自主地实现其目标的过程。随着人工智能和计算机技术的发展，可以把自动控制和人工智能以及系统科学的某些分支结合起来，建立一种适用于复杂系统的控制理论和技术。智能控制正是在这种条件下产生的。它是自动控制的最新发展阶段，也是用计算机模拟人类智能的一个重要研究领域。

自动驾驶

关于自动驾驶，在概念上业界有着明确的等级划分，主要有两套标准：一套是NHSTAB(美国高速公路安全管理局)制定的；另一套是SAE International(国际汽车工程师协会)制定的。现在主要统一采用SAE分类标准。

根据应用场景的不同，自动驾驶系统可分为高速自动驾驶和低速自动驾驶(速度低于20km/h)，后者实现难度要低很多。现在比较看好的主要业务模式有产品输出(与汽车厂商或一级供应商合作，将自有产品植入汽车的前装序列，或者制作特定形状的自动驾驶机器)、技术输出(与汽车厂商或一级供应商合作，提供软硬件解决方案)、物流合作等。高速自动驾驶在个人项目中无法企及，这里就针对低速自动驾驶介绍其主要应用场景。

(1) 物流场景。高速无人驾驶为城际物流运输车队提供自动驾驶技术，低速无人驾驶可解决末端物流(即最后3km)，结合自动存货机，实现无人配送。

(2) 移动广告平台。低速无人驾驶可实现不知疲倦无须人工成本的移动商业广告。

(3) 特定应用场景。如景区游览车、低速代步工具、自动行驶的婴儿车、移动行李箱等。自动驾驶是一个完整的软硬件交互系统，自动驾驶核心技术包括硬件(汽车制造技术、自动驾驶芯片)、自动驾驶软件、高精度地图、传感器通信网络等。自动驾驶系统在汽车上的硬件布局大致如图 8-7 所示。

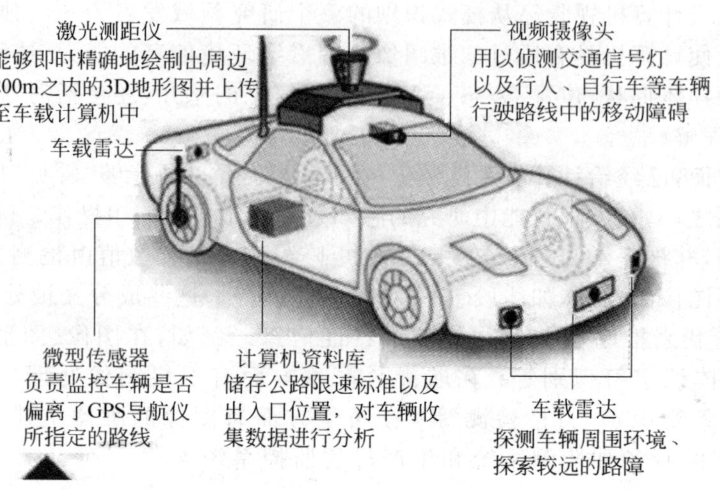

图 8-7 自动驾驶核心技术

基于深度学习架构的人工智能现已被广泛应用于自动驾驶实现,从自动驾驶初创公司、互联网公司到各大 OEM 厂商,都正在积极探索通过基于深度学习技术架构实现最终的自动驾驶解决方案,简单地说,深度学习一定程度上是在模拟人脑从外界环境中学习、理解甚至解决模糊歧义的过程,可以自动地学习如何完成给定的任务,如识别图像、识别语音甚至控制无人汽车自动行驶等。

8.4.6 智能检索

随着科学技术的迅速发展,出现了“知识爆炸”的情况。对国内外种类繁多和数量巨大的科技文献的检索远非人力和传统检索系统所能胜任。研究智能检索系统已成为科技持续快速发展的重要保证。数据库系统是储存某学科大量事实的计算机软件系统,它们可以回答用户提出的有关该学科的各种问题。

8.4.7 智能调度与指挥

确定最佳调度或组合的问题是人们感兴趣的又一类问题。一个经典的问题就是推销员旅行问题。这个问题要求为推销员寻找一条最短的旅行路线。他从某个城市出发,访问每个城市一次,且只许一次,然后回到出发的城市。大多数这类问题能够从可能的组合或序列中选取一个答案,不过组合或序列的范围很大。试图求解这类问题的程序产生了一种组合爆炸。这时,即使是大型计算机的容量也不能满足存储所有搜索路径的需要,会被耗尽存储容量,这是一个全排列列举的问题,因为如果没有把所有的路径列举完毕,就不知道是否存在更短的路径。如果一共 n 个城市节点,除去一个出发点,一共存在 $(n-1)!$ 个方案,每个方案都去检查一遍,选择最短的一种即可。如果 n 规模比较大,存储量是非常巨大的,目前没有一台机器可以实现全排列,所以需要通过智能搜索算法,有选择地选取路径方案。

8.4.8 系统与语言工具

人工智能对计算机界的某些贡献已经以派生的形式表现出来。计算机系统的一些概念，如分时系统、编目处理系统和交互调试系统等，已经在人工智能研究中得到发展。几种知识表达语言（把编码知识和推理方法作为数据结构和过程计算机的语言）已在20世纪70年代后期开发出来，以探索各种建立推理程序的思想。特里·威诺格雷德（Terry Winograd）的文章“在程序设计语言之外”（1979年）讨论了他的某些关于计算的未来思想，其中部分思想是在他的人工智能研究中产生的。

人工智能的研究方法会随着技术的进步而不断丰富，很多新名词会被提出，但研究的目的基本不变，日趋多样化的研究方法追根溯源也就是研究问题的两种方法的演变。对人工智能中尚未解决的众多问题，运用基本的研究问题的方法，结合先进的技术，不断实现智能化。

用传统软件分析语言文本材料的缺陷

传统的计算机程序依靠编辑明确的指令让计算机执行。如一句话里有“疯狂”这个词语，程序就会把这句话归类为负面情绪。但是，如果是爱的疯狂，那这句话表达的是强烈的正面情绪。传统程序的判断正好和事实相反。

这就是基于明晰规则理解人类表达的非结构化数据的局限性（结构化的表达是指出一个问题如“你喜欢我们的产品吗”，让对方回答是或不是）。疯狂的人可以是疯子，也可以是对某事某人特别痴迷的人。基于明晰规则的传统编程方法得到的程序在处理此类问题时会犯错误。

没有哪个程序员能写出把所有事物按 if else 归类的程序。让程序理解人类的情感表达也不太可能，如笑中有泪、笑里藏刀、口蜜腹剑。作为人类，我们的学习、分类、行动是基于模式识别和与过去相关联的事物完成的，我们能根据模式、目的和背景做出很快的设想。

有监督的深度学习，同样是根据与过去的关联来学习。通过提供过去的分类好的数据，让计算机自己从中去学习，找到其中的关联关系。随着输入数据的增加，机器会变得越来越智能化。相对于编程，深度学习是质的进步。

8.5 人工智能的未来

人工智能的迅速发展将深刻改变人类社会生活、改变世界。为抢抓人工智能发展的重大战略机遇，构筑我国人工智能发展的先发优势，加快建设创新型国家和世界科技强国步伐，我国在2017年部署制定了《新一代人工智能发展规划》。

我国发展人工智能具有良好的基础。国家部署了智能制造等国家重点研发计划重点专项，印发实施了“互联网+”人工智能三年行动实施方案。经过多年的持续积累，已在人工智能领域取得重要进展，国际科技论文发表量和发明专利授权量已居世界第二，部分领域核心关键技术实现重要突破。

到 2025 年,人工智能基础理论将实现重大突破,人工智能将成为带动我国产业升级和经济转型的主要动力,智能社会建设取得积极进展。

人工智能基础理论方面的前沿科学研究将促进人工智能加速发展。例如,大数据智能理论研究数据驱动与知识引导相结合的人工智能新方法、以自然语言理解和图像图形为核心的认知计算理论和方法、综合深度推理与创意人工智能理论与方法、非完全信息下智能决策基础理论与框架、数据驱动的通用人工智能数学模型与理论等;跨媒体感知计算理论研究超越人类视觉能力的感知获取、面向真实世界的主动视觉感知及计算、自然声学场景的听知觉感知及计算、自然交互环境的言语感知及计算。

人工智能作为新一轮产业变革的核心驱动力,将进一步释放历次科技革命和产业变革积蓄的巨大能量,形成从宏观到微观各领域的智能化新需求,催生新技术、新产品、新产业、新业态、新模式,引发经济结构重大变革,实现社会生产力的整体跃升。

当前,人工智能已逐步进入产业化阶段,人工智能技术的发展正在由学术推动的实验室阶段转向由学术界和产业界共同推动的产业化阶段。

8.5.1 智能制造

智能制造是《中国制造 2025》的主攻方向,是落实制造强国战略的重要举措。智能制造是基于新一代信息技术,贯穿设计、生产、管理、服务等制造活动各个环节,具有信息深度自感知、智慧优化自决策、精准控制自执行等功能的先进制造过程、系统与模式的总称。具有以智能工厂为载体,以关键制造环节智能化为核心,以端到端数据流为基础,以网络互联为支撑等特征,可有效缩短产品研制周期、降低运营成本、提高生产效率、提升产品质量、降低资源能源消耗。

汽车工业是汽车发达国家智能制造的重要应用实施领域和突破口。主要表现在:以无人驾驶汽车为代表的智能汽车产品研制,如美国 Google 的智能汽车联盟计划,技术上重点突破支撑汽车无人驾驶的新型传感器、物联网、智能导航等,着力推进智能工厂和智能生产,支持以用户为中心的个性化汽车产品生产模式;重点突破企业内部制造与信息系统之间的纵向集成、汽车产品生命周期上制造与信息系统端到端的集成、以价值链为导向的企业发展战略层面的横向集成,着力提升汽车生产过程和工艺环节的自动化与智能化水平,如图 8-8 所示;以信息与物理系统融合为核心,推进机器人、3D 打印、物联网、大数据等智能制造支撑技术的深化应用。

图 8-8　智能汽车生产流水线

汽车智能制造以智能制造模式和技术体系为指导，通过汽车制造过程与先进信息控制技术的深度融合，形成若干个具有行业影响力的汽车智能制造示范工厂，行业的智能制造水平得到大幅度提升，如图 8-9 所示。

	2015—2020	2020—2025	2025—2030
目标	夯实汽车制造工业自动化、数字化、网络化、信息化基础，构建示范性智能单元、智能生产线，突破智能车间、智能工厂关键技术	智能决策软件和智能装备在骨干汽车企业大量使用，实现物联网、大数据与智能化技术的全面深化应用，构建示范性智能车间，实现企业纵向、横向以及端对端的全面集成	汽车制造实现从设计、生产、物流到服务的全过程智能化，构建一批智能制造企业，实现精准管控和环境友好制造及大规模定制生产
标准体系	汽车智能制造工艺及装备技术体系 汽车制造智能管控体系	汽车智能制造CPS技术体系 汽车智能制造标准体系	智能汽车标准与安全体系
物联网与大数据平台	三维模型的海量工艺数据传输技术 面向产品生命周期的数字量流转与接口设计技术	汽车制造车间感知网构建技术 汽车制造车间网络信息安全控制技术	汽车制造过程的海量异构大数据组织技术
柔性制造系统设计	柔性制造系统单元的模块化设计技术 柔性制造系统重构与任务切换技术	物料储存、搬运技术、装备 柔性生产线的构型与设计技术	可重构柔性制造系统的集成控制技术
虚拟现实与增强现实	智能工厂的布局优化仿真 智能工厂的排序与平衡问题仿真	智能工厂的人体工程学仿真 智能工厂的自动物流仿真	混合现实技术在汽车制造中的应用
过程与工艺大数据	汽车制造过程和工艺大数据分析技术 基于大数据的制造过程与工艺优化技术	制造大数据可视化技术 大数据驱动的质量分析与控制技术	基于大数据的企业知识工程与创新技术
传感器	视觉检测技术 安全传感技术；自动导航传感技术	物联网RFID识别及可追溯技术 传感器柔性自动化技术	下一代仿生传感技术，包括人工皮肤/肌电/脑电人体意图传感技术等
机器人及其应用系统	从计算智能向感知智能发展 机器人搬运与上下料系统；离线编程和拖曳编程技术	从感知智能向认知智能发展，实现虚拟制造与现实制造相结合 机器人焊接与连接系统	实现认知智能，满足汽车产品高端定制化生产的需求
集成管控	车间自适应调度与排产技术 时空感知的车间物流实时管控技术 生产资源的平衡与再平衡技术	大数据驱动的质量管控技术 安全生产智能监控技术	
集成管控	PLM/ERP/CRM/SCM/MES无缝集成技术（2015—2025）		
集成管控	车间智能综合管控平台iMES系统开发（2015—2030）		

图 8-9 智能制造技术发展趋势

通过图 8-9 可以看出，我国发展智能制造的目标如下：到 2020 年，全面夯实汽车制造工业自动化、数字化、网络化、信息化基础，构建示范性智能单元、智能生产线，突破智能车间、智能工厂关键技术；显著提升设计、制造、管理一体化信息集成，制造过程自动化，实时管控水平；骨干汽车企业厂域感知设备和网络空间覆盖率达 80%以上，单位工业增加值能耗下降 20%，管理信息化普及率达到 85%，数字化设计工具普及率达到 90%。以工业机器人为代表的智能装备完成从计算智能向感知智能发展，实现冲压、焊装、涂装工位无人化生产。到 2025 年，智能决策软件和智能装备在骨干汽车企业大量使用，实现物联网、大数据与智能化技术的全面深化应用，构建示范性智能车间，实现企业纵向、横向以及端对端的全面集成。以机器人为代表的智能装备完成从感知智能向认知智能发展，具有良好的语音识别等多模式人机交互功能，协作智能机器人实现广泛应用，机器人集群作业具备机器人补位功能。到 2030 年，在全面数字化、网络化的基础上，汽车制造实现从设计、生产、物流到服务全过程智能化，构建一批智能制造企业，使汽车制造过程能动态适应环境的变化，从而实现精准管控和环境友好制造及大规模定制生产。以机器人为代表的智能装备实现认知智能，具备自我学习功能，机器人代替体力劳动向机器人局部代替脑力劳动转变。

智能制造最显著的特点体现在生产纵向整合及网络化、价值链横向整合、全生命周期数字化、技术应用指数式增长 4 个方面。

8.5.2 智能农业

智能农业（工厂化农业）是指在相对可控的环境条件下采用工业化生产，实现集约、高效、可持续发展的现代超前农业生产方式，是农业先进设施与陆地相配套、具有高度的技术规范和高效益的集约化规模经营的生产方式。

智能农业是由信息技术支持的、根据空间变异、定位定时定量实施一整套现代化农事操作技术与管理的系统，其基本含义是根据作物生长的土壤性状，调节作物的投入，一方面查清田块内部的土壤性状与生产力空间变异；另一方面确定农作物的生产目标，进行定位的“系统诊断、优化配方、技术组装、科学管理”，调动土壤生产力，以最少或最节省的投入达到同等或更高的收入，并改善环境，高效地利用各类农业资源，取得经济效益和环境效益。

智能农业通过实时采集温室内温度、土壤温度、CO_2 浓度、湿度信号以及光照、叶面湿度、露点温度等环境参数，自动开启或者关闭指定设备。托普物联网指出，可以根据用户需求随时进行处理，为实施农业综合生态信息自动监测、对环境进行自动控制和智能化管理提供科学依据。通过模块采集温度传感器等信号，经由无线信号收发模块传输数据，实现对大棚温湿度的远程控制。智能农业还包括智能粮库系统，该系统通过将粮库内温湿度变化的感知与计算机或手机连接进行实时观察，记录现场情况以保证粮库的温湿度平衡。

实施过程包括：信息获取，主要有农田地理要素、环境信息、作物信息几大方面的获取；分析决策，主要有 GIS 管理、变量施肥灌溉喷药、产量数据处理等一系列的操作过程；变量实施，主要分为变量施肥、变量喷药、智能测产等几个步骤。

实现的技术支撑有以下几个。

1. 全球定位系统(GPS)

GPS是利用地球上空的通信卫星、地面上的接收系统和用户设备等组成的高精度、全天候、全球性的精确定位系统。GPS是智能农业的基础,主要用于实时、快速地进行田间信息的采集和田间操作的精确定位,在智能农业中发挥了重要作用,为农田信息定位,指挥农机行走和农机作业,同时对周边环境进行不定期监测定位,为农业专家系统提供有益的空间信息。

2. 地理信息系统(GIS)

GIS是基于计算机、数据库技术的数据管理技术。人们使用的地形图、专业图和文字表示的各种地理要素储存在计算机内,通过计算机及数据库管理软件,可以对有关内容进行快速查询、评估、分析、更新、修改、存档、传输等。通过GIS可以快速检索各点的土壤、空气等农业状况,再据此采取措施,有针对性地运用精准农机进行操作。

3. 遥感系统(RS)

RS由传感器、载体和指挥系统3部分组成。农业遥感技术是现代航空技术、计算机技术等相结合的产物,是人类从空间对地球进行观察的手段。RS对各种物体如土地、河流水系、农作物等进行观测,使人们快速获得相关农业信息,其准确性比人工预报大大提高。

图8-10和图8-11所示为人工智能在农业上的应用。

图8-10 农业智能机器人在收割西红柿

图8-11 “慧农”北斗导航农机自动驾驶系统

8.5.3 智能物流

智能物流是利用集成智能化技术,使物流系统能模仿人的智能,具有思维、感知、学习、推理判断和自行解决物流中某些问题的能力,如图8-12所示。智能物流的未来发展将会体现出4个特点:智能化、一体化和层次化、柔性化与社会化。在物流作业过程中的大量运筹与决策的智能化;以物流管理为核心,实现物流过程中运输、存储、包装、装卸等环节的一体化和智能物流系统的层次化;智能物流的发展会更加突出“以顾客为中心”的理念,根据消费者需求变化来灵活调节生产工艺;智能物流的发展将会促进区域经济的发展和世界资源优化配置，实现社会化。智能物流系统借助智能获取技术、智能传递技术、智能处理技术、智能运用技术来实现。

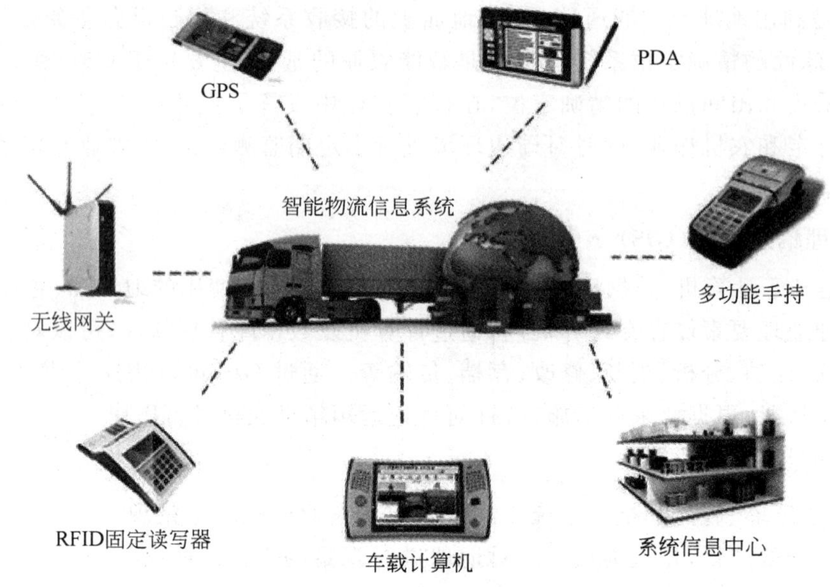

图 8-12 智能物流信息系统

智能物流就是利用条形码识别技术、射频识别技术、传感器、全球定位系统等先进的物联网技术通过信息处理和网络通信技术平台广泛应用于物流业运输、仓储、配送、包装、装卸等基本活动环节，实现货物运输过程的自动化运作和高效率优化管理，提高物流行业的服务水平，降低成本，减少自然资源和社会资源消耗，如图 8-13 和 8-14 所示。物联网为物流业将传统物流技术与智能化系统运作管理相结合提供了一个很好的平台，进而能够更好、更快地实现智能物流的信息化、智能化、自动化、透明化、系统的运作模式。智能物流在实施过程中强调的是物流过程数据智慧化、网络协同化和决策智慧化。智能物流在功能上要实现 6 个"正确"，即正确的货物、正确的数量、正确的地点、正确的质量、正确的时间、正确的价格，在技术上要实现物品识别、地点跟踪、物品溯源、物品监控、实时响应。

图 8-13 自主运输单元 CTS

图 8-14 智能物流机器人

8.5.4 商业智能

商业智能(Business Intelligence,BI)又称商业智慧或商务智能,是指用现代数据仓库技术、线上分析处理技术、数据挖掘和数据展现技术进行数据分析以实现商业价值。

商业智能作为一个概念,其描述与业务紧密结合,并且根据需要进行相关特性展示和数据处理的过程,如图 8-15 所示。

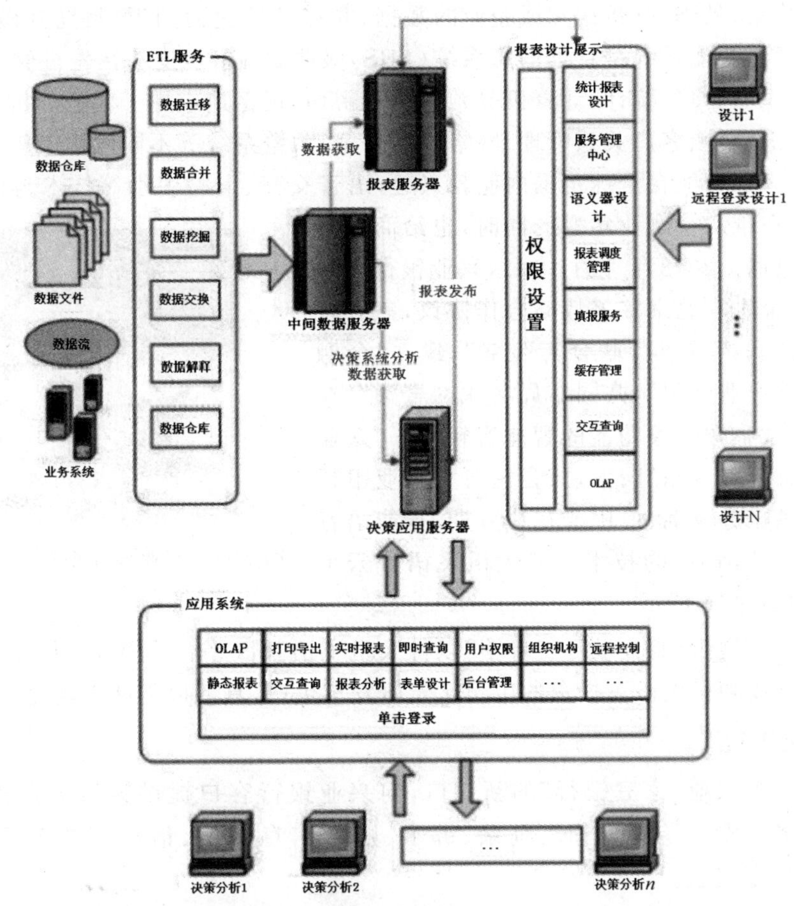

图 8-15 商业智能系统处理流程

为了让数据"活"起来,往往需要利用数据仓库、数据挖掘、报表设计与展示、联机在线分析(OLAP)等技术。数据或者数据源种类繁多,如存储在关系型数据库中的、在外围数据文件中的、在业务流中实时产生存储在内存中的等。而商业智能最终能够辅助的业务经营决策,既可以是操作层的,也可以是战术层和战略层的决策。

这些分析有财务管理、点击流分析(Clickstream)、供应链管理、关键绩效指标(Key Performance Indicators, KPI)、客户分析等。商业智能关注的是,从各种渠道(软件、系统、人等)发掘可执行的战略信息。商业智能用的工具有抽取(Extraction)、转换(Transformation)和加载(Load)软件(收集数据,建立标准的数据结构,然后把这些数据存在另外的数据库中)、数据挖掘和在线分析(Online Analytical Processing,OAP,允许用户容易地从多个角度选取和查看数据)等。

8.5.5 智能金融

智能金融是商业智能的一部分,商业智能又称为商务智能,英文为 Business Intelligence,简写为 BI,由加特纳集团(Gartner Group)于 1996 年最早提出。商业智能包括一系列基于先进管理理念、决策理论与最新信息技术的方法与综合技术,以及应用这些方法与技术收集、处理、分析组织或企业的数据,并将其转化为知识,帮助其做出及时、准确的决策。商业智能系统是管理信息系统(MIS)吸收最新 IT 技术在先进管理理念指导下的扩展,与工商管理、统计、计算机等领域关系密切,正迅速应用于金融分析、信用管理、风险管理、精准营销、客户关系管理、网络信息安全、预警系统等不同领域。

近年来,人工智能在全球范围内蓬勃兴起,语音交互、人脸识别等技术与传统金融业务快速结合,在推动金融业转变的同时,也给商业银行带来了新机遇。2018 年 1 月 18 日,兴业银行与科大讯飞、京东金融在北京签署战略合作协议,三方联手成立“AI 家庭智慧银行联合实验室”,建立“金融智能语音硬件产业联盟”,共同布局物联网金融。在会上,首台搭载金融服务功能的智能音箱——“兴业银行智能金融叮咚音箱”问世,该音箱可为兴业银行零售客户提供账务查询、信用卡在线分期、智能语音客服等金融服务,背后的技术以科大讯飞语音云平台为基础,如图 8-16 所示。

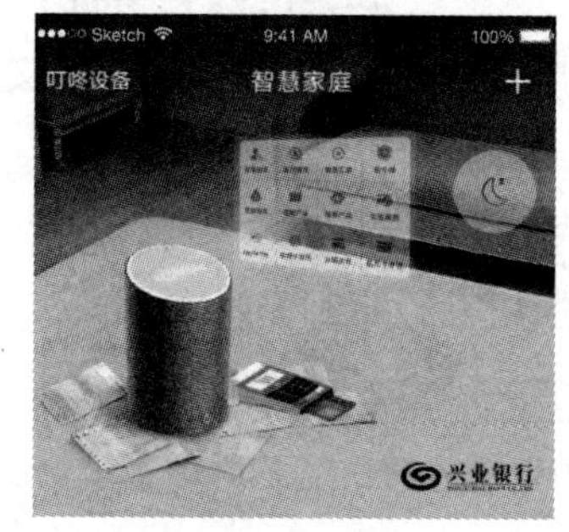

图 8-16 兴业银行智能金融叮咚音箱

这款“兴业银行智能金融叮咚音箱”以科大讯飞语音云平台为基础,由京东旗下子公司北京灵隆科技和科大讯飞投资的广州亿宏研发与生产,具备以下两大功能。

1. “家庭银行”

以语音作为兴业“家庭银行”的新入口,向兴业银行客户提供智能语音在线交互办理等功能服务。具体包括注册、登录、绑卡、账务信息查询、信用卡业务语音办理等功能。

2. “虚拟营业厅”

基于叮咚音箱共同开发的兴业银行“虚拟营业厅”语音客服业务,为银行客户提供智能语音客户服务,具体包括兴业银行问题知识库内容问答功能、营业厅预约排队功能、客户经理电话预约功能等。

加载人工智能、大数据等物联网先进技术,“兴业银行智能金融叮咚音箱”能够有效打破空间与时间的限制,消除客户与传统银行网点之间的距离。

“AI 音箱作为智能家庭的入口级产品,银行能够将服务从营业厅迁到客厅,解决银行营业厅的业务压力。”京东集团副总裁、商城前台产品研发部负责人黎科峰博士在签约仪式上表示,这是京东与兴业银行共同努力的目标,旨在推动银行服务业的变革。

金融业构建“家庭银行”,AI 成为最佳载体,家庭智慧银行联合实验室将充分挖掘利用家庭银行采集到的客户数据，构建“家庭智慧银行客户洞察平台”，致力于开发、定义家庭银行更广泛的应用，充分发挥参与各方在支付领域、云服务等方面的优势，共同探讨物联网支付业务的流程设计及应用等，未来可实现将支付账户绑定到智能家居等各类AI硬件设备上，使客户利用AI技术简单、便捷、安全地完成交易和支付。

具体而言，在分析并了解客户居家行为大数据后，向客户提供高度个性化并真正投其所好的金融产品和服务。

在这样的背景下，随着人工智能热潮兴起，金融业成为拥抱AI最具潜力的领域之一。智能语音的技术优势，让机器能听会说，进一步增进人机沟通，语义识别让普通的消费者能够轻松进行语音互动，推动金融市场用户体验的提升。

除了智能音箱外，工商银行、建设银行、中国银行、农业银行等银行机构已经实现了智能客服的规模化应用和全面布局，可以使用合作方授权的数据。

8.5.6 智能家居

智能家居的概念起源很早，但一直未有具体的建筑案例出现，直到1984年美国联合科技公司（United Technologies Building System）将建筑设备信息化、整合化概念应用于美国康涅狄格州（Connecticut）哈特佛市（Hartford）都市办公大楼时，才出现了首栋的“智能型建筑”，从此揭开了全世界争相建造智能家居派的序幕。

智能家居是以住宅为平台，通过物联网技术将家中的各种设备连接到一起，实现智能化的一种生态系统。它具有智能灯光控制、智能电器控制、安防监控系统、智能背景音乐、智能视频共享、可视对讲系统和家庭影院系统等功能，如图8-17所示。

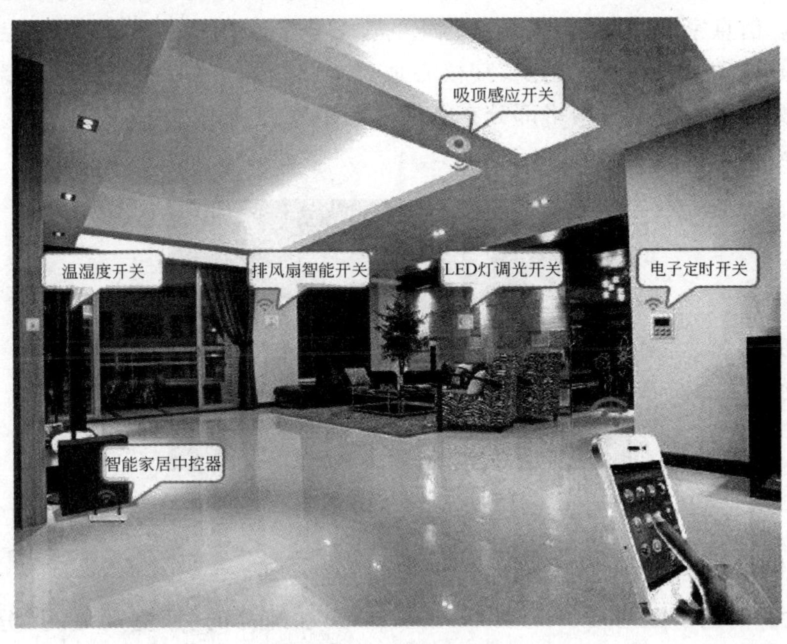

图8-17 智能家居（1）

智能家居利用综合布线技术、网络通信技术、安全防范技术、自动控制技术、音视频技术将家居生活有关的设施集成，构建高效的住宅设施与家庭日常事务的管理系统，提升家居安全性、便利性、舒适性、艺术性，并实现环保节能的居住环境。

智能家居是在互联网影响之下物联化的体现，通过物联网技术将家中的各种设备(如音视频设备、照明系统、窗帘控制、空调控制、安防系统、数字影院系统、影音服务器、影柜系统、网络家电等)连接到一起，提供家电控制、照明控制、电话远程控制、室内外遥控、防盗报警、环境监测、暖通控制、红外转发以及可编程定时控制等多种功能和手段。与普通家居相比，智能家居不仅具有传统的居住功能，兼备建筑、网络通信、信息家电、设备自动化，提供全方位的信息交互功能，甚至节约各种能源。

1. 家庭自动化

家庭自动化(Home Automation)是指利用微处理电子技术来集成或控制家中的电子电器产品或系统，如照明灯、咖啡炉、计算机设备、保安系统、暖气及冷气系统、视讯及音响系统等。家庭自动化系统主要是以一个中央微处理机(Central Processor Unit，CPU)接收来自相关电子电器产品(外界环境因素的变化，如太阳初升或西落等所造成的光线变化等)的信息后，再以既定的程序发送适当的信息给其他电子电器产品。中央微处理机必须透过许多界面来控制家中的电器产品，这些界面可以是键盘，也可以是触摸式荧幕、按钮、计算机、电话机、遥控器等；消费者可发送信号至中央微处理机，或接收来自中央微处理机的信号。

家庭自动化是智能家居的一个重要系统，在智能家居刚出现时，家庭自动化甚至就等同于智能家居，今天它仍是智能家居的核心之一，但随着网络技术在智能家居中的普遍应用、网络家电/信息家电的成熟，家庭自动化的许多产品功能将融入这些新产品中去，从而使单纯的家庭自动化产品越来越少，其核心地位也将被家庭网络/家庭信息系统所代替。它将作为家庭网络中的控制网络部分在智能家居中发挥作用。

家庭自动化系统 X-10 如图 8-18 所示。

图 8-18 智能家居(2)

2. 家庭网络

首先，大家要把家庭网络(Home Networking)和纯粹的“家庭局域网”分开来说，家庭局域网是指连接家庭里的 PC、各种外设及与互联网连接的网络系统，它只是家庭网络的一个组成部分。家庭网络是在家庭范围内(可扩展至邻居、小区)将 PC、家电、安全系统、照明系统和广域网相连接的一种新技术。

当前在家庭网络所采用的连接技术可以分为“有线”和“无线”两大类。有线方案主要包括双绞线或同轴电缆连接、电话线连接、电力线连接等；无线方案主要包括红外线连接、无线电连接、基于 RF 技术的连接和基于 PC 的无线连接等。

家庭网络相比起传统的办公网络来说，加入了很多家庭应用产品和系统，如家电设备、照明系统，因此相应技术标准也错综复杂，家庭网络的发展趋势是将智能家居中其他系统融合在一起。

3. 网络家电

网络家电是将普通家用电器利用数字技术、网络技术及智能控制技术设计改进的新型家电产品。网络家电可以实现互联组成一个家庭内部网络，同时这个家庭网络又可以与外部互联网相连接。可见，网络家电技术包括两个层面：第一个层面是家电之间的互联问题，也就是使不同家电之间能够互相识别、协同工作；第二个层面是解决家电网络与外部网络的通信，使家庭中的家电网络真正成为外部网络的延伸。

要实现家电间互联和信息交换，就需要解决：①描述家电工作特性的产品模型，使数据的交换具有特定含义；⑵信息传输的网络介质，可选择的方案有电力线、无线射频、双绞线、同轴电缆、红外线、光纤。认为比较可行的网络家电包括网络冰箱、网络空调、网络洗衣机、网络热水器、网络微波炉、网络炊具等。网络家电未来的方向也是充分融合到家庭网络中去。

4. 信息家电

信息家电应该是一种价格低廉、操作简便、实用性强、带有 PC 主要功能的家电产品。利用计算机、电信和电子技术与传统家电（包括白色家电，如电冰箱、洗衣机、微波炉等；黑色家电，如电视机、录像机、音响、VCD、DVD 等）相结合的创新产品，是为数字化与网络技术更广泛地深入家庭生活而设计的新型家用电器，信息家电包括 PC、机顶盒、HPC、DVD、超级 VCD、无线数据通信设备、视频游戏设备、网页电视、网络电话等，所有能够通过网络系统交互信息的家电产品，都可以称为信息家电。音频、视频和通信设备是信息家电的主要组成部分。另外，在传统家电的基础上，将信息技术融入传统的家电当中，使其功能更加强大，使用更加简单、方便和实用，为家庭生活创造更高品质的生活环境。比如，模拟电视发展成数字电视，VCD 变成 DVD，电冰箱、洗衣机、微波炉等也将会变成数字化、网络化、智能化的信息家电，如图 8-19 所示。

图 8-19　智能家居(3)

从广义的分类来看，信息家电产品实际上包含了网络家电产品，但如果从狭义的定义来界定，可以做一个简单分类：信息家电更多地指带有嵌入式处理器的小型家用信息设备，它的基本特征是与网络（主要指互联网）相连具有一些具体功能，可以是成套产品，也可以是一个辅助配件。而网络家电则是指一个具有网络操作功能的家电类产品，这种家电可以理解是我们原来普通家电产品的升级。

信息家电由嵌入式处理器、相关支撑硬件（如显示卡、存储介质、IC 卡或信用卡等读取设备）、嵌入式操作系统以及应用层的软件包组成。信息家电把 PC 的某些功能分解出来，设计成应用性更强、更家电化的产品，使普通居民步入信息时代的步伐更为快速，是具备高性能、低价格、易操作特点的 Internet 工具。信息家电的出现将推动家庭网络市场的兴起，同时家庭网络市场的发展又反过来推动信息家电的普及和深入应用。

8.5.7 智能教育

智能教育即教育信息化，是指在教育领域全面深入地运用现代信息技术来促进教育改革与发展的过程。其技术特点是数字化、网络化、智能化和多媒体化。基本特征是开放、共享、交互、协作。

在过去 10 年间，互联网已深深改变了我们学习的方式，网络课程解决了教育资源线上化的问题，帮助更多人不受时空限制、碎片化地学习，也让更多学生有机会听到优质的课程讲座。

1. 智能教育解决目前的诸多教育问题

首先，为智能教育而研发的 AI 产品能胜任枯燥的重复性劳动，释放教师的创造力。“辛勤的园丁”是我们对教师经常作的一种比喻，这也从侧面体现出传统教育中教师要应对大量的枯燥工作，如批改作业、准备教案、挑选布置合适的习题等，耗时费力。而智能教育 AI 产品可以“不吃、不喝、不休息”完成作业的批改工作。有了图像识别、语义分析等技术的 AI 产品非常适合标准化的重复劳动，“园丁们”的工作重心也可以转移到更有价值和创造性的教学研究中去。

其次，AI 产品可以改变大班授课的教学模式，提供个性化教学，提高学习效率。传统课堂中，教师或许能敏锐捕捉学生的“小动作”，用砸粉笔头的“绝技”制止；可是教师即便有“千里眼，顺风耳”，也没有“读心术”，无法在一堂课内兼顾所有学生的学习进度，容易出现好学生“吃不饱”，落后的学生又“跟不上”的问题。

智能教育的 AI 产品提供的自适应学习功能让因材施教成为可能。AI 产品不断收集学生行为数据，实时判别孩子的知识点掌握情况，并量身打造学习计划。学生因此可以重点提高自己的薄弱环节，效率更高。

最后，教育资源不均的本质是优秀教师稀缺，AI 有助于降低教育对人力的依赖性。就像有丰富经验的教师一样，AI 产品能从学生的答卷迅速分析出背后的失分原因，并提出如何改进，还能辅助教师快速掌握全班学习进度，让每个孩子都有机会突破时空界限，接触到“私人名师”级别的辅导，从而解决资源不均的困境。

2. 智能教育未来发展方向

首先，需要认识到，AI 和教育的结合现在仍处在初级阶段，未来还需继续加大投入。

即使经历了多年积累，自然语言处理也还有很大提升空间。比如，今天机器人可以参加数学高考，客观上也是因为数学的答题思路与评判相对更容易数字化和标准化；至于文科领域，虽然目前 AI 也已经有了技术储备，能完成简单的文章撰写等任务，但离解决创造性、开放性和复杂程度高的问题还有很大差距。AI 还是不能够写一篇富有哲理和情感的小散文。

其次，AI 将成整个教育行业的标配，助力更多的新应用场景。除了前面提到的个性化学习外，行业内也有许多智能教育团队正在研发虚拟助手、专家系统等场景下的产品。

最后，未来的教育是教师与 AI 协作的产物。人工智能会不会最终导致教师"下岗"？答案是否定的。机器擅长标准化和规模化的任务，最大价值在于成为教师的帮手，是教师眼睛和手的延伸，随时关注所有学生的细节情况，并完成重复性劳动，但无法替代教师。作为教师，在创新力、管理决策和情感陪伴上都有更大优势，好的教师会让学生培养良好学习习惯和健全人格，使其受益终身。

图 8-20 所示为儿童教育机器人。

8.5.8 智能机器人

从广泛意义上理解智能机器人，它给人的最深刻的印象是一个独特的进行自我控制的"活物"。其实，这个自控"活物"的主要器官并没有像真正的人那样微妙而复杂。

智能机器人之所以智能，是因为它有相当发达的"大脑"。在脑中起作用的是中央处理器，这种计算机跟操作它的人有直接的联系。最主要的是，这样的计算机可以进行按目的安排的动作。正因为这样，才说这种机器人是真正的机器人，尽管它们的外表可能有所不同(图 8-21)。

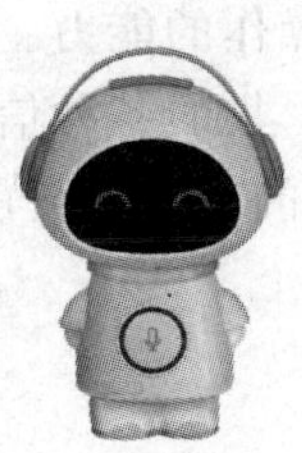

图 8-20 儿童教育机器人

图 8-21 智能机器人

智能机器人具备形形色色的内部信息传感器和外部信息传感器，如视觉、听觉、触觉、嗅觉。除具有传感器外，它还有效应器，作为作用于周围环境的手段，它们使手、脚、长鼻子、触角等智能机器人的各个组成部分动起来。由此也可知，智能机器人至少要具备 3 个要素，即感觉要素、运动要素和思考要素。感觉要素用来认识周围环境状态；运动要素对外界做出反应性动作；思考要素根据感觉要素所得到的信息，思考出采用什么样的动作。

感觉要素包括能感知视觉、接近、距离等的非接触型传感器和能感知力、压觉、触觉等的接触型传感器。这些要素实质上就是相当于人的眼、鼻、耳等五官，它们的功能可以利用诸如摄像机、图像传感器、超声波传感器、激光器、导电橡胶、压电元件、气动元件、行程开关等机电元器件来实现。对运动要素来说，智能机器人需要有一个无轨道型的移动机构，以适应诸如平地、台阶、墙壁、楼梯、坡道等不同的地理环境。它们的功能可以借助轮子、履带、支脚、吸盘、气垫等移动机构来完成。在运动过程中要对移动机构进行实时控制，这种控制不仅包括位置控制，而且还要有力度控制、位置与力度混合控制、伸缩率控制等。智能机器人的思考要素是 3 个要素中的关键，也是人们要赋予机器人必备的要素。思考要素包括有判断、逻辑分析、理解等方面的智力活动。这些智力活动实质上是一个信息处理过程，而计算机则是完成这个处理过程的主要手段。

正像一个智能机器人制造者所说的，机器人是一种系统的功能描述，这种系统过去只能从生命细胞生长的结果中得到，现在我们已经能够制造它们了。

智能机器人能够理解人类语言，用人类语言同操作者对话。它能分析出现的情况，能调整自己的动作以达到操作者所提出的全部要求，能拟定所希望的动作，并在信息不充分的情况下和环境迅速变化的条件下完成这些动作。当然，要它和人类思维一模一样，这是不可能办到的。不过，仍然有人试图建立计算机能够理解的某种“微观世界”。如维诺格勒在麻省理工学院人工智能实验室里制作的机器人。这个机器试图完全学会玩积木，达到一个小孩子的智力。这个机器人能独自行走和拿起一定的物品，能“看到”东西并分析看到的东西，能服从指令并用人类语言回答问题。更重要的是，它具有“理解”能力。

智能机器人根据其智能程度的不同，又可分为以下 3 种。

1. 传感型机器人

传感型机器人又称工业机器人或外部受控机器人，它只能死板地按照人给它规定的程序工作，不管外界条件有何变化，它都不能对程序做相应的调整。如果要改变机器人所做的工作，必须由人对程序做相应的改变，因此它是毫无智能可言的。机器人的本体上没有智能单元，只有执行机构和感应机构，它具有利用传感信息(包括视觉、听觉、触觉、接近觉、力觉和红外、超声及激光等)进行信息处理、实现控制与操作的能力。受控于外部计算机，在外部计算机上具有智能处理单元，处理由受控机器人采集的各种信息以及机器人本身的各种姿态和轨迹等信息，然后发出控制指令指挥机器人的动作。目前，机器人世界杯的小型组比赛中使用的机器人就属于这样的类型。

2. 交互型机器人

交互型机器人也称为初级智能机器人。它和工业机器人不一样，具有像人那样的感受、识别、推理和判断能力。可以根据外界条件的变化，在一定范围内自行修改程序，也就是它能适应外界条件变化对自己做相应调整。不过，修改程序的原则由人预先规定。这种初级智能机器人已拥有一定的智能。机器人通过计算机系统与操作员或程序员进行人机对话，实现对机器人的控制与操作。虽然它具有部分处理和决策功能，能够独立地实现一些诸如轨迹规划、简单的避障等功能，但是还要受到外部的控制。虽然还没有自动规划能力，但这种初级智能机器人已经开始走向成熟，达到实用水平。

3. 自主型机器人

自主型机器人也称为高级智能机器人。它和初级智能机器人一样，具有感觉、识别、推理和判断能力，同样可以根据外界条件的变化，在一定范围内自行修改程序。所不同的是，修改程序的原则不是由人规定的，而是机器人自己通过学习，总结经验来获得修改程序的原则。所以它的智能高出初级智能机器人。这种机器人已拥有一定的自动规划能力，能够自己安排自己的工作。这种机器人可以不要人的参与管理，完全独立地工作，故称为高级自律机器人。

在设计制作之后，机器人无须人的干预，能够在各种环境下自动完成各项拟人任务。自主型机器人的本体上具有感知、处理、决策、执行等模块，可以像一个自主的人一样独立地活动和处理问题。机器人世界杯的中型组比赛中使用的机器人就属于这一类型。全自主移动机器人的最重要的特点在于它的自主性、适应性和交互性。自主性是指它可以在一定的环境中，不依赖任何外部控制，完全自主地执行一定的任务。适应性是指它可以实时识别和测量周围的物体，根据环境的变化，调节自身的参数，调整动作策略以及处理紧急情况。交互性也是自主机器人的一个重要特点，机器人可以与人、与外部环境以及与其他机器人之间进行信息的交流。由于全自主移动机器人涉及诸如驱动器控制、传感器数据融合、图像处理、模式识别、神经网络等许多方面的研究，所以能够反映一个国家在制造业和人工智能等方面的水平。因此，许多国家都非常重视全自主移动机器人的研究。

智能机器人的研究从 20 世纪 60 年代初开始，经过几十年的发展，目前，基于感觉控制的智能机器人（又称第二代机器人）已达到实际应用阶段，基于知识控制的智能机器人（又称自主机器人或下一代机器人）也取得较大进展，已研制出多种样机，如图 8-22 所示。

图 8-22　餐厅智能机器人服务员

8.5.9 虚拟现实

虚拟现实（Virtual Reality，VR）也称灵境技术或人工环境，是利用计算机模拟产生一个三度空间的虚拟世界，提供使用者关于视觉、听觉、触觉等感官的模拟，让使用者如同身临其境一般，可以及时、没有限制地观察三度空间内的事物。使用者进行位置移动时，计算机可以立即进行复杂的运算，将精确的 3D 世界影像传回产生临场感。虚拟现实看到的场景和人物全是假的，是把人的意识带入一个虚拟的世界（图 8-23）。

虚拟现实是多种技术的综合，包括实时三维计算机图形技术，广角（宽视野）立体显示技术，对观察者头、眼和手的跟踪技术，以及触觉/力觉反馈、立体声、网络传输、语音输入/

输出技术等。下面对这些技术分别加以说明。

1. 实时三维计算机图形

相比较而言，利用计算机模型产生图形图像并不是太难的事情。如果有足够准确的模型，又有足够的时间，就可以生成不同光照条件下各种物体的精确图像，但是这里的关键是实时。例如，在飞行模拟系统中，图像的刷新相当重要，同时对图像质量的要求也很高，再加上非常复杂的虚拟环境，实现就变得相当困难。

游戏机技术中装填手和 VR 头盔可以使参与游戏者获得更加逼真的效果体验(图 8-24)。

图 8-23 VR 眼镜

图 8-24 VR 头盔

2. 显示技术

人看周围的世界时，由于两只眼睛的位置不同，得到的图像略有不同，这些图像在脑子里融合起来，就形成了一个关于周围世界的整体景象(图 8-25)，这个景象包括了距离远近的信息。当然，距离信息也可以通过其他方法获得，如眼睛焦距的远近、物体大小的比较等。

图 8-25 VR 现实图像

在 VR 系统中，双目立体视觉起到了很大作用。人的两只眼睛看到的不同图像是分别产生的，显示在不同的显示器上。有的系统采用单个显示器，但用户戴上特殊的眼镜后，一只眼睛只能看到奇数帧图像，另一只眼睛只能看到偶数帧图像，奇、偶帧之间的不同也就是视差产生了立体感。

在人造环境中，每个物体相对于系统的坐标系都有一个位置与姿态，用户看到的景象是由用户的位置和头(眼)的方向来确定的。在传统的计算机图形技术中，视场的改变是通过鼠标或键盘来实现的，用户的视觉系统和运动感知系统是分离的，而利用头部跟踪来改变图像的视角，用户的视觉系统和运动感知系统之间就可以联系起来，感觉更逼真。跟踪头部运动的虚拟现实头套优点是，用户不仅可以通过双目立体视觉去认识环境，而且可以通过头部的运动去观察环境。

在用户与计算机的交互中，键盘和鼠标是目前最常用的工具，但对于三维空间来说，它们都不太适合。在三维空间中因为有 6 个自由度，很难找出比较直观的办法把鼠标的平面运动映射成三维空间的任意运动。现在，已经有一些设备可以提供 6 个自由度，如 3Space 数字化仪和空间球等。另外，一些性能比较优异的设备是数据手套和数据衣。

3. 声音技术

人能够很好地判定声源的方向。在水平方向上，靠声音的相位差及强度的差别来确定声音的方向，因为声音到达两只耳朵的时间或距离有所不同。常见的立体声效果就是靠左、右耳听到在不同位置录制的不同声音来实现的，所以会有一种方向感。现实生活里，当头部转动时，听到的声音的方向就会改变。但目前在 VR 系统中，声音的方向与用户头部的运动无关。

4. 感觉技术

在一个 VR 系统中，用户可以看到一个虚拟的杯子。你可以设法去抓住它，但是你的手没有真正接触杯子的感觉，并有可能穿过虚拟杯子的“表面”，而这在现实生活中是不可能的。解决这一问题的常用装置是在手套内层安装一些可以振动的触点来模拟触觉。

5. 语音技术

在 VR 系统中，语音的输入/输出也很重要。这就要求虚拟环境能听懂人的语言，并能与人实时交互。而让计算机识别人的语音是相当困难的，因为语音信号和自然语言信号有其多变性和复杂性。例如，连续语音中词与词之间没有明显的停顿，同一词、同一字的发音受前后词、字的影响，不仅不同人说同一词会有所不同，就是同一人发音也会受到心理、生理和环境的影响而有所不同。

使用人的自然语言作为计算机输入目前有两个问题：首先是效率问题，为便于计算机理解，输入的语音可能会相当啰唆；其次是正确性问题，计算机理解语音的方法是对比匹配，而没有人的智能。

VR 的应用

VR 艺术是伴随着“虚拟现实时代”的来临应运而生的一种新兴而独立的艺术门类，关于 VR 艺术有以下的定义：“以虚拟现实(VR)、增强现实(AR)等人工智能技术作为媒介手段加以运用的艺术形式，称为虚拟现实艺术，简称 VR 艺术。该艺术形式的主要特点是超文本性和交互性。”

作为现代科技前沿的综合体现，VR 艺术是通过人机界面对复杂数据进行可视化操作与交互的一种新的艺术语言形式，它吸引艺术家的关键之处在于艺术思维与科技工具的密切交融和二者深层渗透所产生的全新认知体验。与传统视窗操作下的新媒体艺术相比，交互性和扩展的人机对话是 VR 艺术呈现其独特优势的关键所在。从整体意义上说，

VR艺术是以新型人机对话为基础的交互性的艺术形式，其最大优势在于建构作品与参与者的对话，通过对话揭示意义生成的过程。

艺术家通过对VR、AR等技术的应用，可以采用更为自然的人机交互手段控制作品的形式，塑造出更具沉浸感的艺术环境和现实情况下不能实现的梦想，并赋予创造过程以新的含义。如具有VR性质的交互装置系统可以设置观众穿越多重感官的交互通道以及穿越装置的过程，艺术家可以借助软件和硬件的顺畅配合来促进参与者与作品之间的沟通与反馈，创造良好的参与性和可操控性；也可以通过视频界面进行动作捕捉，储存访问者的行为片段，以保持参与者的意识增强性为基础，同步放映增强效果和重新塑造、处理过的影像；通过增强现实、混合现实等形式，将数字世界和真实世界结合在一起，观众可以通过自身动作控制投影的文本，如数据手套可以提供力的反馈，可移动的场景、360°旋转的球体空间不仅增强了作品的沉浸感，而且可以使观众进入作品的内部，操纵它、观察它的过程，甚至赋予观众参与再创造的机会。

丰富的感觉能力与3D显示环境使得VR成为理想的视频游戏工具。由于在娱乐方面对VR的真实感要求不是太高，故近些年来VR在该方面发展最为迅猛。如芝加哥开放了世界上第一台大型可供多人使用的VR娱乐系统，其主题是关于3025年的一场未来战争；英国开发的称为Virtuality的VR游戏系统，配有HMD，大大增强了真实感；1992年的一台称为Legeal Qust的系统由于增加了人工智能功能，使计算机具备了自学习功能，大大增强了趣味性及难度，使该系统荣获该年度VR产品奖。另外，在家庭娱乐方面VR也显示出了很好的前景。

作为传输显示信息的媒体，VR在未来艺术领域方面所具有的潜在应用能力也不可低估。VR所具有的临场参与感与交互能力可以将静态的艺术（如油画、雕刻等）转化为动态的，可以使观赏者更好地欣赏作者的思想艺术。另外，VR提高了艺术表现能力，如一个虚拟的音乐家可以演奏各种各样的乐器，手足不便的人或远在外地的人可以在他生活的居室中去虚拟的音乐厅欣赏音乐会等。

对艺术的潜在应用价值同样适用于教育，如在解释一些复杂的系统抽象的概念如量子物理等方面，VR是非常有力的工具，Lofin等人在1993年建立了一个“虚拟的物理实验室”，用于解释某些物理概念，如位置与速度、力量与位移等。

模拟训练一直是军事与航天工业中的一个重要课题，这为VR提供了广阔的应用前景。美国国防部高级研究计划局DARPA自20世纪80年代起一直致力于研究称为SIMNET的虚拟战场系统，以提供坦克协同训练，该系统可连接200多台模拟器。另外，利用VR技术可以模拟零重力环境，从而可代替非标准的水下训练宇航员的训练环境（图8-26）。

图8-26 模拟训练

虚拟现实不仅是一个演示媒体，还是一个设计工具。它以视觉形式反映了设计者的思想，如装修房屋之前，你首先要做的事是对房屋的结构、外形做细致的构思，为了使之定量化，你还需设计许多图纸，当然这些图纸只有内行人能读懂，虚拟现实可以把这种构思变成看得见的虚拟物体和环境，使以往只能借助传统的设计模式提升到数字化的即看即所得的完美境界，大大提高了设计和规划的质量与效率。运用虚拟现实技术，设计者可以完全按照自己的构思去构建装饰“虚拟”的房间，并可以任意变换自己在房间中的位置，去观察设计的效果，直到满意为止。既节约了时间，又节省了做模型的费用。

随着房地产业竞争的加剧，传统的展示手段如平面图、表现图、沙盘、样板房等已经远远无法满足消费者的需要。因此敏锐把握市场动向，果断启用最新的技术并迅速转化为生产力，方可领先一步，击溃竞争对手。虚拟现实技术是集影视广告、动画、多媒体、网络科技于一身的最新型的房地产营销方式（图 8-27），在国内的广州、上海、北京等大城市，国外的加拿大、美国等经济和科技发达的国家都非常热门，是当今房地产行业一个综合实力的象征和标志，其最主要的核心是房地产销售。同时在房地产开发中的其他重要环节包括申报、审批、设计、宣传等方面都有着非常迫切的需求。

图 8-27 多媒体营销

房地产项目的表现形式可大致分为实景模式和水晶沙盘两种。

其中可对项目周边配套、红线以内建筑和总平面图、内部业态分布图等进行详细剖析展示，由外而内表现项目的整体风格，并可通过鸟瞰、内部漫游、自动动画播放等形式对项目逐一表现，增强了讲解过程的完整性和趣味性。

当今世界工业已经发生了巨大的变化，人海战术早已不再适应工业的发展，先进科学技术的应用显现出巨大的威力，特别是虚拟现实技术的应用正对工业进行着一场前所未有的革命。虚拟现实已经被世界上一些大型企业广泛地应用到工业的各个环节，对企业提高开发效率，加强数据采集、分析、处理能力，减少决策失误，降低企业风险起到了重要的作用。虚拟现实技术的引入将使工业设计的手段和思想发生质的飞跃，更加符合社会发展的需要，可以说在工业设计中应用虚拟现实技术是可行且必要的。

工业仿真系统不是简单的场景漫游，是真正意义上用于指导生产的仿真系统，它结合用户业务层功能和数据库数据组建一套完全的仿真系统，可组建 B/S、C/S 两种架构的应用，可与企业 ERP、MIS 系统无缝对接，支持 SQLServer、Oracle、MySQL 等主流数据库。

工业仿真所涵盖的范围很广，从简单的单台工作站上的机械装配到多人在线协同演练系统。

8.5.10 智能医疗

在当今医疗数据信息量巨大，仅靠专科医生的经验是不够的，遇到一个患者有多种症状时就需要多个科室的医生来合作诊断。如果运用数据全球化，加上人工智能的机器学习，就可以完全根据大数据医疗记录来为特殊病例和医学临床进行诊断，并提供医学信息。

智能医疗通过打造健康档案区域医疗信息平台，利用先进的物联网技术，实现患者与医务人员、医疗机构、医疗设备之间的互动，逐步达到信息化。在不久的将来，医疗行业将融入更多人工智慧、传感技术等高科技，使医疗服务走向真正意义的智能化，推动医疗事业的繁荣发展。在中国新医改的大背景下，智能医疗正在走进寻常百姓的生活。

随着人均寿命的延长、出生率的下降和人们对健康的关注，现代社会人们需要更好的医疗系统，远程医疗、电子医疗(e-Health)的需求非常迫切。借助物联网/云计算技术、人工智能的专家系统、嵌入式系统的智能化设备，可以构建起物联网医疗体系，使全民平等地享受顶级的医疗服务，解决或减少由于医疗资源缺乏，导致看病难、医患关系紧张、事故频发等问题。

早在2004年，物联网技术便应用于医疗行业，当时美国食品药品监督管理局(FDA)采取大量实际行动促进RFID的实施和推广，政府相关机构通过立法，规范RFID技术在药物的运输、销售、防伪、追踪体系中的应用。美国医院采用基于RFID技术的新生儿管理系统，利用RFID标签和阅读器，确保新生儿和小儿科患者的安全。2008年年底，IBM提出了“智慧医疗”概念，设想把物联网技术充分应用到医疗领域，实现医疗信息互联、共享协作、临床创新、诊断科学以及公共卫生预防等。

将物联网技术用于医疗领域，借由数字化、可视化模式，可让更多人共享有限的医疗资源(图8-28)。从目前医疗信息化的发展来看，随着医疗卫生社区化、保健化的发展趋势日益明显，通过射频仪器等相关终端设备在家庭中进行体征信息的实时跟踪与监控，通过有效的物联网，可以实现医院对患者或者是亚健康患者的实时诊断与健康提醒，从而有效地减少和控制病患的发生与发展。此外，物联网技术在药品管理和用药环节的应用过程也将发挥巨大作用。

图8-28 智能医疗系统

随着移动互联网的发展，未来医疗向个性化、移动化方向发展，到2015年超过50%的手机用户使用移动医疗应用，如智能胶囊、智能护腕、智能健康检测产品被广泛应用，借助智能手持终端和传感器，有效地测量和传输健康数据。

未来几年，中国智能医疗市场规模将超过100亿元，并且涉及的周边产业范围很广，设备和产品种类繁多。这个市场的真正启动，其影响将不仅仅限于医疗服务行业本身，还将直接触动包括网络供应商、系统集成商、无线设备供应商、电信运营商在内的利益链条，从而影响通信产业的现有布局。

随着安全防范体制和技术的进一步完善和提高，使得医疗行业完全有条件、有能力应用最新的高新科技成果，带领全行业步入一个新的台阶，提供最先进、最及时的医疗服务，树立自己的行业形象，并能够高效地为用户服务。

扩展阅读

虚拟现实 VR 在医学方面的应用

虚拟现实 VR 在医学方面的应用具有十分重要的现实意义。在虚拟环境中，可以建立虚拟人体模型（图 8-29），借助于跟踪球、HMD、感觉手套，学生可以很容易了解人体内部各器官结构，这比现有的采用教科书的方式要有效得多。研究者 Pieper 及 Satara 等在 20 世纪 90 年代初基于两个 SGI 工作站建立了一个虚拟外科手术训练器，用于腿部及腹部外科手术模拟。这个虚拟的环境包括虚拟的手术台与手术灯、虚拟的外科工具（如手术刀、注射器、手术钳等）、虚拟的人体模型与器官等。借助于 HMD 及感觉手套，使用者可以对虚拟的人体模型进行手术。但该系统有待进一步改进，如需提高环境的真实感，增加网络功能，使其能同时培训多个使用者，或可在外地专家的指导下工作等。

图 8-29 虚拟人体模型

在医学院校，学生可在虚拟实验室中进行“尸体”解剖和各种手术练习。由于这项技术不受标本、场地等的限制，大大降低了培训费用。一些用于医学培训、实习和研究的虚拟现实系统，仿真程度非常高，其优越性和效果是不可比拟的。例如，导管插入动脉的模拟器，可以使学生反复实践导管插入动脉时的操作；眼睛手术模拟器，根据人眼的前眼结构创造出三维立体图像，并带有实时的触觉反馈，学生利用它可以观察模拟移去晶状体的全过程，并观察到眼睛前部结构的血管、虹膜和巩膜组织及角膜的透明度等。还有麻醉虚拟现实系统、口腔手术模拟器等。

外科医生在真正动手术之前，通过虚拟现实技术的帮助，能在显示器上重复地模拟手术，移动人体内的器官，寻找最佳手术方案并提高熟练度。在远距离遥控外科手术、复杂手术的计划安排、手术过程的信息指导、手术后果预测及改善残疾人生活状况，乃至新型药物的研制等方面，虚拟现实技术都能发挥十分重要的作用。

2016 年 4 月 14 日下午，英国医生莎菲·艾哈迈德在伦敦皇家医院手术室，成功为一名 70 多岁的结肠癌患者实施肿瘤切除手术，并首次通过 VR 对手术全程进行了直播。

2016 年 7 月 12 日，上海交通大学医学院附属仁济医院直播了一台由副院长、肝脏外科科主任夏强主刀的小儿活体肝移植手术。与以往不同的是，这次直播采用了当前最为先进的 VR 来显示手术的全景画面。这也是全国首次采用 VR 技术直播的 3D 儿童肝脏移植手术。

8.6 大数据与人工智能

人工智能已经在多个领域中实践，如无人驾驶、图像识别、语音识别等。百度研发的无人驾驶汽车已经可以上路了；苹果最新发布的 iPhone X 可以实现人脸支付；微软的深度学习软件将语音识别的错误率降低到了 5.1%，其在人工智能领域是比较先进的。

百度的无人驾驶需要采集每个路口/路况的信息（路口红绿灯信息、人流量、道路车辆等），例如，当无人驾驶汽车行驶到某个路口时，需要根据记录的数据分析是停车还是继续驾驶；当前路面湿滑，需要根据数据分析汽车应该减速到哪个时速才比较安全；前方有行人过马路，汽车系统需要捕获照片“决策”暂停行驶等操作。

当前的 AI 是逻辑算法的执行，底层架构是大数据。所以不管是无人驾驶，还是图像识别、语音识别，系统底层架构都是基于大数据的逻辑算法，系统须先存储海量数据信息，如路况信息、人脸数据、语音数据等。系统根据底层大数据、人的需求分析，然后编码成逻辑程序，再执行人的想法。所以，当前的 AI 仅是执行人的想法，而且是垂直方向的需求执行。基于底层的大数据，系统可以根据已经设计好的程序分析、决策、执行，但是不能独立思考。因此，假如人工智能看见前面一个人，可以通过数据分析是男人还是女人，但是不能判断是好人还是坏人，除非系统里面存储了目标人的犯罪记录或作案记录。

8.6.1 认知计算与人工智能

1960 年，美国心理学家和计算机科学家 J. C. R. Licklider 提出“认知计算”：认知计算可以让计算机系统性地思考和提出问题的解决办法，并且实现人与计算机合作进行决策和控制复杂的情形，而这个过程不依赖于预先设定的程序。

人工智能依赖于底层大数据，认知计算不依赖于预先设定的程序，它可以模仿、学习、推理，就像电影《异形：契约》中的两个生化人大卫与沃尔特一样与人互动交流，底层仍然需要依赖于大数据。第一代生化人大卫有认知能力，能够独立思考打败了沃尔特成功登陆“契约号”；第二代生化人沃尔特，虽然能够独立思考，但是被预先设计的程序限制“忠于‘契约号’船员”，故认知能力比较有限。

认知计算与人工智能的比较如表 8-1 所示。

表 8-1 认知计算与人工智能的比较

差异项	认知计算	人工智能
特点	类脑，强调学习和推理	模拟人类行为，有明确的程序设定
输出结果	可能性概率输出	确定性结果输出
过程参与	实时参与，与环境进行互动	人类不参与过程，只是等待结果
衡量标准	在实际使用中具体问题具体衡量	有明确的衡量标准，如图灵测试或模拟人类行为的程度

电影《异形：契约》中两个生化人大卫和沃尔特角色简介

电影《异形：契约》中的两个角色大卫和沃尔特(均由迈克尔·法斯宾德饰演)都是生化人，大卫(图 8-30)是“普罗米修斯号”的生还者之一，他和“契约号”飞船的宇航员不期而遇，大卫不仅具有超越阿尔法狗的运算能力、认知能力，更具有独立思考能力，并且还会不断产生疑问，不断推理积累含义，进而迸发出创造力，大卫想成为造物主上帝，并为“契约号”船员精心设计一场阴谋。

沃尔特(图 8-31)是人类的朋友，忠诚服务于人类，与大卫具有相同的外貌特征，是最新一代的生化人，功能优于前代大卫，但是感情范围有限，他被设计为忠于“契约号”的船员，首要任务就是为船员提供保护和服务。大卫以前辈的身份教唆沃尔特参与他的阴谋计划，善良的沃尔特不愿背叛人类，所以两个生化人展开了激烈的较量。

图 8-30 大卫

图 8-31 沃尔特

8.6.2 大数据的层次和核心

正如《新未来简史》一书中对大数据的阐述一样，我们将大数据分为 3 个层次：一是容量很大的数据，如两个仓库都堆满了很多书，甲仓库的书全部为大学一年级数学教材，乙仓库的书全部为大学各类教材及其提升学生综合能力的各类图书，两个仓库都满足了“大”的要求；二是大容量且有用的数据，如对大学教学来说，甲仓库的书几乎没用，而乙仓库却能满足要求；三是从中挖掘核心数据的强大能力，这个很重要。

所以，大数据不能简单地理解为数据多，其核心是数据挖掘。数据挖掘则要涉及云计算。这种如云般运算的能力与强度，实际上就是考验科技与研发人员的“认知”水准。

所谓数据挖掘(与传统定义有点不同)，就是通过对海量数据的交换、选择、整合和分析，发现新的知识，创造新的价值，带来“大知识”“大科技”“大利润”和“大发展”。也就是将海量数据最大化的、集约性的、多头性的运用于企业、社会、生活等各方面，以创造最大的价值。

8.6.3 大数据的范围与深度认知

通过物联网(或互联网)感知到的被人们称为“大数据”的数据，主要是指人类信息交换、信息存储、信息处理3方面能力大幅提升后，人与人、人与物之间所制造的数据，相对于万物在同一时刻所释放的所有数据来说，仅仅只是微不足道的“微数据”而已。

如今概念的“大数据”依然是很表面的数据，比如说“你挥挥手，几个简单的动作”是“表数据”，物联网能感知；而挥手动作之下，支配该动作完成的深入分子、细胞与组织内部的数以亿计的“宏数据”不能被感知。“表数据”构筑起如今的大数据概念，在此基础上的物联网、算法与人工智能等能量非常有限。

8.6.4 大数据与人工智能、物联网的关系

1. 大数据与AI的关系

例如，AI机器学习中的“深度学习”，追溯其历史已经很久远了，但是如今却又被重视起来，究其原因主要是信息技术的发展让收集“大数据”成为可能，机器训练有了足够多的样本。如阿尔法狗的棋步算法、洛天依的声音合成以及无人驾驶、人脸识别、网页搜索等高级应用中用到的“深度学习”“增强学习”，乃至最具潜力的“对抗学习”及其对应的“深度神经网络”“卷积神经网络”“对抗神经网络”等都与大数据有关。

2. 大数据与物联网的关系

通过解读大数据与物联网的关系可以进一步解读与AI的关系，物联网主要通过各种设备，如RFID、传感器、二维码等接口将现实世界的物体连接到互联网上，或者使它们互相连接，以实现信息的传递和处理。由于物联网可连接大量不同的设备及装置，如家用、生活、监测等各类电器和设备，嵌入在各个产品中的传感器(Sensor)会不断将新数据上传至云端。这些新数据以后可以被人工智能处理和分析，以生成所需要的信息并继续积累知识。

正是得益于大数据和云计算的支持，互联网才正在向物联网扩展，并进一步升级至体验更佳、解放生产力的人工智能时代。对于人工智能而言，物联网其实肩负了一个至关重要的任务：资料收集和传递。物联网应用十大重点领域包括智能电网、智能物流、智能交通、智能家居、工业与自动化控制、环境与安全检测、精细农业牧业、医疗健康、国防军事、金融与服务业。

8.6.5 大数据的联动分析

数据实际上是个很古老的概念，上古时期的结绳记事、以月之盈亏计算岁月，到后来部落内部以猎物、采摘多寡计算贡献，再到历朝历代的土地农田、人口粮食、马匹军队等各类事项都涉及大量的数据。这些数据虽然越来越多，但是人们都未曾冠之以“大”字，那是什么让“数据”这个“老古董”突然焕发了“青春”，并如此“时髦”呢？

当互联网开始进一步向外延伸，并与世上的很多物品连接之后，这些物体开始不停地将实时变化的各类数据传回到互联网并与人开始互动时，物联网诞生了。物联网是个大奇迹，被认为可能是继互联网之后人类最伟大的技术革命，如今，即便是一件物品被人感知到的几天内的各种动态数据，都足以与古代一个王国一年所收集的各类数据相匹敌，那物联网上数以万计、亿计的物品呢？是不是数据大得不得了，于是“大数据”产生了。如此

浩如烟海的数据，如何分类提取和有效处理呢？这就需要强大的技术设计与运算能力，于是“云计算”产生了。其中的“技术设计”就归属于“算法”。“云计算”需要从海量数据中挖掘有用的信息，于是“数据挖掘”产生了。这些被挖掘出来的有用信息去服务城市，就叫作“智慧城市”；去服务交通，就叫作“智慧交通”；去服务家庭，就叫作“智能家居”；去服务医院，就叫作“智能医院”；去服务生活，就叫作“智能生活”……于是，智能社会产生了。不过，智能社会真正得以有序、有效运行，中间必须依托一个“桥梁”与工具，那就是“人工智能”。

这就是近几年时间内，诸如“人工智能”“物联网”“大数据”“云计算”“算法”“数据挖掘”和“智能××”等名词和概念突然冒出来的原因。

但是要注意，万物大数据主要包括人与人、人与物、物与物三者相互作用所产生或称为制造的大数据。其中，人与人、人与物之间制造出来的数据有少部分被感知；物与物之间制造出来的数据是根本没法被感知的。

相对于万物释放的数据量来说，对于人与人、人与物之间被感知到的那部分数据是非常小的，但是绝对量却非常大，这部分被感知的数据主要是指在2000年后，因为人类信息交换、信息存储、信息处理3方面能力的大幅增长而产生的数据，这个实际上就是我们日常所听到的“大数据”概念，这是以人为中心的狭义大数据，也是商业、监控或发展等使用的实用大数据。信息存储、处理等能力的增强为我们利用大数据提供了近乎无限的想象空间。

8.6.6 对大数据认知的升级

对大数据认知坚持“三原则”与“一悖论”，即大数据不会过时，但绝对不是最热门，更不能神话它的“三原则”。“一悖论”即大数据悖论：提醒人们需避免陷入“数据主义”“数据宗教”等盲目崇拜的陷阱而失去理智。当大数据被少数人掌握并使用时，能产生奇效，但是，在竞争性领域，大数据被众人使用后，其效用将大打折扣，甚至引发破坏作用。

本章小结

本章介绍人工智能的概念、发展历史及应用领域，相信在不久的将来，人工智能会得到更为快速的发展，将会应用到人们生产生活的方方面面，对于人工智能的学习和了解，将是对未来信息技术发展方向的一个新的挑战。

思考题与习题

1. 选择题

(1) 首次提出“人工智能”是在(　　)年。

A. 1946　　B. 1960　　C. 1916　　D. 1956

(2) 人工智能应用研究的两个最重要、最广泛领域为(　　)。

A. 专家系统、自动规划　　B. 专家系统、机器学习

C. 机器学习、智能控制　　D. 机器学习、自然语言理解

(3) 下列不是知识表示法的是(　　)表示法。

A. 计算机　　B. “与/或”图

C. 状态空间　　D. 产生式规则

(4) 下列关于不确定性知识描述,错误的是(　　)。

A. 不确定性知识是不可以精确表示的

B. 专家知识通常属于不确定性知识

C. 不确定性知识是经过处理过的知识

D. 不确定性知识的事实与结论的关系不是简单的“是”或“不是”

(5) 人工智能的研究途径有(　　)模拟、生理模拟和行为模拟。

A. 心理　　B. 思维　　C. 情感　　D. 语言

2. 分析与思考题

(1) 什么是人工智能？试从学科和能力两方面加以说明。

(2) 在人工智能的发展过程中,有哪些思想和思潮起到了重要作用?

(3) 人工智能的主要研究和应用领域是什么?

参 考 文 献

[1] 王珊,萨师煊.数据库系统概论[M].4 版.北京：高等教育出版社,2006.
[2] 赵立群.计算机网络管理与安全[M].北京：清华大学出版社,2010.
[3] 唐朔飞.计算机组成原理[M].北京：高等教育出版社,2010.
[4] 詹国华.大学计算机基础教程[M].北京：高等教育出版社,2011.
[5] 西尔伯沙茨.数据库系统概念[M].6 版.北京：机械工业出版社,2012.
[6] 刘晓晓.网络系统集成[M].北京：清华大学出版社,2012.
[7] 彭爱华,刘晖. Windows 7 使用详解(修订版)[M].北京：人民邮电出版社,2012.
[8] 斯托林斯.网络安全基础：应用与标准[M].5 版.白国强,译.北京：清华大学出版社,2013.
[9] Thomas H. Cormen.算法导论[M].3 版.刘晓光,等译.北京：机械工业出版社,2013.
[10] Stuart J. Russell,Peter Norvig.人工智能：一种现代的方法[M].3 版.殷建平,祝恩,译.北京：清华大学出版社,2013.
[11] 王爱英.计算机组成与结构[M].5 版.北京：清华大学出版社,2013.
[12] 袁春风.计算机系统基础[M].北京：机械工业出版社,2014.
[13] 袁方.计算机导论[M].3 版.北京：清华大学出版社,2014.
[14] 梁露.中小企业建设与管理[M].北京：电子工业出版社,2014.
[15] 马丽梅,马彦华.计算机网络安全与实验教程[M].北京：清华大学出版社,2014.
[16] 吴霞.计算机应用基础实例教程[M].北京：清华大学出版社,2015.
[17] 佛罗赞.计算机科学导论[M].3 版.刘艺,译.北京：机械工业出版社,2015.
[18] 杰瑞・卡普兰.人工智能时代[M].李盼,译.杭州：浙江人民出版社,2016.
[19] 雷・库兹韦尔.人工智能的未来[M].盛杨燕,译.杭州：浙江人民出版社,2016.
[20] 兰德尔 E.布莱恩特.深入理解计算机系统[M].3 版.龚奕利,等译.北京：机械工业出版社,2017.
[21] 沙行勉.计算机科学导论——以 Python 为舟[M].北京：清华大学出版社,2017.
[22] 吕云翔,李沛伦.计算机导论[M].北京：清华大学出版社,2017.
[23] 谢希仁.计算机网络[M].7 版.北京：电子工业出版社,2017.

参考网站：

[1] 中国教程网,http://www.jcwcn.com/.
[2] 21 互联远程教育网,http://dx.21hulian.com.
[3] 中国教育在线,http://www.eol.cn/.
[4] 电子信息产业网,http://www.cena.com.cn/.
[5] 中国教程网,http://bbs.jcwcn.com.
[6] 第一视频教程网,http://video.1kejian.com/.
[7] 中国计算机学会,http://www.ccf.org.cn/sites/ccf/.
[8] 中国人工智能学会,http://www.caai.cn/.
[9] 中国教育和科研计算机网,http://www.edu.cn/.
[10] 工业和信息化部网站,http://www.miit.gov.cn/.
[11] 赛迪网中国信息产业风向标信息化网络领航者,http://www.ccidnet.com/.